Eichstätter Geographische Arbeiten

Herausgeber

Michael Becht
Klaus Gießner
Ingrid Hemmer
Hans Hopfinger

Schriftleitung

Marianne Rolshoven

PROFIL VERLAG

Eichstätter Geographische Arbeiten

Band 17

Florian Haas

Fluviale Hangprozesse in alpinen Einzugsgebieten der nördlichen Kalkalpen

Quantifizierung und Modellierungsansätze

PROFIL VERLAG

Anschrift der Reihenherausgeber:
Katholische Universität Eichstätt-Ingolstadt
Fachgebiet Geographie
Ostenstraße 18
D-85072 Eichstätt

Anschrift des Autors:
Dr. Florian Haas
Katholische Universität Eichstätt-Ingolstadt
Lehrstuhl für Physische Geographie
Professur für Angewandte Physische Geographie
Ostenstraße 18
D-85072 Eichstätt

Dissertation zur Erlangung des Doktorgrades rer. nat. der Mathematisch-Geographischen Fakultät der Katholischen Universität Eichstätt-Ingolstadt

vorgelegt von
Florian Haas, München

unter dem Titel
Fluviale Hangprozesse in alpinen Einzugsgebieten der nördlichen Kalkalpen.
Quantifizierung und Modellierungsansätze

Tag der mündlichen Prüfung:
19. Dezember 2007

Referent: Prof. Dr. Michael Becht
Korreferenten: Prof. Dr. Otfried Baume

Bibliografische Information Der Deutschen Bibliothek

Die Deutsche Bibliothek verzeichnet diese Publikation in der Deutschen Nationalbibliografie; detaillierte bibliografische Daten sind im Internet unter http://dnb.ddb.de abrufbar.

© 2008 Profil Verlag GmbH München/Wien
ISBN: 978-3-89019-638-1

Umschlaggestaltung: Michaela Brüssel, Erlangen; Alexandra Kaiser, Eichstätt
Umschlagfotos: Florian Haas, 2005

Druck und Herstellung: PBtisk s.r.o., Příbram/Czech Republic
Printed and bound in the E.U.

Dieses Werk ist urheberrechtlich geschützt. Jede Verwertung des Werkes – auch in Teilen – außerhalb der engen Grenzen des Urheberrechtsgesetzes ist ohne Zustimmung des Verlages unzulässig und strafbar. Dies gilt insbesondere für Vervielfältigungen, Übersetzungen, Mikroverfilmungen und die Einspeicherung und Verarbeitung in elektronischen Systemen.

Auf den ersten Blick mag uns die Tatsache, dass wir nicht alles bis ins Letzte verfolgen können, frustrierend, entmutigend oder sogar widerwärtig erscheinen, aber man kann darin ebenso gut auch etwas unerträglich Spannendes sehen. Wir leben auf einem Planeten mit dem mehr oder weniger unendlichen Potenzial, uns immer wieder zu überraschen. Welcher vernünftige Mensch könnte sich etwas Schöneres vorstellen?

Bill Bryson

Inhaltsverzeichnis

1	Einführung und Stand der Forschung	1
2	Zielsetzung und Aufbau der Arbeit	6
3	Naturräumliche Ausstattung der Untersuchungsgebiete	9

    3.1 Geologie und Geomorphologie 15
        3.1.1 Lahnenwiesgraben 15
        3.1.2 Reintal 20
    3.2 Boden 25
        3.2.1 Lahnenwiesgraben 26
        3.2.2 Reintal 26
    3.3 Vegetation 29
        3.3.1 Lahnenwiesgraben 30
        3.3.2 Reintal 32
    3.4 Klima und Hydrologie 34
        3.4.1 Lahnenwiesgraben 34
        3.4.2 Reintal 39

4	Quantifizierung des Sedimentaustrages von Hängen	43

    4.1 Erfassung des hangaquatischen
        Abtrags von vegetationsfreien Testflächen 43
        4.1.1 Bestimmung des hangaquatischen Abtrags mit
               Denudationspegeln 45

4.1.1.1	Methodik	46
4.1.1.2	Quantifizierung	49
4.1.1.2.1	Testfläche „Kuhkar"	49
4.1.1.2.2	Testfläche „Sperre"	55
4.1.1.2.3	Zusammenfassung der Ergebnisse der Denudationspegelmessungen	61
4.1.2	Bestimmung des hangaquatischen Abtrags durch virtuelle Denudationspegel	63
4.1.2.1	Methodik	63
4.1.2.2	Quantifizierung	68
4.1.2.2.1	Testfläche „Sperre A"	69
4.1.2.2.2	Testfläche „Sperre B"	75
4.1.2.2.3	Testfläche „Sperre C"	77
4.1.2.2.4	Zusammenfassung der Ergebnisse der virtuellen Denudationspegelmessungen	79
4.1.3	Zusammenfassung der Messungen des hangaquatischen Abtrages von vegetationslosen Flächen mit herkömmlichen und virtuellen Denudationspegeln	80
4.1.4	Einsatz des Bodenerosionsmodells USLE zur Regionalisierung des hangaquatischen Abtrags	87
4.1.4.1	Modellkonzept	87
4.1.4.2	Modellergebnisse	91
4.2	Erfassung der fluvialen Erosion - Messung des Sedimentaustrags aus Hangeinzugsgebieten	95
4.2.1	Methodik	95
4.2.1.1	Sedimentfallen	95
4.2.1.2	Abgrenzung der hydrologischen Einzugsgebiete	99
4.2.1.3	Abgrenzung der sedimentliefernden Einzugsgebiete	103
4.2.1.4	Bestimmung des Niederschlages	109
4.2.1.5	Bestimmung des Abflusses in Gerinnen	113
4.2.2	Ergebnisse der Messungen zur fluvialen Erosion - Messungen des Sedimentaustrags aus Hangeinzugsgebieten	115
4.2.2.1	Räumliche und zeitliche Varianz der jährlichen Austragsraten im Lahnenwiesgraben und Reintal	115
4.2.2.2	Klassifizierung der Testflächen nach Materialmenge und Materialsortierung des Austrags	117

4.2.2.3 Zeitliche Varianz der fluvialen Erosion im Lahnen-
    wiesgraben – Abhängigkeiten von klimatischen (hygri-
    schen) Bedingungen.. 124
    4.2.2.3.1 Vergleich zwischen Austrag im Winter und im
        Sommer... 124
    4.2.2.3.2 Zusammenhang zwischen fluvialer Erosion
        und Niederschlag 130
4.2.2.4 Zusammenhang zwischen Korngrößenzusammensetzung
    und Niederschlag... 142
4.2.2.5 Beeinflussung des fluvialen Sedimentaustrags durch
    Extremereignisse 147
4.2.2.6 Räumliche Varianz der fluvialen Erosion im Lahnen-
    wiesgraben - Zusammenhang zwischen Sedimentaustrag,
    Materialzusammensetzung und Größe und naturräumli-
    cher Ausstattung der Teileinzugsgebiete 151
    4.2.2.6.1 Einzugsgebietsgröße 151
    4.2.2.6.2 Hangneigung 158
    4.2.2.6.3 Gerinnelänge (Fließlänge) und Gerinneneigung .. 160
    4.2.2.6.4 Vegetationsbedeckung... 162
    4.2.2.6.5 Lithologie und geotechnische Eigenschaften 163
    4.2.2.6.6 Boden 164
4.2.2.7 Zusammenfassung der Ergebnisse der Messungen des
    Sedimentaustrags aus Hangeinzugsgebieten 165

5 Modellierung des fluvialen Austragspotenzial aus Hangeinzugsgebieten **167**

5.1 Modellkonzept... 168
5.2 Ergebnisse der Modellierung für den Lahnenwiesgraben 171
5.3 Ergebnisse der Modellierung für das Reintal und Validierung
    des Modellergebnisses 175
5.4 Berechnung des Geschiebeeintrags durch Hanggerinne
    in den Lahnenwiesgraben und die Partnach (Reintal)................. 182
5.5 Zusammenfassung der Modellergebnisse 184

6	**Anwendungsmöglichkeiten des Modells (Fallstudien)**		**187**
	6.1	Fallstudie Kuhkar..	188
	6.2	Fallstudie Herrentischgraben...	189
	6.3	Fallstudie Geschiebeeintrag Hauptgerinne............................	192
	6.4	Zusammenfassung der Anwendungsmöglichkeiten des Modells..	192
7	**Schlussbetrachtung und Ausblick**		**195**
	7.1	Schlussbetrachtung..	195
	7.2	Ausblick..	201
8	**Zusammenfassung und Summary**		**203**
	8.1	Zusammenfassung..	203
	8.2	Summary..	205
Literatur			**207**
Anhang			**225**

Abbildungsverzeichnis

3.1	Lage der Untersuchungsgebiete	9
3.2	Gerinnenetz und Lokalbezeichnungen im Untersuchungsgebiet Lahnenwiesgraben	11
3.3	Gerinnenetz und Lokalbezeichnungen im Untersuchungsgebiet Reintal	13
3.4	Kar (Kuhkar) als Zeugnis der quartären Vergletscherung	16
3.5	Limnisch abgelagerte tonige bis kiesige Sedimente im Lahnenwiesgraben	17
3.6	Geologische Karte des Untersuchungsgebiets Lahnenwiesgraben	19
3.7	Fotos aus dem Reintal: Reintal Blick talabwärts von oberhalb des Wasserfalles und Schutthalde unterhalb der vorderen blauen Gumpe	22
3.8	Spät- und postwürmglaziale Gletscherstände des Zugspitzplatts und des Reintals	24
3.9	Bodenkarte des Lahnenwiesgrabens	27
3.10	Bodenkarte des Reintals	28
3.11	Vegetationskarte des Lahnenwiesgrabens	31
3.12	Vegetationskarte des Reintals	33
3.13	Lage der Niederschlagsstationen (DWD und SEDAG)	35
3.14	Mittlere monatliche Niederschläge an der Station Garmisch Partenkirchen (1961-1990; BAYFORKLIM 1996) und der nach Pardé berechnete Abflusskoeffizient des Lahnenwiesgrabens am Pegel Burgrain für die Jahre 1982-1997	37
3.15	Infiltrationskapazitäten und Oberflächenabflusspotential im Lahnenwiesgrabens (nach HENSOLD ET AL. 2005)	38
3.16	Mittlere monatliche Niederschläge auf der Zugspitze (1961-1990; BAYFORKLIM 1996) und dem nach Pardé (WILHELM 1997) berechneten Abflusskoeffizient der Partnach kurz vor der Einmündung in die Loi-	

	sach bei Garmisch Partenkirchen auf 730 m ü. NN für die Jahre 1921-2001	40
4.1	Westteil des Untersuchungsgebietes Lahnenwiesgraben mit Lage der Testflächen für Abtragsmessungen mit Denudationspegel und durch Laserscanning...............	45
4.2	Denudationspegel auf der Testfläche Kuhkar	46
4.3	Denudationspegel an den unterschiedlichen Hangpositionen	47
4.4	Testfläche Kuhkar mit den Standorten der Denudationspegel und dem basalen episodisch wasserführendem Gerinne	50
4.5	Zeitliche und räumliche Streuung der gemessenen Erosion/Akkumulationsraten an den 17 Denudationspegeln für die Jahre 2002-2005	51
4.6	Mittlere jährliche Netto-Oberflächenveränderung an allen Denudationspegeln für die Jahre 2002-2005 auf der Testfläche „Kuhkar"	52
4.7	Process-Response System eines Hanges mit basalem Gerinne und der Möglichkeit der Störung durch einen Murgang	53
4.8	Interpolation der mittleren Werte der Denudationspegel für die Bilanzjahre 2002-2005	54
4.9	Testfläche Sperre mit den Standorten der Denudationspegel	56
4.10	Mittlere jährliche Netto-Oberflächenveränderung an allen Denudationspegeln für die Jahre 2000-2006 auf der Testfläche „Sperre"	57
4.11	Verschütteter (A) und freigespülter (B) Denudationspegel R16 in einem kleinen Gerinne am Hangfuß der Testfläche Sperre	58
4.12	Zeitliche und räumliche Streuung der gemessenen Erosion/Akkumulationsraten an den 40 Denudationspegeln der Testfläche „Sperre" für die Jahre 2002-2006	59
4.13	Die Summe der Oberflächenveränderung in Abhängigkeit von der Hangposition an allen Denudationspegeln der Testfläche Sperre für die Jahre 2000-2006	60
4.14	Interpolation der an den Denudationspegeln gemessenen Sedimentbilanz für die Jahre 2000-2006	61
4.15	Scanfähiger Tachymeter (TPS 1205) der Firma Leica mit Scannfläche „Sperre C" im Hintergrund	64
4.16	Aufbau eines Testfeldes	66
4.17	Vorgehensweise zur Berechnung der Hangrückverlegungsrate aus der Hangneigung und der aus den Höhenmodellen berechneten Höhendifferenz mit Hilfe des Kosinus der Hangneigung	67

4.18	Reissen im Verlauf des Fleckgrabens mit den Testflächen Sperre, Sperre „A", „B" und „C"	68
4.19	Testflächen Sperre „A" und „B"	69
4.20	Vergleich der Werte an den virtuellen Pegeln mit Erosion und den Pegeln mit Akkumulation für den Zeitraum Oktober 2005 bis November 2006 auf der Testfläche „Sperre A"	70
4.21	Interpolation der Oberflächenveränderungen an den virtuellen Denudationspegeln der Testfläche „Sperre A"	71
4.22	Schematische Darstellung der Hangrückverlegung für Rinnen und Grate (ergänzt und verändert nach BEATY 1959)	73
4.23	„Kleine Murgänge" (Pfeile) nach Niederschlag und Schneeschmelze in kleinen Rinnen eines Hanges in unmittelbarer Nachbarschaft zu den Testflächen „Sperre"	74
4.24	Vergleich der Werte an den Pegeln mit Erosion und den Pegeln mit Akkumulation auf der Testfläche „Sperre B" für den Zeitraum Oktober 2005 bis November 2006	76
4.25	Interpolation der Oberflächenveränderungen an den virtuellen Denudationspegeln der Testfläche „Sperre B"	77
4.26	Testfläche „Sperre C"	78
4.27	Vergleich der Werte an den Pegeln mit Erosion und den Pegeln mit Akkumulation für den Zeitraum Oktober 2005 bis November 2006 an der Testfläche „Sperre C"	78
4.28	Interpolation der Oberflächenveränderungen an den virtuellen Denudationspegeln der Testfläche „Sperre C"	79
4.29	Mittlere Oberflächenveränderungsraten an den virtuellen Denudationspegeln der Flächen „Sperre A-C"	83
4.30	Berechnete LS Faktoren für die Fläche „Sperre C"	92
4.31	Nach der USLE berechnete Bodenabtragswerte für die Testfläche „Sperre C"	92
4.32	Aufnahme einer Sedimentfalle	97
4.33	Durch Gewitterereignis überlastete Wanne an der Testfläche Rauschboden (Reintal)	98
4.34	Austrag aus dem Wanneneinzugsgebiet „Herrentischgraben" nach einem sommerlichen Starkregenereignis im Lahnenwiesgraben im Juni 2002	99
4.35	Lage und Bezeichnung der hydrologischen Einzugsgebiete der Sedimentfallen im Lahnenwiesgraben	101

4.36	Lage und Bezeichnung der hydrologischen Einzugsgebiete der Sedimentfallen im Reintal..	102
4.37	Durch Schneedruck zerstörter Totalisator	110
4.38	In den Untersuchungsgebieten eingesetzte Niederschlagsmesser............	111
4.39	Interpolation der Niederschlagsummen an den Stationen des DWD und den Niederschlagsstationen des SEDAG Projektes für den Beispielzeitraum 26.7.-11.10.03...	112
4.40	Mittlere jährliche Feststoffspende an den Sedimentfallen im Lahnenwiesgraben	115
4.41	Mittlere jährliche Feststoffspende an den Sedimentfallen im Reintal.......	117
4.42	A: Verteilung der Korngrößen und des Organikgehalts in den 4 Cluster B: Summenkurve der 4 Clusterzentren...	119
4.43	Zusammenhang zwischen mittleren jährlichem Sedimentaustrag an den Testflächen im Lahnenwiesgraben und dem darin enthaltenen mittleren Anteil der Korngröße Kies	121
4.44	Mittlere Korngrößenverteilung des an den Testflächen ausgetragenen Materials im Reintal	123
4.45	Zusammenhang zwischen dem mittleren jährlichem Sedimentaustrag an den Testflächen im Reintal und dem darin enthaltenem mittleren Anteil der Korngröße Kies	124
4.46	Vergleich der sommerlichen und winterlichen Abträge an den einzelnen Testflächen des Lahnenwiesgrabens für die Jahre 2001-2004	126
4.47	Aufnahme der Lawinenablagerung an der Testfläche „Sperre 1" während einer Lawinenbeprobung im April 2005	127
4.48	Vergleich der sommerlichen und winterlichen Austräge an den einzelnen Testflächen im Reintal für die Jahre 2001-2003	128
4.49	Zusammenhang zwischen maximaler Niederschlagsintensität und logarithmiertem Sedimentaustrag im Beobachtungszeitraum für die Testfläche „Kuhkar 2"...	133
4.50	Zusammenhang zwischen maximaler Niederschlagsintensität und logarithmiertem Sedimentaustrag im Beobachtungszeitraum für die Testfläche „Kuhkar 3"...	134
4.51	Sehr schwacher Zusammenhang zwischen Niederschlagssumme und logarithmiertem Sedimentaustrag im Beobachtungszeitraum für die Testfläche „Sulzgraben 2"..	136
4.52	Zusammenhang zwischen Niederschlagssumme und logarithmiertem Sedimentaustrag im Beobachtungszeitraum für die Testfläche „Moor"..	137

Abbildungsverzeichnis

4.53 Zusammenhang zwischen maximaler Niederschlagsintensität und logarithmiertem Sedimentaustrag im Beobachtungszeitraum für die Testfläche „Vordere Gumpe 1" 140

4.54 Zusammenhang zwischen maximaler Niederschlagsintensität und logarithmiertem Sedimentaustrag im Beobachtungszeitraum für die Testfläche „Mauerschartenkopf" 141

4.55 Zusammenhang zwischen maximaler Niederschlagsintensität und logarithmiertem Sedimentaustrag im Beobachtungszeitraum für die Testflächen „Vordere Gumpe 2" und „Hoher Kamm".. 142

4.56 Anteil der Korngröße Kies [>2mm] am Austrag der einzelnen Testflächen im Beobachtungszeitraum und der in diesem Zeitraum maximalen Niederschlagsintensität [mm*h^{-1}] 143

4.57 Anteil der Korngröße Kies [>2mm] am Austrag der einzelnen Testflächen im Beobachtungszeitraum und der in diesem Zeitraum maximalen Ereignisstärke des Niederschlags [mm] 145

4.58 Anteil der Korngröße Kies [>2mm] am Austrag der einzelnen Testflächen im Beobachtungszeitraum im Reintal und der in diesem Zeitraum maximalen Niederschlagsintensität [mm] 146

4.59 Sedimentaustrag [logarithmierte Skala] im Beobachtungszeitraum (zumeist 1 Woche) an den Testflächen „Herrentischgraben Neu", „Roter Graben" und „Sulzgraben 1" zwischen August 2002 und August 2004 .. 149

4.60 Beziehung zwischen der logarithmierten sedimentliefernder Fläche und dem logarithmierten mittleren jährlichen Austrag von Testflächen im Lahnenwiesgraben 152

4.61 Beziehung zwischen logarithmierter und gewichteter (alle Gewichte aus Tabelle 4.7) sedimentliefernden Fläche und dem logarithmierten mittleren jährlichen Austrag an Testflächen im Lahnenwiesgraben 155

4.62 Beziehung zwischen logarithmierter sedimentliefernder Fläche (nur Vegetation wurde über Gewichte eingerechnet) und dem logarithmierten mittleren jährlichen Austrag von Testflächen im Lahnenwiesgraben. 156

4.63 Beziehung zwischen logarithmierter sedimentliefernder Fläche (Vegetation wurde über Gewichte eingerechnet) und den logarithmierten mittleren jährlichen Austrägen von den Testflächen im Lahnenwiesgraben und im Reintal.. 158

4.64 Beziehung zwischen mittlerer Hangneigung der sedimentliefernden Fläche und dem mittleren jährlichen Austrag (logarithmiert) von Testflächen im Lahnenwiesgraben 160

4.65 Streudiagramm mit dem logarithmiertem mittleren jährlichem Austrag [g] und der logarithmierten Gerinnelänge [m] der Gerinne mit Sedimentfallen im Reintal und Lahnenwiesgraben 162

5.1 Schematische Darstellung der Vorgehensweise zur Bestimmung des potenziellen Geschiebeaustrags aus Hangeinzugsgebieten 170

5.2 Modelliertes mittleres jährliches fluviales Geschiebeaustragspotenzial der Hanggerinne des Lahnenwiesgraben 173

5.3 Modelliertes mittleres jährliches fluviales Geschiebepotenzial der Gerinnen im Kuh- und Roßkar 175

5.4 Modelliertes mittleres jährliches fluviales Geschiebeaustragspotenzial der Hanggerinne des Reintals 177

5.5 Vergleich zwischen gemessenem und durch das im Lahnenwiesgraben entwickelte Modell vorhergesagtem mittlerem jährlichen fluvialen Geschiebeaustrag an den Testflächen im Reintal 178

5.6 Modelliertes mittleres jährliches fluviales Geschiebeaustragspotenzial der Gerinne des Gems- und Kirchkar 179

5.7 Modelliertes mittleres jährliches fluviales Geschiebeaustragspotenzial der Gerinne im Bereich der Vorderen Blauen Gumpe 181

6.1 Simulierte Veränderung des mittleren jährlichen fluvialen Geschiebepotenzials im Kuhkar nach Verringerung der Vegetationsbedeckung 189

6.2 In den Herremtischgraben eingebaute Querverbauung, die während des Augusthochwassers 2005 komplett durch einen Murgang verfüllt wurde. 190

6.3 Simulierte Veränderung des mittleren jährlichen fluvialen Geschiebepotenzials im Bereich des Herrentischgrabens 191

Bei allen Abbildungen ohne Quellennachweis handelt es sich um eigene Entwürfe und Darstellungen des Autors.

Tabellenverzeichnis

3.1	Zusammenfassung der naturräumlichen Ausstattung der Untersuchungsgebiete	14
3.2	Verbreitung der Böden in den Untersuchungsgebieten	25
3.3	Vegetationszusammensetzung in den Untersuchungsgebieten	30
4.1	Naturräumliche Ausstattung der Testflächen mit Denudationspegeln	46
4.2	Abtrags- und Akkumulationsraten (Bilanz für den gesamten Beobachtungszeitraum) an den Denudationspegelflächen „Kuhkar" und „Sperre"	62
4.3	Naturräumliche Ausstattung der Testflächen mit virtuellen Denudationspegeln, Messraster und Anzahl der Pegel	68
4.4	Abtrags- und Akkumulationsraten (Bilanz für den gesamten Beobachtungszeitraum) an den virtuellen Denudationspegeln der Testflächen „Sperre A-C"	80
4.5	Gegenüberstellung von Abtragsraten anderer Autoren in den Alpen und außeralpinen Regionen	85
4.6	Mit der USLE modellierte Bodenabtragswerte [$t*ha^{-1}*a^{-1}$] für die Testflächen „Sperre" und „Kuhkar" und durch Messungen ermittelte Abtragswerte	93
4.7	Gewichte für die Berechnung der sedimentliefernden Fläche (nach HEINIMANN ET AL. 1998, WICHMANN 2006)	109
4.8	Ergebnisse der Gefäßmessungen an den Sedimentfallen im Lahnenwiesgraben	114
4.9	Abweichungen des Jahresaustrags an den einzelnen Wannen des Lahnenwiesgraben vom vierjährigen Mittelwert und die hygrischen Verhältnisse an der Wetterstation Garmisch-Partenkirchen (Daten des DWD)	116

4.10	Zusammenhänge (Korralationskoeffizient r) zwischen Niederschlag und dem Sedimentaustrag an den Wannenstandorten im Lahnenwiesgraben	132
4.11	Zusammenhänge (Korralationskoeffizient r) zwischen Niederschlag und Sedimentaustrag aus den Wannenstandorten im Reintal	139
4.12	Mittlere Hangneigung der sedimentliefernden Flächen im Lahnenwiesgraben	159
5.1	Gewichte der Vegetationsklassen für die Berechnung der sedimentliefernden Fläche	170

Vorwort

An der Durchführung und dem Gelingen der vorliegenden Arbeit waren eine Vielzahl Personen beteiligt, denen ich zu großem Dank verpflichtet bin.

An erster Stelle sei hier mein Betreuer Prof. Michael Becht genannt, dem ich nicht nur den beruflichen Standortwechsel über Göttingen nach Eichstätt verdanke, sondern der in seiner Münchner Zeit durch seine Lehrveranstaltungen auch maßgeblichen Anteil daran hatte, dass ich mich während meines Studiums der naturwissenschaftlichen Seite der Geographie zuwandte. Durch die Betreuung meiner Diplomarbeit hat er dann das Interesse für die Forschung endgültig entfacht und mir durch die anschließende Aufnahme in seine Hochgebirgsarbeitsgruppe die Möglichkeit eröffnet, weiterzuforschen und zu promovieren. Neben der Forschungstätigkeit gab er mir zusätzlich die Möglichkeit, mich in die Lehre am Lehrstuhl für Physische Geographie der KU Eichstätt-Ingolstadt einzubringen. Für die Freiräume, die er mir zur Verwirklichung eigener Ideen gewährte und gewährt, sowie für die Förderung, die er mir sowohl im Hinblick auf die Forschung als auch auf die Lehre zukommen ließ, möchte ich mich herzlichst bei ihm bedanken.

Daneben möchte ich mich bei Prof. Baume vom Lehrstuhl für Physische Geographie der Ludwig-Maximilians-Universität herzlichst bedanken. Er ermöglichte es mir durch die freundliche Bereitstellung eines Arbeitsplatzes an seinem Lehrstuhl immer ein ruhiges Plätzchen in München für die Fertigstellung meiner Arbeit zur Verfügung zu haben.

Zwischen August 2005 und November 2006 war ich Wissenschaftlicher Mitarbeiter im Projekt "Revitalisierung der Donauauen zwischen Neuburg und Ingolstadt" an der KU Eichstätt-Ingolstadt und seit Dezember 2006 bin ich wissenschaftlicher Angestellter am Aueninstitut in Neuburg an der Donau und konnte mich dort am Aufbau dieses Institutes beteiligen. Dem Leiter des Aueninstitutes Prof. Bernd Cyffka möchte ich herzlichst danken, dass er mir dort die Möglichkeit gibt, mich mit meinen eigenen Ideen sowohl in Forschung und Lehre einzubringen. Zudem unterstützte er mich die letzten zwei Jahre in meinem Promotionsvorhaben, indem er mir die nötigen Freiräume für die Fertigstellung der vorliegenden Arbeit gewährte.

Zu den wichtigsten Personen in Eichstätt während meiner Doktorarbeit und darüber hinaus zählen meine Kollegen und Freunde Dr. Volker Wichmann und Dr. Tobias

Heckmann. Sie waren und sind für mich große Vorbilder. Beide haben durch ihre Vorarbeiten sowohl im Gelände als auch durch ihre Modellierungen maßgeblichen Anteil am Gelingen dieser Arbeit. Für die unzähligen abendlichen Diskussionen, das Notlager für die häufigen Übernachtungen in Eichstätt und die kritische Durchsicht meiner Arbeit möchte ich mich herzlichst bei ihnen bedanken. Ich vermisse die langen Diskussionsabende im „Bogarts", die auch immer über die reine Arbeit hinausgingen.

Während meiner Münchner Zeit hatte ich immer die Möglichkeit, mich mit den Mitarbeitern von Prof. Baume auszutauschen. Besonders herzlich möchte ich mich bei Dr. Mark Vetter, Dr. Thomas Mayer und den „Caesaren" (Dr. Thomas Ammerl, Karin Drexler und Dr. Peter Hasdenteufel) bedanken. Sie hatten immer ein offenes Ohr für meine Sorgen und waren immer mit einem Kaffee zur Stelle. Mit Dr. Mark Vetter verbindet mich darüber hinaus auch die Begeisterung für das Hochgebirge und das Verlangen, diese an die Studierenden weiterzugeben. So haben die gemeinsamen Exkursionen ins Ötztal, ins Zillertal und ins Silvretta immer für willkommene Ablenkung vom Promotionsalltag gesorgt. Ich hoffe, dass wir diese Tradition auch weiterhin fortsetzen können.

Der große Umfang der Gelände- und Laborarbeiten wäre ohne die Unterstützung durch eine Vielzahl studentischer Hilfskräfte nicht zu bewältigen gewesen. An dieser Stelle möchte ich mich besonders bei Florian Klofat, Tommi Fischer und Florian Jäger bedanken, die mich wöchentlich bei Wind und Wetter in die Untersuchungsgebiete begleiteten und mir bei der Erhebung der Daten zur Hand gingen. Ich erinnere mich gerne an die Geländetage und an die Gespräche während der langen Autobahnfahrten. Den Laborhilfskräften Carola Bierschneider, Andrea Hoffmann, Thomas Schmidberger, Florian Schober und Stefan Wächter danke ich für ihren unermüdlichen Einsatz beim Trocknen, Sieben, Verglühen und Vermessen der Proben.

Den wohl größten Anteil am Gelingen der Arbeit aber hat sicherlich meine Familie. Als erstes möchte ich hier meinen Eltern danken, die mich stets unterstützt und mit mir so manche Klippe umschifft haben. Ohne ihre Förderung über die letzten Jahre wäre die Fertigstellung der Arbeit nicht möglich gewesen.

Zum Schluss möchte ich besonders meiner Frau Jessica danken. Sie ermutigte und unterstützte mich bei meinem Promotionsvorhaben und sie hielt mir während der letzten Jahre immer den Rücken frei, damit ich meine Ziele verwirklichen konnte. Zudem danke ich ihr für die Durchsicht meiner Arbeit.

Das Wichtigste aber war und ist, dass Jessi und meine beiden Töchter Paula und Carla, die während der letzten fünf Jahre unsere Familie vergrößerten, für mich da waren und mich mit der nötigen Energie versorgten. Ohne Euch hätte ich es sicher nicht geschafft!

1 Einführung und Stand der Forschung

Hochgebirgstäler sind Räume intensiver geomorphologischer Formung. Diese ist Folge der besonderen naturräumlichen Bedingungen (RATHJENS 1982) und vor allem der starken Übersteilung des Reliefs durch die Vereisungsgeschichte im Pleistozän (BECHT ET AL. 2003). An der Formung im Hochgebirge sind eine Vielzahl geomorphologischer Prozesse (gravitative und fluviale Prozesse) beteiligt (BISHOP & SHRODER 2004), durch deren einzelnes Wirken und deren Zusammenspiel die während des Pleistozäns entstandenen Reliefunterschiede langsam wieder ausgeglichen werden.

Dieser natürliche Prozess des Reliefausgleichs führt in einem verhältnismäßig dicht besiedelten Hochgebirge wie den Alpen immer wieder zu großen Problemen. So bedrohen geomorphologische Prozesse wie Felsstürze, Rutschungen oder Muren als Naturgefahr immer wieder Verkehrswege und Siedlungen und können so zu schwerwiegenden Schäden führen. Ein großes Gefährdungspotenzial geht dabei von den Wildbächen aus, deren Einflussbereich durch Hochwässer oder Murgänge bis in die dichter besiedelten Räume hineinreicht.

Das Gefährdungspotenzial eines solchen Wildbaches wird dabei zu einem großen Teil über die Materialverfügbarkeit im Gerinne selbst gesteuert. Diese ist wiederum Ausdruck der in seinem Einzugsgebiet wirkenden Prozesse. Für die Beurteilung der potenziellen Gefährdung, die von einem Wildbach ausgeht, ist daher die Kenntnis von Erosion und Sedimenttransport in seinem Einzugsgebiet von großer Bedeutung (ARISTIDE ET AL. 2004, DALLA FONTANA & MARCHI 1999, 2003). Da die Materialverfügbarkeit im Hauptgerinne ein Produkt der zusammenwirkenden Prozesse ist, ist nicht nur die Kenntnis über Auftreten und Intensität der Einzelprozesse von großer Bedeutung, sondern auch deren Interaktion.

Das Zusammenspiel der in einem alpinen Tal wirksamen geomorphologischen Einzelprozesse lässt sich vereinfacht durch ein Kaskadensystem beschreiben (CHORLEY & KENNEDY 1971, HUGGET 2003). Hierbei wird das Gesamtsystem, beispielsweise ein alpines Tal, in Subsysteme unterteilt. Zwischen diesen Subsystemen transferieren die jeweils wirkenden Prozesse das Material. Als Beispiel liefert etwa Steinschlag vom Subsystem Felswand Material auf eine Sturzhalde (Hang), von wo es möglicherweise durch eine Grundlawine aufgenommen und so dem Gerinnesystem zugeführt wird (SCHROTT ET AL. 2003). Letztendlich verlässt das Material dann über den Hauptbach als unterste Kaskade das Einzugsgebiet. In Kaskadensystemen steuert also der Output eines Subsystems den Input des nächsten Subsystems. Innerhalb der Subsysteme kann das Material außerdem in Speichern zwischendeponiert werden, in denen es so lange verweilt, bis es durch ein entsprechendes Ereignis wieder in das System eingespeist wird.

Da die Prozesse sich das Material nicht nur untereinander übergeben, sondern sich in ihrem Wirken gegenseitig beeinflussen, kommt es zu Rückkopplungen, deren Beschreibung erst mit Process-Response-Modellen möglich wird (CHORLEY & KENNEDY 1971, PRESTON & SCHMIDT 2003). So kann beispielsweise eine Lawine nicht nur Material in ein Hanggerinne liefern, sondern impliziert darüber hinaus eine erhöhte fluviale Erosion durch die Zerstörung der Vegetationsdecke. Eine ähnliche Beeinflussung ist auch von Muren bekannt (HAAS ET AL. 2004).

Da das Verständnis solcher geomorphologischer Systeme und die Kenntnis der Stoffflüsse eine wichtige Grundlage für die Beurteilung der rezenten geomorphologischen Dynamik und damit für die Einschätzung des Gefährdungspotentials alpiner Einzugsgebiete liefert, kommt deren Erforschung eine wichtige Rolle zu. Um die Gesetzmäßigkeiten der einzelnen Prozesse, deren Interaktion und die daraus resultierenden Abtragsraten, sowie die räumliche und funktionale Organisation der Speicher in den einzelnen Subsystemen besser zu verstehen, wurde vom Jahr 2000 an bis zum Jahr 2007 das durch die Deutsche Forschungsgemeinschaft geförderte Bündelprojekt SEDAG (SEDimentkaskaden in Alpinen Geosystemen) durchgeführt. Durch fünf an verschiedenen Universitäten angesiedelte Arbeitsgruppen konnten die an alpinen Sedimentkaskaden beteiligten Prozesse und Speicher eingehend untersucht werden (vgl. BECHT ET AL. 2005, HAAS ET AL. 2004, HECKMANN 2006, KOCH 2005, KRAUTBLATTER & MOSER 2005, SASS & KRAUTBLATTER 2006, SCHMIDT & MORCHE 2006, SCHROTT ET AL. 2002, 2003, 2006).

Das Projekt konnte dabei auf einer Vielzahl bestehender Arbeiten aufbauen, die sich mit der Erfassung des Anteils einzelner Prozesse am geomorphologischen System in alpinen Einzugsgebieten und zum Teil auch mit deren Zusammenspiel befassten. Da allerdings die Prozesse sowohl in Zeit als auch im Raum sehr variabel auftreten (DIETRICH & DUNNE 1978), ist die Durchführung derartiger Messungen sehr schwierig (BECHT 1995, CAINE & SWANSON 1989). Außerdem sind sie in der Regel mit einem großen finanziellen und logistischen Aufwand verbunden. Aus diesem Grund existiert nur eine verhältnismäßig geringe Zahl an Arbeiten die sich neben der

Beschreibung von Einzelprozessen auch mit der gesamten Sedimentkaskade befassen.

Als Vorreiter für die Quantifizierung der in alpinen Einzugsgebieten wirkenden Prozesse können die Arbeiten von JÄCKLI (1957) und RAPP (1960) gelten. Vor allem RAPP (1960) lieferte mit seinen Untersuchungen in Nordskandinavien wichtige methodische Grundlagen für die weiterführende Erforschung des alpinen Prozessgeschehens. DIETRICH & DUNNE (1978) und CAINE & SWANSON (1989) versuchten mit ihren Untersuchungen in den Rocky Mountains den Beitrag der einzelnen Prozesse am Gesamthaushalt alpiner Einzugsgebiete zu ermitteln.

VORNDRAN (1977, 1979) erstellte in seinen Arbeiten eine detaillierte Sedimentbilanz für ein Tal in den Alpen (Sextner-Bach, Dolomiten), indem er die dort wirkenden Prozesse quantifizierte. Gleichfalls in den Alpen untersuchte BECHT (1995) den Sedimenthaushalt alpiner Täler durch umfangreiche Quantifizierungen der Einzelprozesse. Er erfasste dabei die Prozesse Steinschlag, Muren, Rutschungen, Lawinen und fluviale Erosion in mehreren Untersuchungsgebieten von den nördlichen Kalkalpen bis zu den Zentralalpen. WARBURTON (1990) und JOHNSON & WARBURTON (2002) analysierten sehr detailliert den Beitrag verschiedener Prozesse zum Sedimenthaushalt kleiner Einzugsgebiete in der Schweiz und in Großbritannien.

Fluviale Hangprozesse sind ein wichtiger Bestandteil des alpinen Prozessgeschehens und wurden deshalb auch im Rahmen des SEDAG Projektes ausführlich untersucht. Im deutschsprachigen Raum werden in der Geomorphologie die fluvialen Prozesse in flächenhaften (Denudation) und linienhaften Abtrag (Erosion) unterteilt (AHNERT 1996). Im englischsprachigen Raum dagegen erfolgt zumeist keine Unterscheidung und der Begriff Erosion wird häufig auch für denudativen Abtrag verwendet (SEUFFERT 1981). Während beim flächenhaften Abtrag sowohl fließendes Wasser (Schichtfließen) als auch die erosive Wirkung von Regentropfen (*splash erosion*) beteiligt sind (CARSON & KIRKBY 1972, HAAN ET AL. 1994), erfolgt der lineare Abtrag nahezu ausschließlich durch die Konzentration des Abflusses in Tiefenlinien (AHNERT 1996, CARSON & KIRKBY 1972). Die vorliegende Arbeit folgt der Unterscheidung zwischen flächenhaftem und linearen Abtrag in der deutschen Geomorphologie. Als Bezeichnungen werden in vorliegender Untersuchung die Begriffe aquatischer Hangabtrag (hangaquatischer Abtrag) (FIEBIGER 1999) für fluviale Denudation und fluviale Erosion (gemessen als fluvialer Austrag aus Hangeinzugsgebieten) für den linearen Abtrag verwendet.

Das Auftreten und die Intensität von fluvialer Erosion und hangaquatischem Abtrags wird im Gebirge wie auch im Flachland von zahlreichen Variablen beeinflusst. Zu diesen gehören neben den klimatischen, lithologischen und topographischen Bedingungen auch die Vegetationsbedeckung und Vegetationsart (BECHT 1995). Diese Größen beeinflussen sowohl das Auftreten von Oberflächenabfluss als auch die Verfügbarkeit von Material. Die größte Bedeutung für die fluvialen Prozesse im Gebirge hat sicher der Niederschlag (DIODATO & CECCARELLI 2005) und der daraus resultierende Abfluss. Daneben gelten der Boden (FLORINETH ET AL. 2004, LÖHMANNSRÖBEN & SCHAUER 1996, MARKART & KOHL 1995) und die Vegetation (BUNZA ET AL. 1996, KOHL 2000, LÖHMANNSRÖBEN & SCHAUER 1996, SCHAUER 1998) als wichtige Einflussfaktoren für die Entstehung von Oberflächenabfluss an Hängen in alpinen Einzugsgebieten und damit auch für das Auftreten von fluvialer Erosion und hangaquatischem Abtrag. Auf die Bedeutung der einzelnen Faktoren für die Abflussbildung und den damit zusammenhängenden fluvialen Abtrag wird bei der Beschreibung der Untersuchungsgebiete noch ausführlicher eingegangen. Einen umfassenden Überblick über die den fluvialen Abtrag beeinflussenden Faktoren geben KIRKBY (1979), KIRKBY & MORGAN (1980) und SELBY (1993).

Für die Abschätzung des fluvialen Feststoffabtrags auf landwirtschaftlich genutzten und daher eher gering geneigten Flächen wurden zahlreiche Modelle entwickelt (AKSOY & KAVVAS 2005), die primär auf Messungen, die auf Testflächen oder im Labor durchgeführt wurden, basieren (TAKKEN ET AL. 2005). Im Gegensatz dazu beschränken sich die Untersuchungen zum fluvialen Prozessgeschehen an Hängen im Hochgebirge in der Regel auf die Ermittlung von Prozessraten und der beeinflussenden Faktoren, ohne die Ergebnisse anschließend mit Modellen zu regionalisieren. Für die Nordalpen können hier die Arbeiten von BECHT (1989, 1995), LIENER (2000), RICKENMANN (1997) und WETZEL (1992) genannt werden. Im südalpinen Bereich untersuchten DESCROIX & GAUTIER (2002), DESCROIX & OLIVRY (2002), MATHYS ET AL. (1996, 2003, 2005) und OOSTWOUD WIJDENS & ERGENZINGER (1998) die fluviale Erosion auf Mergelhängen. In Japan versuchten HATTANJI & ONDA (2004) und NISHIMUNE ET AL. (2003) die fluviale Erosion in zwei kleinen Hangeinzugsgebieten zu quantifizieren.

Wie BECHT (1995) in seinen Untersuchungsgebieten feststellte, tritt fluvialer Abtrag an Hängen in gebirgigen Einzugsgebieten in erster Linie linear in kleinen Gerinnen auf. Hierbei wird sowohl Material durch Tiefen- und Lateralerosion im Gerinne selbst mobilisiert (*bank failure, bank erosion*, vgl. DIETRICH & DUNNE 1978), als auch Material weiter transportiert, das über die angrenzenden Hänge in das Gerinne eingetragen wird (JOHNSON & WARBURTON 2002). An diesem Materialeintrag sind, wie schon angesprochen, die unterschiedlichsten geomorphologischen Prozesse wie beispielsweise Rutschungen, Steinschlag, aber auch hangaquatischer Abtrag beteiligt. Die Rinnen und Runsen an den Hängen fungieren dann als Sammelbecken für das eingetragene Material. Aus diesen in der Regel nur episodisch wasserführenden Gerinnen wird das Material bei stärkeren Niederschlägen bis in das Hauptgerinne (Wildbach) verfrachtet und dort temporär zwischengespeichert, von wo es dann durch Extremereignisse aufgenommen und weiter transportiert wird (BECHT 1995).

Der Transport in den Hanggerinnen kann dabei fluvial erfolgen oder durch Hangmuren, wobei der Übergang zwischen diesen Prozessen fließend ist. Das fluvial in den Gerinnen transportierte Material kann nach der Art des Transports in Gelöstes, Schwebstoffe und Geschiebe unterteilt werden. Eine klare Abgrenzung, welche Korngrößen durch welchen Verlagerungsprozess transportiert werden, ist allerdings nur schwer möglich, da hierfür die Fließgeschwindigkeit ausschlaggebend ist (ZANKE 1982). Die Fließgeschwindigkeit ist wiederum von der Sohlbeschaffenheit, dem Sohlgefälle und der Wassermenge abhängig, und damit von Faktoren die sich vor allem im Hochgebirge sowohl räumlich als auch zeitlich schnell ändern können.

Neben der Intensität der im Einzugsgebiet eines Hanggerinnes wirksamen Prozesse spielen auch die naturräumliche Ausstattung (Topographie, Lithologie bzw. Boden und Vegetationsbedeckung) der Einzugsgebiete und die herrschenden klimatischen Bedingungen eine wichtige Rolle für die Intensität der fluvialen Prozesse im Hochgebirge (LIENER 2000). So zeigen die zitierten Arbeiten im Hochgebirge zum Teil eine deutliche Abhängigkeit der fluvialen Erosion (ermittelt als fluvialer Austrag) von der Vegetationsbedeckung im zugehörigen Einzugsgebiet (vgl. z.B. BECHT 1995), den lithologischen Bedingungen (HATTANJI & ONDA 2004) und der Hangneigung (RICKENMANN 1997). BECHT (1995) zeigte durch seine Untersuchungen, die sich von den sehr niederschlagsreichen Nördlichen Kalkalpen bis in die niederschlagsärmeren Zentralalpen erstreckten, dass die klimatischen und hier vor allem die hygrischen Bedingungen ebenfalls eine große Rolle für die Intensität fluvialer Prozesse und damit für die fluvialmorphologische Formung spielen

Trotz dieser Erkenntnisse existiert aber noch kein auf die Bedingungen im Hochgebirge ausgerichtetes Modell, um das Auftreten fluvialer Prozesse räumlich und quantitativ zu modellieren und so, beispielsweise den Geschiebeaustrag aus einem Hangeinzugsgebiet, vorhersagen zu können. Zwar gibt es eine große Zahl an Bodenerosionsmodellen, die in der Lage sind, fluvialen Abtrag basierend auf empirischen Untersuchungen (z.B. USLE) oder physikalischen Ansätzen (z.B. Erosion 3D) zu modellieren, aber diese beruhen zumeist auf Abtragsmessungen auf flacheren, landwirtschaftlich genutzten Flächen und sind daher für die Vorhersage des Abtrags im Hochgebirge nur eingeschränkt einsetzbar. Physikalische Modelle dagegen benötigen Eingangsdaten, die im Gebirge nicht oder nur mit extrem hohem Aufwand flächenverteilt zu ermitteln sind. Auch Modelle zur Vorhersage des Gerinnetransports in alpinen Einzugsgebieten, wie etwa das von SCHÖBERL ET AL. (2004) vorgestellte GIS-basierte Modell Promab^{GIS}, sind für die Regionalisierung schwer einzusetzen, weil sie eine große Menge an Eingangsdaten benötigen.

BECHT (1995) nutzte die naturräumliche Ausstattung der Einzugsgebiete als Indikator für das Auftreten von fluvialem Abtrag (und auch anderer Prozesse) und ihrer Intensität, und übertrug dann die auf Referenzflächen bestimmten Abtragsraten auf alle Flächen mit ähnlicher naturräumlicher Ausstattung. Dieser Modellansatz ist aber nicht in der Lage, fluvialen Abtrag und Akkumulation räumlich detailliert vorherzusagen.

2 Zielsetzung und Aufbau der Arbeit

Aufbauend auf den Ergebnissen bisheriger Studien soll die vorliegende Untersuchung den fluvialen Abtrag von Hängen im Hochgebirge quantifizieren und durch die Wahl einer großen Anzahl an Testflächen die beeinflussenden Faktoren ermitteln. Da für alpine Täler bislang kein Modell zur Verfügung steht, fluviale Erosion zu regionalisieren, sollen die in der Untersuchung gewonnenen Kenntnisse dann die Grundlage für eine Modellierung des fluvialen Abtrags an alpinen Hängen bilden. Auf diesem Weg kann dann das fluviale Austragspotenzial von Hanggerinnen abgeschätzt werden. So kann neben der Bedeutung einzelner Hanggerinne als Schuttlieferant für einen Wildbach und damit für dessen Gefährdungspotential auch deren Bedeutung für den Sedimenthaushalt alpiner Einzugsgebiete abgeschätzt werden. Bei Kenntnis der restlichen Teilglieder des Sedimenthaushaltes können so Rückschlüsse auf die rezente geomorphologische Dynamik eines Tals gezogen werden (BECHT 1994).

Einführung

Über die Betrachtung der Einzelprozesse hinaus existieren über das Zusammenspiel der einzelnen im Hochgebirge wirkenden Prozesse und vor allem über die Auswirkungen dieses Zusammenspiels beispielsweise auf den Sedimenthaushalt zum Teil noch große Forschungslücken. Ziel der vorliegenden Untersuchung soll daher neben der Betrachtung der fluvialen Erosion und der Regionalisierung als einzelner Prozess auch die Erforschung der Interaktion zwischen den fluvialen Hangprozessen und den übrigen im Hochgebirge auftretenden Prozessen sein.

Die Vielzahl der Einflussfaktoren und die logistischen Schwierigkeiten im Hochgebirge lassen aber für diese Untersuchungen nur eine begrenzte Zahl an Testflächen zu, weshalb versucht werden soll, die gesamte Bandbreite der Einflussfaktoren durch die Wahl der Testflächen abzudecken. Diese werden so ausgewählt, dass sie sich in der naturräumlichen Ausstattung wie beispielsweise Vegetation, Hangneigung oder Lithologie unterscheiden, aber auch im Einflussbereich der unterschiedlichen geomorphologischen Prozesse liegen. Das Hauptaugenmerk soll dabei auf denjenigen naturräumlichen Rahmenbedingungen liegen, die sich schon in vorangegangenen Studien (vor allem BECHT 1995) als besonders relevant erwiesen haben.

Um zusätzlich Unterschiede zwischen verschiedenen Einzugsgebieten zu erfassen, wie etwa andere lithologische oder topographische Bedingungen, werden die Messungen in zwei Hochgebirgstälern durchgeführt. Für die Untersuchung wurden nach Geländebegehungen insgesamt 28 Testflächen ausgewählt, die über einen Zeitraum von 3 bis 5 Jahren beprobt wurden. Die aus den Messungen gewonnenen Erkenntnisse finden dann Eingang in ein Modell für den fluvialen Hangabtrag im Hochgebirge. Die für die Arbeiten nötigen Grundlagendaten, wie eine Vegetationskarte oder ein digitales Geländemodell, wurden im Rahmen des SEDAG Projektes erstellt und stehen somit für die Analysen zur Verfügung (WICHMANN 2006).

Aus der Zielsetzung ergibt sich folgender Aufbau für diese Arbeit:
Kapitel drei gibt einen **Überblick** über die Untersuchungsgebiete und deren naturräumliche Ausstattung, bevor in Kapitel vier die **Quantifizierung** des hangaquatischen Abtrags und der fluvialen Erosion (gemessen als Austrag aus Hanggerinnen) vorgestellt wird. Hier werden auch diejenigen Faktoren besprochen, die besondere Auswirkung auf das Auftreten und die Intensität fluvialer Prozesse im Hochgebirge haben. Während versucht wird, den hangaquatischen Abtrag durch bestehende Modelle zu ermitteln, finden die Erkenntnisse über die fluviale Erosion (Sedimentaustrag aus Einzugsgebieten) dann Eingang in ein selbst entwickeltes **Modell**, das dann

in Kapitel fünf als Möglichkeit zur Regionalisierung des fluvialen Sedimentaustrags aus Hangeinzugsgebieten vorgestellt wird. Anschließend wird in Kapitel sechs eine **Anwendungsmöglichkeit** dieses Modells aufgezeigt. Den einzelnen Kapiteln sind kurze Zusammenfassungen angefügt, in denen auch die jeweils ermittelten Erkenntnisse diskutiert werden. Diese werden im letzten Teil der Arbeit (Kapitel sieben) aufgegriffen und in einer abschließenden **Diskussion** zusammengefasst. Darauf aufbauend wird ein **Ausblick** für weitere Arbeiten gegeben.

3 Naturräumliche Ausstattung der Untersuchungsgebiete

Die Untersuchungsgebiete Reintal und Lahnenwiesgraben liegen im Landkreis Garmisch-Partenkirchen etwa 100 km südlich der Stadt München und sind Teil der Nördlichen Kalkalpen (vgl. Abb. 3.1). Das Reintal liegt im Wettersteingebirge und der Lahnenwiesgraben im Ammergebirge, dennoch sind beide nur etwa 15 km Luftlinie voneinander entfernt. Beide Gebiete unterscheiden sich in der naturräumlichen Ausstattung und den klimatischen Gegebenheiten trotz ihrer räumlichen Nähe zum Teil erheblich. Sowohl die naturräumliche Ausstattung als auch die klimatischen Verhältnisse sind jedoch entscheidend für das Auftreten und die Intensität geomorphologischer Prozesse. Insofern werden die Bedingungen in beiden Tälern im Folgenden ausführlich vorgestellt, sowie in einer tabellarische Zusammenstellung zusammengefasst (Tab. 3.1).

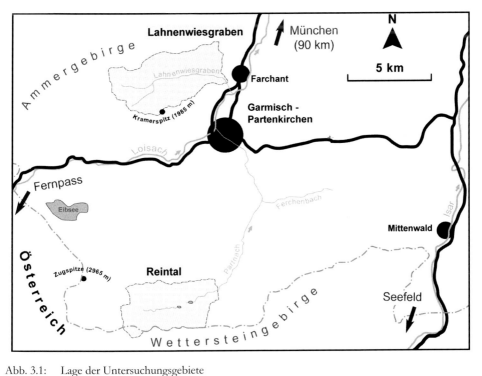

Abb. 3.1: Lage der Untersuchungsgebiete

Lahnenwiesgraben

Das Untersuchungsgebiet Lahnenwiesgraben umfasst eine Fläche von 16,6 km² und liegt zwischen 11° 00' und 11° 06' östlicher Länge und 47°30' und 47° 33' nördlicher Breite am Südostrand des Ammergebirges. Der Hauptbach des Tales (Lahnenwiesgraben) entsteht durch den Zusammenfluss des Steppberg- und des Sulzgrabens. Er mündet bei der Ortschaft Burgrain (Farchant) als linksseitiger Tributär in die Loisach.

Die höchste Erhebung des Untersuchungsgebietes liegt mit der Kramerspitze (1985 mm ü. NN) im Ost-West streichenden Kramermassiv, das gleichzeitig die südliche Grenze des Einzugsgebietes beschreibt (Abb.3.2). Im Westen verläuft die Grenze des Untersuchungsgebietes zwischen dem Windstierlkopf (1824 m) im Norden, dem anschließenden Enningsattel über das Krottenköfel (1780 m) und den Hirschbühel (1934 m) über den Steppbergsattel zum Kramermassiv. Im Norden zieht sich ein ebenfalls West-Ost streichender Höhenzug mit den Gipfeln (von West nach Ost) Windstierlkopf (1824 m), Felderkopf (1818 m), dem Vorderen Felderkopf (1928 m), den Zunderköpfen (bis 1895 m), dem Brünstelskopf (1814 m), dem Herrentisch (1667 m) und dem Schafkopf (1380 m). Im Osten befindet sich auf 706 m ü. NN nahe der Ortschaft Burgrain der tiefste Punkt des Untersuchungsgebietes mit der Pegelstation des Wasserwirtschaftsamtes Weilheim. Insgesamt ergibt sich für das Untersuchungsgebiet eine maximale Reliefenergie zwischen der Kramerspitze und dem Pegel Burgrain von 1279 m. Das mittlere Gefälle des Gebietes beträgt ca. 28°. Das maximale Gefälle liegt bei 72,5°. Die topographischen Daten wurde aus einem Digitalen Höhenmodell (Rasterweite 5x5 m) abgeleitet, dessen Berechnung bei WICHMANN (2006) ausführlich erläutert wird.

Untersuchungsgebiete

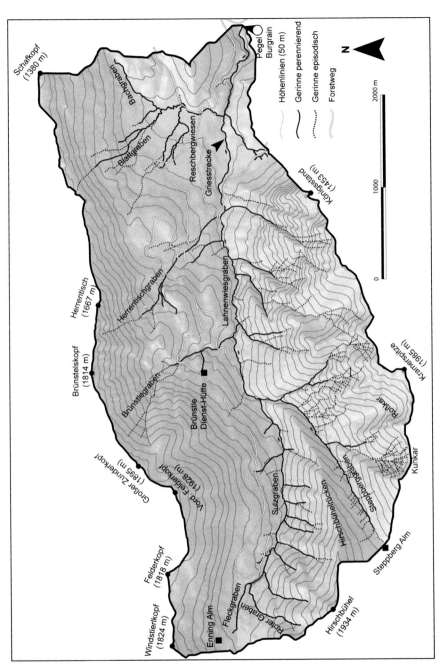

Abb. 3.2: Gerinnenetz und Lokalbezeichnungen im Untersuchungsgebiet Lahnenwiesgraben.

Reintal

Das Untersuchungsgebiet Reintal umfasst eine Fläche von 17,3 km² und liegt zwischen 11° 01' und 11° 06' östlicher Länge und 47° 24' und 47° 26' nördlicher Breite am Südrand des Wettersteingebirges in unmittelbarer Nähe der Staatsgrenze zu Österreich. Im Gegensatz zum Lahnenwiesgraben handelt es sich beim Untersuchungsgebiet Reintal nicht um einen richtigen Talschluss, sondern eigentlich um den Mittelteil eines größeren Einzugsgebietes, zu dem im Westen das Zugspitzplatt gehört. Der Hauptbach des Tales, die Partnach, entspringt als Karstquelle im Nordwestteil des Untersuchungsgebietes am sogenannten Partnachursprung. Das Zugspitzplatt selbst hat rezent keinen oberflächlichen hydrologischen Anschluss an das Untersuchungsgebiet, sondern entwässert ausschließlich unterirdisch in das Reintal. Aus diesem Grund wurde dieser Teil des Partnacheinzugsgebietes in der vorliegenden Untersuchung ausgeklammert und so endet das Untersuchungsgebiet im Westen mit dem Beginn des Zugspitzplattes.

Im Norden und Süden wird das Reintal von hohen Graten begrenzt (Abb. 3.3). Im Norden verläuft der Grat von den Höllentalspitzen im Westen (bis 2742 m) über den Hochblassen (2703 m), den Hohen Gaif (2287 m), den Mauerscharrtenkopf (1919 m) bis zum Hohen Gaifkopf (1863 m). Im Süden wird der Grat vom Hohen Kamm (2375 m), Hochwanner (2743 m) und dem Hinterreintalschrofen (2669 m) gebildet. Im Osten endet das Untersuchungsgebiet am Pegel (1049 m ü. NN) auf Höhe der Bockhütte. Daraus ergibt sich für das Einzugsgebiet eine Reliefenergie von 1694 m. Das mittlere Gefälle des Gebietes beträgt 41,3°. Das maximale Gefälle liegt bei 77,6°.

Untersuchungsgebiete

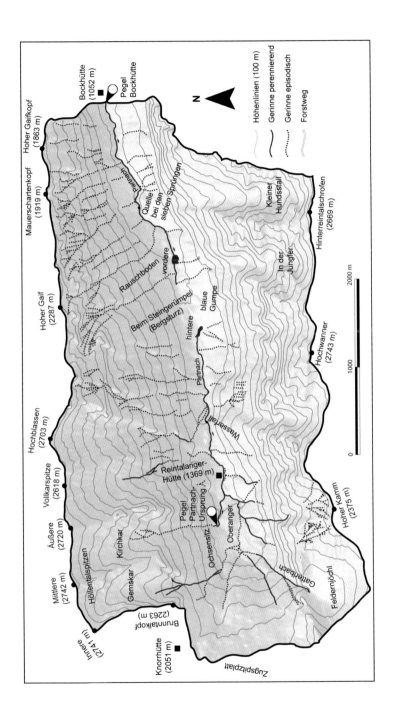

Abb. 3.3: Gerinnenetz und Lokalbezeichnungen im Untersuchungsgebiet Reintal.

Tab. 3.1: Zusammenfassung der naturräumlichen Ausstattung der Untersuchungsgebiete

	Lahnenwiesgraben	Reintal
Fläche [km^2]*	16,6	17,3
Min. Höhe [m ü. NN]*	706	1049
Max. Höhe [m ü. NN]*	1985	2743
Reliefenergie [m]*	1279	1694
Mittl. Gefälle [°]*	28,4	41,3
Max. Gefälle [°]*	72,5	77,6
Niederschlag [mm/a] (NACH BAUMGARTNER ET AL. 1983)	~1600-2000	~2000
Mittlerer Abfluss der Hauptbäche [m^3/s] und Abflusshöhe [mm/a] (BAYERISCHES LANDESAMT FÜR WASSERWIRTSCHAFT 1997)	0,434 811	3,92 (an Loisachmündung) 1301
Geologie	Hauptdolomit Plattenkalk Kössener Schichten Quartäre Lockersedimente	Wettersteinkalk Quartäre Lockersedimente
Böden (nach KOCH 2005)	Rohböden Rendzinen Braunerden	Rohböden
Waldgrenze [m ü. NN]	~1700	~1600-1700
Höhenstufen (nach KOCH 2005)	montan bis alpin	montan bis subnival

*aus DHM abgeleitet

3.1 Geologie und Geomorphologie

3.1.1 Lahnenwiesgraben

Geologie

Der Lahnenwiesgrabenbach fließt in einer Ost-West streichenden tektonischen Mulde, die sich innerhalb der Lechtaldecke befindet. Die nach Osten einfallende Mulde unterteilt sich im Westen des Gebietes in zwei einzelne Mulden (Enning- und Steppbergmulde), die durch die tektonische Schuppe des Hirschbühelrückens voneinander getrennt sind (KUHNERT 1967). Diese komplizierte tektonische Struktur mit zahlreichen Störungszonen innerhalb dieser Mulden äußert sich im Auftreten zahlreicher Gesteinsarten.

Zu den wichtigsten Gesteinsvorkommen im Untersuchungsgebiet zählen die Gesteine der alpidischen Trias (obere Trias) mit dem Plattenkalk und dem Hauptdolomit, die zusammen über 60% der an der Oberfläche aufgeschlossenen Gesteine stellen (Abb. 3.6). Beide als geomorphologisch hart einzustufende Gesteine stellen als Hauptwandbildner den Großteil der steilen Felsbereiche. Der Hauptdolomit spielt hierbei aber die wichtigere Rolle, da durch ihn das gesamte Kramermassiv aufgebaut ist. Er verwittert sehr leicht in grusiger Form und liefert daher eine große Menge an Schutt. Sowohl Hauptdolomit als auch Plattenkalk sind aufgrund ihrer guten Löslichkeit (hoher $CaCO_3$ – Gehalt) gut wasserwegig und neigen zu Verkarstung. Dies wird durch das Auftreten von Karstphänomenen (Dolinen an der Südflanke des Hirschbühelrückens) und die relativ hohen gemessenen elektrischen Leitfähigkeiten der Gewässer im Untersuchungsgebiet (Mittelwert aus 40 Messungen am Reschbergpegel: 339 µS/cm; Lage des Pegels vgl. Abb.3.14) belegt.

Im Hangenden geht der Plattenkalk mit einer unscharfen Grenze in die sogenannten Kössener Schichten (Mergel, Tone) über. Diese geomorphologisch eher „weiche" Serie zeichnet sich durch eine schlechte Wasserwegigkeit aus. Ausdruck dieser Eigenschaft sind die zahlreichen Quellaustritte an der Grenze zu diesen Schichten.

Die Gesteine des Jura sind vor allem im Westteil des Untersuchungsgebietes im Bereich einer Störungszone am Nordhang des Hirschbühelrückens aufgeschlossen (alt nach jung: Allgäuschichten, Doggerkalk, Radiolarit, Aptychenschichten). Sie wurden hier durch ihre besondere Lage in der Enningmulde vor der Erosion bewahrt. Aufgrund ihres geringen Flächenanteils im Untersuchungsgebiet spielen sie für die Gesamtsituation eine nur untergeordnete Rolle.

Geomorphologie

Im Quartär wurden die geologischen Strukturen stark überformt. Vor allem die durch das letzte Glazial (Würmeiszeit) geschaffenen Formen sind noch gut sichtbar. Das Ammergebirge war dabei Teil des Einzugsgebiets des Isar-Loisachgletschers, der zum großen Eislobus südlich von München gehörte. Neben der im Kramermassiv aufgetretenen Lokalvergletscherung, die durch die nordexponierten Kare erkennbar ist (vgl. Abb. 3.4), erhielt das Untersuchungsgebiet Ferneis durch zwei Transfluenzen des Loisachgletschers über den Steppberg- und den Enningsattel (Abb 3.2). Dies geht aus den von KLEBELSBERG (1913) rekonstruierten Eismächtigkeiten im Bereich des Loisachgletschers hervor. KUHNERT (1967) gibt für das südliche Ammergebirge eine Eisspiegelhöhe für die Zeit der Hauptvereisung von 1700 m an, was sich mit den Aussagen von KLEBELSBERG (1913) deckt. Allerdings handelt es sich um Transfluenzen, die nur im Hochglazial bestanden haben dürften und nur geringe Eismächtigkeiten von wenigen 10er Metern erreichten. Zeugen des Ferneises sind Fernmoränen, die sich durch einen geringen Anteil an erratischen Geschieben (z.B. Gneise) auszeichnen (KUHNERT 1967).

Abb. 3.4: Kar (Kuhkar) als Zeugnis der quartären Vergletscherung. Deutlich sichtbar sind die Murrinnen (Aufnahmerichtung: Süd; Foto: F. Haas).

Untersuchungsgebiete

Zusätzlich zu den aus Westen (Ferneis) und Süden (Lokalvergletscherung) kommenden Eismassen, wurde das Tal von Osten durch den Haupteisstrom des Loisachgletschers abgesperrt. Dadurch kam es im Spätglazial zur Bildung eines Eisstausees, der dann mit Feinsedimenten und Schottern aufgefüllt wurde. Zu erkennen ist dieser Akkumulationsbereich an den flachen Bereichen um die Reschbergwiesen im Ostteil des Einzugsgebiets. Aufgrund der stärkeren Erosionskraft des Loisachgletschers im Vergleich zu seinen Nebengletschern kam es auch hier zu einem für Alpentäler typischen Gefällesprung zwischen Haupt- und Nebengletscher (hier Loisachtal und Lahnenwiesgraben). Dieser Höhenunterschied wurde im Postglazial und Holozän durch rückschreitende Erosion des Lahnenwiesgrabenbaches teilweise aufgehoben. Dieses Erosionsgeschehen äußert sich in Terrassen südlich der Reschbergwiesen, in einer Klammstrecke des Lahnenwiesgrabens zwischen den Reschbergwiesen und Burgrain und dem anschließenden Schwemmfächer des Lahnenwiesgrabens zur Loisach hin (auf diesem stehen heute die Ortschaften Burgrain und Farchant). Reste der limnischen Sedimente des ehemaligen Eisstausees wurden nach einem starken Murereignis an der Mündung des Herrentischgrabens in den Lahnenwiesgrabens aufgeschlossen (vgl. Abb.3.5).

Abb. 3.5: Limnisch abgelagerte tonige (Pfeile 1) bis kiesige (Pfeile 2) Sedimente in Wechsellagen am Herrentischgraben (Foto: F. Haas).

Zusätzlich zu dem in dieser Arbeit behandelten fluvialen Hangabtrag wirkt im gesamten Einzugsgebieten eine große Anzahl an weiteren geomorphologisch relevanten und für das Hochgebirge typischen Prozessen.

Durch die teilweise mächtigen Böden und Verwitterungsdecken in Kombination mit schlecht wasserwegigen Gesteinen wie den Kössener Schichten treten im Lahnenwiesgraben an zahlreichen Stellen Kriech- und Rutschungsprozesse auf. Diese wurden im Rahmen des SEDAG Projektes sowohl durch Bewegungsmessungen (extensiometrisch, geodätisch; KELLER in Vorb.) als auch durch dendrochronologische Messungen (KOCH 2005) eingehend untersucht.

Neben den Rutschungen sind auf den Flächen mit Hauptdolomit und Plattenkalk vor allem Sturzprozesse vorherrschend. Neben einem kleineren Bergsturz am Fuß der blauen Wand im Nordwesten des Untersuchungsgebietes wurde vor allem der Steinschlag näher untersucht. So wurden durch die SEDAG Arbeitsgruppe Erlangen mit Steinschlagnetzen am Fuß von Felswänden Steinschlagraten beispielsweise im Kramergebiet bestimmt. Die Ergebnisse dieser Messungen sind bei RÜCKAMP (2005) ausgeführt. Neben den Messungen wurde dieser Prozess durch WICHMANN (2006) für den Lahnenwiesgraben modelliert.

In größeren Hanggerinnen mit Anschluss an größere Schuttdepots treten zudem Talmuren auf und in den Karen sind Hangmuren anzutreffen. Diese wurden ebenfalls durch WICHMANN (2006) bearbeitet.

Untersuchungsgebiete

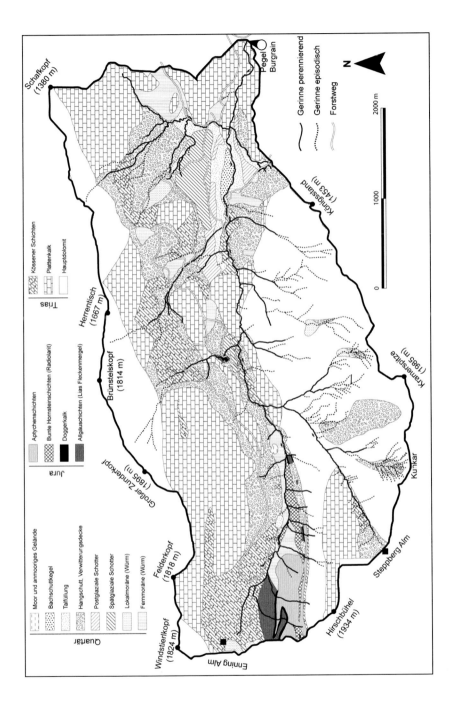

Abb. 3.6: Geologische Karte des Untersuchungsgebietes Lahnenwiesgraben. Grundlage: GK 8432, Bayer. Geologisches Landesamt, nach KUHNERT (1967).

3.1.2 Reintal

Geologie

Der südwestliche Teil des Wettersteingebirges, das tektonisch gesehen zur Lechtaldecke (südlicher Bereich an der Grenze zur Inntaldecke) gehört, kann nach MILLER (1962) in drei Teilbereiche untergliedert werden. Diese bestehen aus zwei Mulden und einem Sattel. Für das Untersuchungsgebiet relevant sind - von Süd nach Nord - die Reintalmulde, in der das Untersuchungsgebiet Reintal liegt und der Wetterstein-Hauptsattel, der sich von der Zugspitze (2962 m ü. NN) bis zum hohen Gaifkopf (1863 m ü. NN) erstreckt und damit die nördliche Begrenzungslinie des Untersuchungsgebietes darstellt. Im Weiteren schließt sich dann die Wettersteinhauptmulde mit dem Höllental an, die schon außerhalb des Untersuchungsgebietes liegt.

Lithologisch ist das Reintal sehr einfach aufgebaut, da es im Wesentlichen aus dem Wettersteinkalk besteht, der im Laufe der Trias als massiger Korallenkalk abgelagert wurde und Mächtigkeiten von 600-800 m erreicht (MILLER 1962). Er ist aufgrund seiner Reinheit und der damit verbundenen sehr guten Löslichkeit stark verkarstungsfähig (KUHNERT 1967) und zählt wie der Hauptdolomit und der Plattenkalk im Lahnenwiesgraben zu den geomorphologisch harten Gesteinen. Er ist daher auch als einer der Hauptwandbildner in den nördlichen Kalkalpen bekannt. Er verwittert grusig bis blockig (KUHNERT 1967), was die hydrologischen Bedingungen stark beeinflusst (vgl. Kap. 3.4.2). Zu einem geringen Prozentsatz sind im Untersuchungsgebiet auch noch die sogenannten Raibler Schichten aufgeschlossen, allerdings liegen sie in den südlichen Bereichen des Untersuchungsgebietes, die nicht zugänglich sind. Da Steinschlagpartikel aus diesem Material nur äußerst vereinzelt auf den südöstlichen Schutthalden zu finden sind (KRAUTBLATTER 2004), spielten sie für die Untersuchungen keine Rolle. Der Wettersteinkalk wird im Liegenden von den sogenannten Partnachschichten (Mergel) unterlagert, die Mächtigkeiten zwischen 300 und 400 m aufweisen (MILLER 1962). Diese Schichten beeinflussen die hydrologische Situation im Einzugsgebiet, da sie als Aquiclude fungieren und so das Karstwasser des Zugspitzplattes stauen, das dann am Partnachursprung im Reintal als Karstquelle an einer Störungszone wieder an die Oberfläche treten kann (WETZEL 2004).

Die Schichten des Wettersteinkalkes fallen aufgrund der Muldenstruktur im Reintal selbst steil ein (Südexpositionen fallen nach Süden, Nordexpositionen nach Norden). Während die nördliche Talseite in etwa dem Gefälle des Schichteinfallens folgt, sind die Schichten im Süden – vermutlich durch die glaziale Erosion – gekappt, was zur

Bildung von sehr steilen Felswänden führte. Dadurch ergibt sich im Reintal eine Asymmetrie der Talflanken mit sehr steilen Felswänden im Süden und etwas flacher einfallenden Schichten im Norden.

Geomorphologie

Die geologischen Strukturen wurden im Reintal im Quartär stark glazial überprägt. Der Gletscher des Reintals gehörte dabei ebenfalls zum Einzugsgebiet des Isar-Loisachgletschers. Er floss mit dem Ferneis, das aus dem Inntal als Transfluenzgletscher über den Seefelder Sattel kam, zusammen und vereinigte sich dann auf der Höhe von Garmisch-Partenkirchen mit dem Loisachgletscher (vgl. Abb. 3.1). Im Gegensatz zum Lahnenwiesgraben mit seinen Transfluenzen im Westen, entstanden die Formen im Reintal ausschließlich durch einen lokalen Gletscher, der durch den Gletscher des Zugspitzplatts und von mehreren Seitengletschern genährt wurde. Die Existenz der Seitengletscher wird durch das Vorhandensein von zahlreichen Karen im Süden und Norden des Reintals belegt (vgl. Abb 3.3). Während die letzten Gletscher in den Karen wohl zu Beginn des 20. Jh. verschwanden (HIRTLREITER 1992), ist die Vergletscherung auf dem Zugspitzplatt mit dem nördlichen und südlichen Schneeferner noch in Resten vorhanden. Ausdruck der pleistozänen Vergletscherung sind neben den Karen und der Trogtalform auch zahlreiche Moränenstände auf dem Zugspitzplatt und im Verlauf des Reintals (vgl. Abb. 3.8), die von HIRTLREITER (1992) hinsichtlich ihrer räumlichen Verbreitung und ihrer zeitlichen Stellung eingehend untersucht wurden.

Insgesamt ist das Reintal am Talboden und den Flanken vermutlich im Spätglazial und während des Holozäns mit mächtigen Sedimentpaketen ausgekleidet worden. SCHROTT ET AL. (2003) geben für den Talboden Mächtigkeiten von bis zu 70 m an (vgl. Abb 3.7).

Durch die starke pleistozäne Formung und die daraus resultierenden hohen Felswände mit einer hohen Reliefenergie dominieren im Reintal vor allem gravitative Massenbewegungen wie Sturzprozesse, Muren und Lawinen. Ausdruck dieser Prozesse sind neben den Schutthalden und Kegeln, die die Füße der Felswände verkleiden, vor allem Bergstürze (Abb. 3.8). Die zwei größten (unterhalb der Vorderen Blauen Gumpe und das sogenannte „Steingerümpel" zwischen Vorderer und Hinterer Blauer Gumpe) führten zu einer sedimentologischen Abdämmung des Haupttales, wodurch zwei periodisch wassergefüllte Seen geschaffen wurden, die aber mittlerweile mit Sediment aufgefüllt sind und nun nur mehr als Griesstrecke existieren (vgl. Abb. 3.7). Beide Bergstürze wurden von der Bonner SEDAG Arbeitsgruppe auf 400-600 Jahre BP datiert (SCHROTT ET AL. 2002). Die Vordere Blaue Gumpe wurde während des Augusthochwassers 2005 vollständig mit Sediment verfüllt (HECKMANN ET AL. 2006, MORCHE ET AL. 2007). Ein weiterer Bergsturz auf dem Oberanger ereignete sich wohl zu Beginn des 20. Jahrhunderts (mündl. Mitteilung UNBENANNT) und zeigt die immer noch vorhandene Dynamik (vgl. Abb. 3.8).

Die Prozessraten des Steinschlags, also die Schuttzufuhr aus den Felswänden erreicht eine Größenordnung von 0,07-0,23 kg $* m^{-2} * a^{-1}$ (KELLER & MOSER 2002, KRAUTBLATTER & MOSER 2005). BECHT (1995) und SASS (1998) nennen für das Wettersteingebirge Wandrückverlegungsraten von 0,03-0,09 $mm*a^{-1}$.

Abb.3.7: Linkes Bild: Blick talabwärts von oberhalb des Wasserfalles Richtung Osten. Im Vordergrund ist der Sedimentationsbereich der früheren Hinteren Blauen Gumpe zu sehen. In der Bildmitte sieht man den Bergsturz „Steingerümpel" und dahinter die mittlerweile ebenfalls verschüttete Vordere Blaue Gumpe. Deutlich sind auch am rechten Rand des Bildes Schutthalden zu erkennen, die hier die Fußbereiche der sich anschließenden Felswände flankieren. Rechtes Bild: Schutthalde unterhalb der Vorderen Blauen Gumpe (Blickrichtung Südwest) mit Murkegeln (Fotos: F. Haas).

Ein weiterer wichtiger Prozess für die rezente Formung des Reintals sind Muren. Durch deren zahlreiches Auftreten während des SEDAG Projektes konnte ihre Bedeutung für den Sedimenthaushalt dieses Einzugsgebietes eingehend untersucht werden. Vor allem die südlichen Schutthalden auf Höhe der Vorderen Blauen Gumpe waren zwischen 2000 und 2004 mehrmals von starken Murgängen betroffen

(BECHT ET AL. 2005). KOCH (2005) hat mit Hilfe von dendro-chronologischen Untersuchungen Rekurrenzintervalle für Muren von im Mittel 14,8 Jahren nachgewiesen, aber drei größere Murgänge innerhalb von drei Jahren auf dem Kegel bei der Vorderen Blauen Gumpe deuten auf eine höhere Aktivität hin. Eine multitemporale Luftbildanalyse von HECKMANN ET AL. (im Druck) zeigt dort Rekurrenzintervalle von 5,5 Jahren. Da durch Murgänge eine große Menge an Material bewegt wird und diese zusätzlich starke Auswirkungen auf die fluvialen Prozesse haben, spielen sie bei der Betrachtung des Sedimenthaushaltes eine wichtige Rolle (HAAS ET AL 2005). So wurden während des Murereignisses im Juni 2003 beispielsweise 7000 t Gesteinsmaterial in die Partnach geliefert (BECHT ET AL. 2005).

Neben den Sturzprozessen und den Muren dominieren im Reintal als dritter wichtiger Prozess die Lawinen, die sowohl als Oberlawinen als auch als geomorphologisch formende Grundlawinen auftreten (HECKMANN 2006). Hiervon sind vor allem die Südexpositionen betroffen, da die Nordexpositionen mit den Felswänden zu hohe Hangneigungen aufweisen, die über den für Lawinenabgänge typischen Hangneigungen liegen (WILHELM 1975).

Die Existenz von Lawinen ist anhand zahlreicher Lawinenschneisen erkennbar, die auch in der Vegetationskarte ihren Ausdruck finden (vgl. Abb. 3.12). Am Rand dieser Lawinenschneisen, die zum Teil den Wanderweg kreuzen und bis an die Partnach reichen, findet man zahlreiche zerstörte Waldbereiche. Eine genauere Zusammenstellung über den Prozess Lawine und dessen geomorphologische Relevanz für das Reintal findet sich bei HECKMANN (2006).

Anders als im Lahnenwiesgraben spielen flachgründige Rutschungen im Reintal aufgrund des groben Substrates und der fehlenden tiefgründigen Böden keine Rolle. Das grobe Substrat, die fehlende Bodenauflage und die starke Verkarstung sind auch Ursache für die relativ geringe Relevanz der fluvialen Hangprozesse an der geomorphologischen Formung des Reintals. Da es durch das grobe und damit sehr durchlässige Substrat nur bei extremen Niederschlägen und auch dann nur vereinzelt zu Oberflächenabfluss kommt (vgl. Kap. 3.4.2), spielt der fluviale Abtrag von den Hängen für den gesamten Sedimenthaushalt im Reintal eine eher untergeordnete Rolle. Geringe bis mittlere Niederschläge führten in der Regel nicht zu ausgeprägtem Oberflächenabfluss und nach sehr starken Niederschlägen und den damit verbundenen hohen Abflüssen entstanden dann zumeist Murgänge (vgl. Kap. 3.4.2).

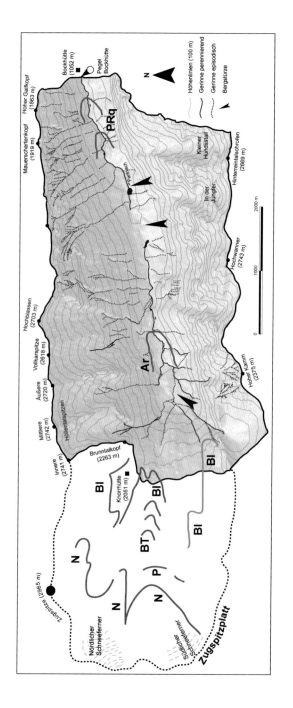

Abb. 3.8: Spät- und postwürmglaziale Gletscherstände des Zugspitzplattes und des Reintals (nach HIRTLREITER 1992). (Die Abkürzungen bedeuten: N – Neuzeitliche Stände; P – Plattstand (jüngeres Holozän); Bt – Brunntalstand (frühes Holozän); Bl – Brünnlstand (Jüngere Dryas oder älter); Ar – Reintalangerstand (Jüngere Dryas oder älter); PRq – Partnachstand (Quellenstand) - mittleres Würm – Spätglazial, jüngerer Abschnitt der ältesten Dryas) und Bergstürze im Reintal.

3.2 Boden

Der Boden als Verwitterungsprodukt des Ausgangsgesteines spielt eine wichtige Rolle für das Auftreten von geomorphologischen Prozessen. Gerade der Wasserhaushalt, wie beispielsweise die Infiltrationskapazität oder die Wasserhaltefähigkeit der unterschiedlichen Bodentypen steuert in hohem Maße das Auftreten von Oberflächenabfluss und damit die Erosionsanfälligkeit (BUNZA ET AL. 1996, LÖHMANNS-RÖBEN & SCHAUER 1996, MARKART & KOHL 1995, FLORINETH ET AL. 2004). Dies und die durch die Bodenarten ebenfalls beeinflusste Vegetationszusammensetzung, die wiederum durch beispielsweise die Interzeption das Auftreten von Oberflächenabfluss stark beeinflusst, macht eine genaue Kartierung der Bodenbedingungen in den Untersuchungsgebieten für das Projekt nötig. So wurden während des SEDAG Projektes beide Einzugsgebiete bodenkundlich untersucht und im Anschluss daran jeweils eine Bodenkarte erstellt.

Diese bodenkundlichen Untersuchungen und Kartierungen sind umfassend bei KOCH (2005) dargestellt. Im Folgenden soll eine kurze Zusammenfassung dieser Ergebnisse gegeben werden; einen tabellarischen Überblick liefert Tabelle 3.2.

Tab. 3.2: Verbreitung der Böden (%) in den Untersuchungsgebieten (Flächenanteile berechnet auf Basis der Kartierung von KOCH 2005)

	Lahnenwiesgraben	Reintal
Rendzina	35,2	0,4
Rendzina-Braunerde	7,9	-
Rohboden	39,5	99,6
Braunerde	5,6	-
Rendzina-Gley	0,6	-
Gley	2,7	-
Braunerde-Pseudogley	0,9	-
Parabraunerde	0,1	-
Gley-Kolluvium	2,7	-
KVL-Kolluvium	1,8	-
Pseudogley	0,1	-
Braunerde-Kolluvium	2,9	-

3.2.1 Lahnenwiesgraben

Die im Untersuchungsgebiet Lahnenwiesgraben auftretenden Böden sind typisch für Hochgebirgsregionen, die sich von der montanen bis zur alpinen Stufe erstrecken. So nehmen Rohböden (Syrosem) und Rendzinen einen großen Anteil der Fläche des Einzugsgebietes ein (zusammen ~80 % der Fläche), wobei die Rendzinen von KOCH (2005) als wichtigster Boden eingestuft werden (Abb. 3.9).

Neben den Rohböden und den Rendzinen kommen im geringen Maße auch schwach entwickelte Braunerden vor, deren Verbreitung sich zumeist auf Moränenstandorte beschränkt (KOCH 2005). Neben Kolluvien sind noch die Kalkverwitterungslehme zu nennen, die als Lösungsrest der verkarstungsfähigen Gesteine zurückbleiben. Auch Gleye und Pseudogleye sind im Lahnenwiesgraben auf den zahlreichen moorigen und anmoorigen Bereichen zu finden.

3.2.2 Reintal

Im Gegensatz zum Lahnenwiesgraben sind im Reintal aufgrund des hochalpinen Charakters (Erstreckung bis in die subnivale Stufe) nahezu keine richtig ausgebildeten Böden anzutreffen. Auf den großen Fels- und den ihnen anschließenden Schuttbereichen konnten sich nur vereinzelt auftretende und dann nur geringmächtig ausgebildete Rohböden entwickeln. Zudem sind diese Bereiche durch ihre hohe Hangneigung stark den dort auftretenden Erosionsprozessen unterworfen (Abb. 3.10), wie etwa Grundlawinen.

KOCH (2005) differenziert bei seiner Kartierung nach punktuellem (75 %) und flächenhaftem Auftreten (24,6 %) der Rohböden. Die Vegetationskarte des Reintals zeigt dabei deutlich, dass sich die flächenhafte Ausbildung der Rohböden vor allem auf die südexponierten Hangbereiche erstreckt (KOCH 2005).

Die Verbreitung der Rendzinen (0,4 %) beschränkt sich auf die wenigen Verflachungszonen um den Reintalanger und die Bereiche in der Nähe der Bockhütte.

Untersuchungsgebiete

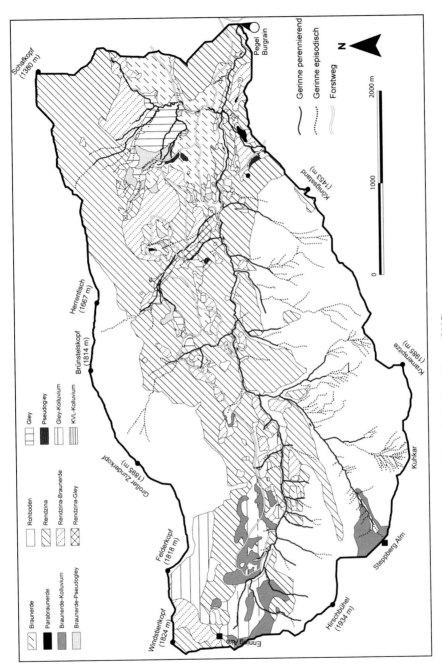

Abb. 3.9: Bodenkarte des Lahnenwiesgrabens. Aufnahme: KOCH (2005).

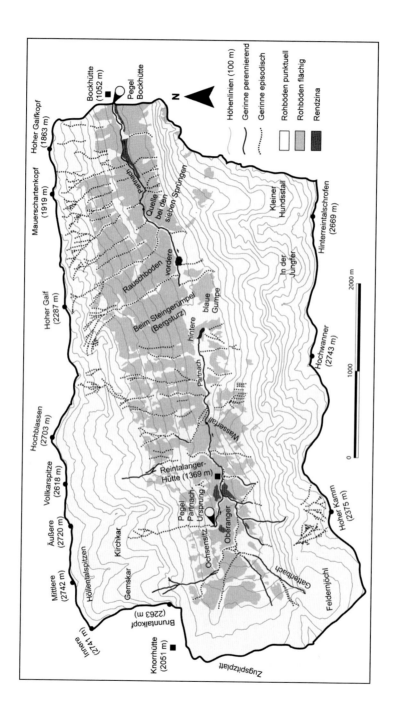

Abb. 3.10: Bodenkarte des Reintals. Aufnahme: KOCH (2005).

3.3 Vegetation

Die Vegetation beeinflusst in hohem Maße das Auftreten von Oberflächenabfluss (SCHAUER 1998, KOHL 2000) und damit das Abtragsgeschehen in alpinen Einzugsgebieten (BUNZA ET AL. 1996, LÖHMANNSRÖBEN & SCHAUER 1996). Zu nennen sind hier der Rückhalt von Wasser durch Interzeption, die Erhöhung der Infiltrationskapazität durch die Wurzeln der Pflanzen (GREENWAY 1987) und deren Wasserverbrauch. Dabei ist der Grad der Beeinflussung von der jeweiligen Pflanzenart abhängig. So liegen die mittleren jährlichen Interzeptionswerte nach PECK & MAYER (1996) bei Nadelwäldern zwischen 28 und 42 % und die von Laubwäldern bei etwa 20 %.

Die Vegetationszusammensetzung wird gerade im Hochgebirge stark von den klimatischen, topographischen und pedologischen Bedingungen und nicht zuletzt auch durch anthropogene Einwirkungen beeinflusst. Vor allem die Höhenlage hat auf das Wachstum und die Verbreitung der Pflanzen entscheidenden Einfluss. Besonders deutlich wird dies durch die Waldgrenze, die obere Grenze flächenhafter Waldbedeckung. Für die Alpen typisch ist, dass sich die Zusammensetzung des Waldes mit der Höhe verändert. So treten nach STRASSBURGER ET AL. (1991) in der montanen Höhenstufe der nördlichen Alpen vor allem Mischwälder auf, die dann in der oberen montanen Stufe zu Gunsten der reinen Nadelwälder zurücktreten. Für die Nördlichen Kalkalpen werden unterschiedliche Höhen für die Waldgrenze angegeben. So liegt sie in den Nordalpen nach MEURER (1984) bei etwa 1700 m, LEHMKUHL (1989) dagegen setzt sie in den Ostalpen auf knapp 2000 m. Nach KOCH (2005) liegt sie in beiden Untersuchungsgebieten etwa auf 1700 m. Darüber hinaus sind nur noch vereinzelte Bäume in besonderen Gunstlagen und die für diese Höhenlagen bekannten Latschen und Krummhölzer (*pinus mugo*) anzutreffen.

Die Vegetationskartierung im Rahmen des SEDAG Projektes erfolgte nach sieben Klassen und wurde durch WICHMANN (2006) anhand von Luftbildern und überprüfenden Geländebegehungen durchgeführt (Einen Überblick über die Vegetationsklassen und ihr prozentuales Auftreten in den Untersuchungsgebieten gibt Tab. 3.3).

Tab. 3.3: Vegetationszusammensetzung [%] in den Untersuchungsgebieten (berechnet auf Basis der Kartierung von WICHMANN 2006)

	Lahnenwiesgraben	Reintal
Vegetationsfrei	3	47
Lückenhafte Vegetation, Pioniervegetation	5	16
Grasbewuchs	14	9
Sträucher, Büsche, Jungwuchs	5	1
Krummholz	15	16
Mischwald	32	4
Nadelwald	27	8

3.3.1 Lahnenwiesgraben

Der Lahnenwiesgraben ist zu einem sehr hohen Anteil von Wald (Mischwald und Nadelwald) bedeckt (zusammen nahezu 60%), der in höheren Lagen zumeist als Nadelwald ausgeprägt ist (Abb. 3.11). Über der Waldgrenze schließen sich Latschenbestände (Krummholz mit ~15%) an. Die Waldgebiete werden zum Teil durch Lawinenschneisen und große Windwurfflächen unterbrochen.

In weiten Teilen wird das Gebiet trotz seines Status als Naturschutzgebiet forstwirtschaftlich genutzt, was vor allem durch Pflegemaßnahmen - mit dem Ziel, die Schutzwaldfunktion zu erhalten oder wieder herzustellen - begründet wird. An vielen Stellen wird so versucht, durch Jungwuchs (zusammen mit Sträuchern und Büschen ~5%) in Verbindung mit Lawinenschutzmaßnahmen (Verbauungen) diese durch Windwurf und Lawinentätigkeit entstandenen Freiflächen wieder aufzuforsten (HILDEBRANDT 2006).

Weite Teile des Gebietes werden als Sommerweide für Jungvieh benutzt, so dass durch die Beweidung große Grasflächen (14%) vor der Verbuschung bewahrt worden sind. Die Beweidung erfolgt ausgehend von den zwei Hütten (Enningalm und Steppbergalm) durch Kühe (Jungvieh), Schafe und Pferde.

Die lückenhafte Vegetation und die vegetationsfreien Flächen nehmen mit zusammen 8 % ebenfalls einen nicht zu vernachlässigenden Anteil an der Gesamtfläche ein. Da gerade diese Flächen besonders erosionsanfällig sind, spielen sie im Hinblick auf fluviale Erosion und den hangaquatischen Abtrag eine besonders wichtige Rolle.

Untersuchungsgebiete

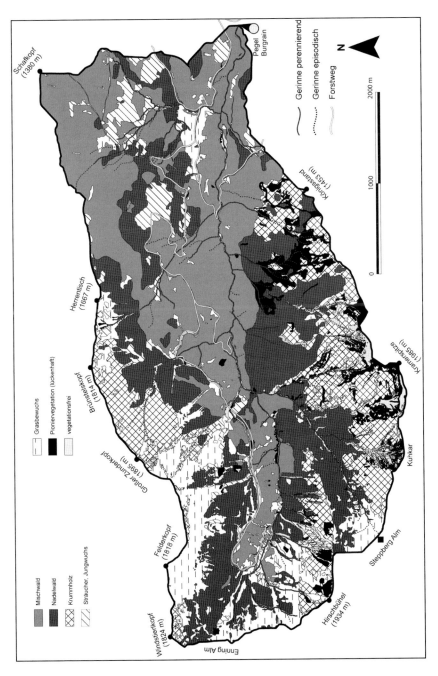

Abb. 3.11: Vegetationskarte des Lahnenwiesgrabens. Aufnahme: WICHMANN (2006).

3.3.2 Reintal

Im Gegensatz zum Lahnenwiesgraben ist im Reintal nur ein sehr geringer Teil der Fläche (12 %) mit Wald bewachsen (Abb. 3.12). Dieser ist ähnlich wie im Lahnenwiesgraben bis zu Höhen von 1700 m zu finden. Über der Waldgrenze gibt es auch im Reintal Latschen (16 %), doch der weit größte Teil der Fläche ist vegetationsfrei oder nur lückenhaft durch Vegetation bestanden (zusammen ca. 63 % der Fläche). Dieser Umstand ist vor allem auf den alpinen bis subnivalen Charakter des Einzugsgebietes zurückzuführen. Die Ost-West-Erstreckung der sehr hohen Felswände führt zu einer starken Abschattung von großen Teilen des Einzugsgebietes, was eine verkürzte Vegetationsperiode nach sich zieht. Dieser Umstand, die starke Verkarstungstendenz des Wettersteinkalkes (geringe Wasserverfügbarkeit) sowie die geringe Bodenauflage führen in der Summe zu einer großen Ungunst für das Pflanzenwachstum. Auf diese Weise beschränken sich die Waldstandorte in erster Linie auf die südexponierten Hänge, die früh wieder sonnenbeschienen sind und damit auch eher ausapern als die übrigen Standorte im Untersuchungsgebiet.

Anthropogene Einflüsse spielen im Reintal im Gegensatz zum Lahnenwiesgraben keine große Rolle. Zwar wird das Tal durch Schafe beweidet, die Weiden befinden sich aber in erster Linie auf den Flächen um den Oberanger. Die forstwirtschaftliche Nutzung spielt im Untersuchungsgebiet aufgrund der schlechten Zugänglichkeit ebenfalls keine Rolle. Zwar ist der Tourismus im Sommer sehr stark (Mountainbike- und Wandertourismus zur Reintalangerhütte und weiter Richtung Zugspitze), beschränkt sich aber hauptsächlich auf den Hauptweg entlang der Partnach. Großer anthropogener Einfluss auf die Landschaft kann deshalb ausgeschlossen werden. Aufgrund der durch die steilen Felswände bedingten hohen Lawinengefahr sind auch im Winter keine touristische Aktivitäten wie etwa Skitourismus möglich.

Untersuchungsgebiete

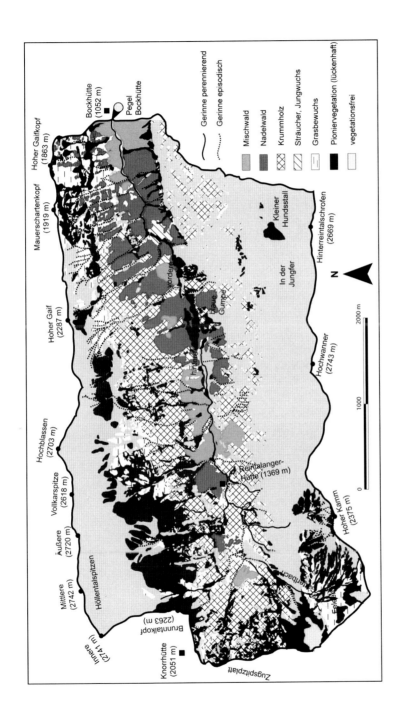

Abb. 3.12: Vegetationskarte des Reintals. Aufnahme: WICHMANN (2006).

3.4 Klima und Hydrologie

Die in dieser Arbeit bearbeiteten fluvialen Prozesse werden durch die klimatischen und hydrologischen Größen Niederschlag und Abfluss gesteuert. Aus diesem Grund wurden diese Einflussgrößen im Rahmen des Projektes in beiden Tälern gemessen (vgl. Abb. 3.13 und 3.15). Auf die Ergebnisse dieser Messungen und auf die Schwierigkeiten der Bestimmung wird in Kapitel 4.2.1.4 eingegangen. Um zuvor einen ersten Überblick über die klimatischen und hydrologischen Rahmenbedingungen in beiden Tälern zu geben, sollen diese im Folgenden vorgestellt werden.

Da im Winter der Zugang zu den Tälern nur mehr sporadisch möglich war, ruhten bis auf die Lawinenarbeiten die Forschungen. Niederschlag und Abflussdaten wurden nur zwischen Frühjahr und Herbst selbst erhoben. Aus diesem Grund basieren die Ausführungen für das ganze Jahr in folgendem Kapitel auf vorhandenen Literaturwerten.

3.4.1 Lahnenwiesgraben

Klima

Im Lahnenwiesgraben als Teil der niederschlagsbegünstigten Nordalpen liegen die Jahresniederschläge zwischen 1600 und 2000 mm/a (BAUMGARTNER ET AL. 1983). Betrachtet man die Werte, die MÜLLER-WESTERMEIER (1996) im langjährigen Mittel (1961-1990) an der Messstation Garmisch Partenkirchen (719 m ü. NN) mit 1364 mm angibt, und die nach FELDNER (1978) an der Steppbergalm auf 1967 mm (einjährige Messreihe) ansteigen, bestätigt sich diese Spanne. Die Niederschläge sind dabei mit 836 mm für das Sommerhalbjahr (Mai – Oktober) und 528 mm für das Winterhalbjahr (November – April) an der Station Garmisch-Partenkirchen ungleich zu Gunsten des Sommerhalbjahres verteilt (ENDERS 1996). Der Niederschlagsgradient bewegt sich je nach Autor für die Region oder den bayerischen Alpenraum zwischen 20 mm/100m (FLIRI 1974), 23,6 mm/100m (HECKMANN 2006) und 64 mm/100m (BAUMGARTNER ET AL. 1983). Nach den eigenen Niederschlagsmessungen für die Jahre 2001-2005 (zwischen Mai und Oktober) kann dieser Wert allerdings stark variieren und ist aufgrund von Luv- und Lee-Effekten bei kleinräumiger Betrachtung stark Fehler behaftet. Er kann daher nur für aggregierte Daten (Monats- oder Jahreswerte) gelten. So wurden bei den eigenen Messungen gerade während konvektiver Niederschläge kleinräumig sehr starke Unterschiede beobachtet, die sich nicht an einen Höhengradienten hielten (vgl. auch WILHELM 1975). Einen genauen Überblick über die im Rahmen des Projektes durchgeführten Niederschlagsmessungen und die auftretenden Probleme gibt Kapitel 4.2.1.4.

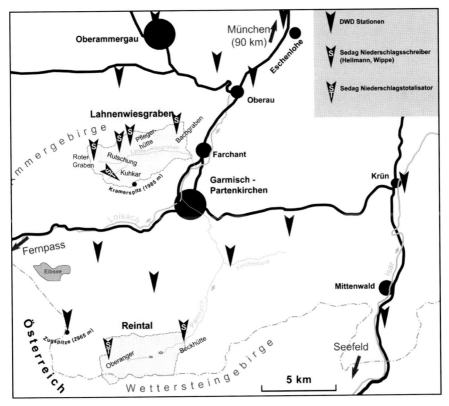

Abb. 3.13: Lage der Niederschlagsstationen (DWD und SEDAG).

Die mittlere Jahrestemperatur im Bereich des Ammergebirges liegt in den Tallagen (~700 m ü. NN) bei 7,9°C für Garmisch-Partenkirchen (FLIRI 1975) und in der subalpinen Stufe und auf Höhen von 1600 m bei ca. 2°C (KARL & DANZ 1969, FELDNER 1978). Daraus ergibt sich ein Temperaturgradient von etwa 0,5°C/100 m (FELDNER 1978, LIEDTKE & MARCINEK 1994). Dieser Temperaturgradient wird durch eigene Messungen gestützt, die 2005 an den Niederschlagsmessstationen

(Bachgraben 871 m ü. NN, Rutschung 1336 m ü. NN und Roter Graben 1470 m ü. NN) durchgeführt wurden (vgl. Abb. 3.13).

Die mittlere jährliche Verdunstungshöhe liegt zwischen 500 mm/a in den tieferen Lagen und 400 mm/a in den höheren Lagen, woraus sich eine Abnahme von 17 mm/100m für die Ostalpen ergibt (BAUMGARTNER ET AL. 1983).

Hydrologie

Der Lahnenwiesgraben ist ein linksseitiger Tributär der Loisach. Die Hauptgerinne werden durch zahlreiche Zuflüsse von den Hängen gespeist, die zum Teil nur episodisch - während der Schneeschmelze, nach großen Landregenereignissen oder während starker Gewitter - wasserführend sind. Die räumliche Verteilung der episodischen und perennierenden Gerinne (vgl. Abb.3.2) hat ihre Ursache im geologischen Untergrund. Während die Gebiete mit verkarstungsfähigen Gesteinen der Trias (Plattenkalk, Hauptdolomit) durch Gewässerarmut auffallen, zeichnen sich die Bereiche mit Gesteinen des Jura (Fleckenmergel, Aptychenschichten), die als schlecht wasserwegig gelten, durch eine größere Anzahl an Gewässern aus.

Der Lahnenwiesgraben ist dem nivo-pluvialen Abflussregime des Berglandes zuzuordnen (vgl. Abb. 3.14) und weist zwei Abflussmaxima auf: Eines liegt im April zur Zeit der Schneeschmelze, das andere tritt während der sommerlichen Niederschläge zwischen Juli und August auf (vgl. Abb. 3.14). Der mittlere jährliche Abfluss am Pegel Burgrain beträgt 0,434 m^3/s für den Zeitraum zwischen 1982 und 1997. Dies entspricht einer mittleren Abflusshöhe von 811 mm/a (BAYERISCHES LANDESAMT FÜR WASSERWIRTSCHAFT 1997). Während der Schneeschmelze oder in der Folge von sommerlichen Starkregen können die Mittelwerte allerdings deutlich überschritten werden. Im Juni 2002 kam es am Pegel Burgrain nach einem heftigen Gewitterniederschlag mit einer Intensität von ca. 70 mm/h zu einem (extrapolierten) Abfluss von etwa 25 m^3/s am Pegel Burgrain (mündl. Mitteilung UNBENANNT 2002). Dies entspricht dem über 50-fachen des mittleren Abflusses und hatte zur Folge, dass im gesamten Gebiet zahlreiche Schäden durch Murgänge und hohen Geschiebetrieb in den Gerinnen auftraten. Ähnliche Gegebenheiten sind auch in nahezu allen episodischen und perennierenden Seitengerinnen des Untersuchungsgebiets anzutreffen. Einige der Seitengerinne wurden mit Wasserstandspegeln ausgerüstet und zeigten ebenfalls eine hohe Varianz der Wasserstände und Abflüsse, gerade zur Schneeschmelze oder nach hohen Niederschlägen. Im Laufe der Untersuchungen wurden sogar einige Pegelanlagen durch extreme Abflüsse immer wieder zerstört.

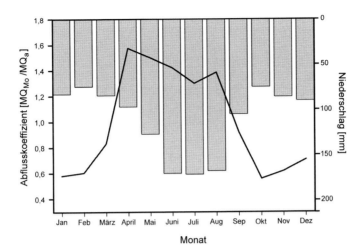

Abb. 3.14: Mittlere monatliche Niederschläge an der Station Garmisch Partenkirchen (1961-1990; BAYFORKLIM 1996) und der nach Pardé (WILHELM 1997) berechnete Abflusskoeffizient des Lahnenwiesgrabens am Pegel Burgrain für die Jahre 1982-1997 (BAYERISCHES LANDESAMT FÜR WASSERWIRTSCHAFT 1997).

Um das Gebiet weiter hydrologisch differenzieren zu können, wurde neben den Abflusspegeln auch die hydraulische Leitfähigkeit und damit die Infiltrationskapazität des Untergrundes untersucht. Zu diesem Zweck wurden im Rahmen einer Diplomarbeit (HENSOLD 2002) zahlreiche Infiltrationsmessungen durchgeführt (HENSOLD ET AL 2005). Die Messungen wurden anschließend regionalisiert und das daraus resultierende Oberflächenabflusspotential abgeleitet (Abb. 3.15).

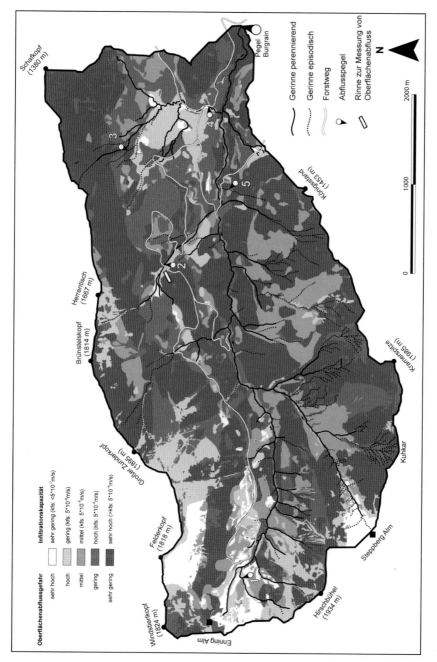

Abb. 3.15: Infiltrationskapazitäten und Oberflächenabflusspotential im Lahnenwiesgrabens (nach HENSOLD ET AL 2005), Lage der Pegelstandorte (1 – Roter Graben; 2 – Herrentischgraben; 3 – Blattgraben; 4 – Reschbergwiesen; 5 – Königsstand) und einer Rinne zur Messung von Oberflächenabfluss.

3.4.2 Reintal

Klima

Das Reintal liegt wie der Lahnenwiesgraben im Bereich der niederschlagsbegünstigten Nordalpen. Für das Reintal geben BAUMGARTNER ET AL. (1983) mit 2000 mm/a jedoch etwas höhere Jahressummen an. Nach KNOCH (1952) können die Niederschläge von 1800mm/a bis auf 2200 mm/a ansteigen, was der großen Höhendifferenz auf engstem Raum geschuldet wird. Allerdings gelten im Reintal die gleichen Einschränkungen wie im Lahnenwiesgraben. So konnten während der Untersuchungen aufgrund der bereits angesprochenen Luv- und Lee-Effekte oftmals deutliche räumliche Unterschiede im Niederschlag beobachtet werden. Vor diesem Hintergrund sind auch die Niederschlagsgradienten zu sehen, die von den verschiedenen Autoren für den bayerischen Alpenraum und die Region genannt werden (vgl. Kap. 3.4.1).

Betrachtet man die Niederschläge an der Station Zugspitze, der höchsten Erhebung im Einzugsgebiet der Partnach, so stellt man eine relative Gleichverteilung der Werte fest (vgl. Abb. 3.16). Der Niederschlag in den Wintermonaten ist (November bis April mit 1070 mm) im Vergleich zum Niederschlag in den Sommermonaten (Mai bis Oktober mit 934 mm) etwas höher (ENDERS 1996). Diese Verteilung zu Gunsten des Winters liegt vermutlich im Ausbleiben konvektiver Niederschläge. Somit bestimmen vor allem die durch den Staueffekt hervorgerufenen Niederschläge die Situation in den Nordalpen (ENDERS 1996). Da diese dem Niederschlagsgradienten mit der Höhe folgen (vgl. Kap. 3.4.1), ist dieser Effekt an der Messstation Zugspitze mit ihrer großen Höhe besonders ausgeprägt. Nach KNOCH (1952) fällt darüber hinaus ein hoher Anteil des Niederschlages im Reintal als Schnee (40-50%).

Die mittlere Jahresmitteltemperatur liegt in den Tallagen bei 7,9°C und sinkt bis zur Zugspitze auf −4,5°C ab (FLIRI 1975). Aus den Werten von FLIRI (1975) errechnet sich ein Temperaturgradient (Temperaturabnahme) von 0,54°C/100m. Dies stimmt gut mit den Werten von FELDNER (1978) überein. Für das Reintal selbst gibt Knoch (1952) eine Jahresmitteltemperatur von 4°C an.

Die Werte der Verdunstung liegen wie schon im Lahnenwiesgraben in Bereichen zwischen 400 und 500 mm/a (BAUMGARTNER ET AL. 1983). Allerdings dürften die Werte gerade in den Felsbereichen stark abweichen. So gibt MENTZEL (1999) nach seinen Berechnungen für die Schweiz für Felsflächen eine um ein Drittel geringere Verdunstung an als beispielsweise für Waldgebiete.

Hydrologie

Der Hauptbach des Reintals, die Partnach, ist ein rechtsseitiger Tributär der Loisach. Aufgrund der großen Reinheit des Wettersteinkalkes und der daraus resultierenden hohen Löslichkeit ist das Gebiet stark verkarstet, was sich in einer Armut an perennierenden Gerinnen ausdrückt. Als perennierende Gerinne sind streckenweise nur die Partnach selbst und ein Bach aus dem Feldernjöchel im Südwesten des Untersuchungsgebietes (versickert aber für eine kurze Strecke ebenfalls zeitweise am Oberanger) ausgebildet. Die Partnach selbst entspringt am Partnachursprung im Nordwesten des Gebietes als Karstquelle mit einer durchschnittlichen Schüttung von 1,41 m^3/s in den Jahren 2002-2004 (MORCHE 2006). Das hydrologische Einzugsgebiet der Quelle, das Zugspitzplatt mit seinen zwei Restgletschern Nördlicher und Südlicher Schneeferner bemisst 11,4 km^2 (MORCHE 2006). Die Abflusskoeffizienten des Pegels an der Mündung der Partnach in die Loisach (Wasserwirtschaftsamtes Weilheim) zeigen deutlich (Abb. 3.16), dass die Partnach von der Schneeschmelze im Frühjahr und dem Schmelzwasser der beiden Gletscher im Juni und Juli beeinflusst ist (das Zugspitzplatt als oberer Teil des Einzugsgebietes der Partnach war während der Untersuchungen meist bis in den Mai schneebedeckt).

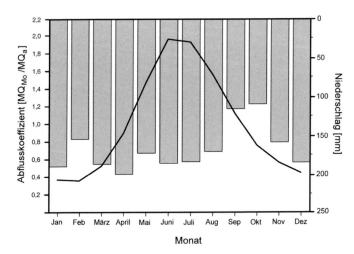

Abb. 3.16: Mittlere monatliche Niederschläge auf der Zugspitze (1961-1990; BAYFORKLIM 1996) und der nach Pardé (WILHELM 1997) berechnete Abflusskoeffizient der Partnach kurz vor der Einmündung in die Loisach bei Garmisch-Partenkirchen auf 730 m ü. NN für die Jahre 1921-2001 (BAYERISCHES LANDESAMT FÜR WASSERWIRTSCHAFT 2001).

Gleichzeitig profitiert die Partnach aber auch von den für den nördlichen Alpenrand typischen sommerlichen Niederschlägen. Die Zeiten des größten Abflusses liegen wegen der schneebedingten Wasserklemme in den Wintermonaten trotz der relativen Gleichverteilung der Niederschläge in den Sommermonaten (Mittelwert für den Sommer: 5,75 m³/s für die Jahre 1921-2001). Die niedrigsten Abflüsse treten in den Wintermonaten auf (Mittelwert für den Winter: 2,07 m³/s für die Jahre 1921-2001). Die mittlere Abflusshöhe beträgt 1301 mm/a und verteilt sich ebenfalls ungleichmäßig auf den Sommer (942 mm/a) und den Winter (347 mm/a) (BAYERISCHES LANDESAMT FÜR WASSERWIRTSCHAFT 2001).

Im Verlauf der Partnach versickert der Bach im Untersuchungsgebiet je nach auftretender Abflussmenge in den großen vor den Bergstürzen gelegenen Sedimentationsbereichen (während starker Niederschläge oder zu Zeiten der Schneeschmelze führt die Partnach mit Ausnahme des Steingerümpels auf der ganzen Länge oberflächlich Wasser; vgl. Abb. 3.8). Nach den Bergsturzablagerungen tritt das Wasser dann wieder in Quellen (z.B. Sieben Sprünge; vgl. Abb. 3.3) zu Tage. Aufgrund der Verkarstung im Einzugsgebiet, der langgestreckten Form und den großen Sedimentationsbereichen (Hintere Blaue Gumpe, Vordere Blaue Gumpe) reagiert die Partnach auf Niederschlagsereignisse gedämpft. Bei konvektiven Niederschlägen mit hohen Niederschlagsintensitäten können die seitlichen Gerinne allerdings sprunghaft viel Wasser führen. Da viele dieser seitlichen Bäche ihr Einzugsgebiet im Festgestein haben und dann auf die den Felswänden vorgelagerten Schutthalden treffen, können aus diesen Ereignissen oft Murgänge resultieren (BECHT ET AL. 2005). Derartige Ereignisse konnten im Laufe der Untersuchungen mehrmals beobachtet werden (vgl. Abb. 3.7).

Während der Schneeschmelze und nach lang anhaltenden Landregenereignissen ist allerdings auch die Partnach selbst stark wasserführend. Während des Augusthochwassers 2005, das durch eine Vb-Wetterlage mit hohen Niederschlägen im Alpenraum ausgelöst wurde, erreichte die Partnach am Pegel Partenkirchen einen extrapolierten Abfluss von 60 m³/s. Dies entspricht mehr als dem Doppelten des mittleren Hochwasserabflusses (HECKMANN ET AL. 2006, MORCHE ET AL. 2007).

Untersuchungen zur hydraulischen Leitfähigkeit wurden im Reintal während eines Geländepraktikums analog zu den Untersuchungen im Lahnenwiesgraben mit dem Guelph-Permeameter durchgeführt. Die Messungen zeigten an nahezu allen Stellen so hohe hydraulische Leitfähigkeiten, dass sie mit der Methode nicht erfasst werden konnten. Nur an einigen wenigen Standorten lag diese knapp unter der oberen Grenze des Messbereiches. Diese Tatsache ist vor allem der geringmächtigen Bodenauflage und dem groben Oberflächensubstrat geschuldet. Eine Differenzierung des Untersuchungsgebietes nach der hydraulischen Leitfähigkeit, wie sie im Lahnenwiesgraben vorgenommen wurde (HENSOLD ET AL 2005), konnte im Reintal deshalb nicht durchgeführt werden. Oberflächenabfluss wurde während der Untersuchungen auch nur nach extrem starken Niederschlägen mit sehr hohen Intensitäten beobachtet und war dann fast ausschließlich auf die Gerinne beschränkt. In diesen Fällen konnte nur auf den seitlichen Anbrüchen der großen Einschnitte auf den Schutthalden Oberflächenabfluss durch Messungen belegt werden (vgl. Kap. 4.2).

4 Quantifizierung des Sedimentaustrags aus Hängen

Wie eingangs erwähnt, sollen in der vorliegenden Untersuchung sowohl der flächenhafte fluviale Abtrag (hangaquatischer Abtrag) als auch die linienhafte fluviale Erosion eingehend untersucht werden. Um beide Arten des fluvialen Abtrags zu quantifizieren und darüber hinaus diejenigen Faktoren zu ermitteln, die die fluvialen Prozesse im Hochgebirge beeinflussen, kamen im Laufe der Projektphase in den zwei Tälern unterschiedliche Messmethoden zum Einsatz. So wurde auf herkömmliche Messverfahren wie Denudationspegel (hangaquatischer Abtrag) oder Sedimentfallen (fluviale Erosion) zurückgegriffen. Darüber hinaus wurde mit dem terrestrischen Laserscanning auch ein neuerer Ansatz zur Quantifizierung des hangaquatischen Abtrags getestet.

Das folgende Kapitel stellt sowohl die Ergebnisse der Messungen zum hangaquatischen Abtrag (Denudationspegel, Laserscanning), als auch die Messungen zur fluvialen Erosion in Hangeinzugsgebieten (Sedimentfallen) vor. Dabei wird die Interaktion zwischen hangaquatischem Abtrag und fluvialer Erosion bzw. fluvialem Transport untersucht und die Einflüsse anderer geomorphologisch wirksamer Prozesse wie etwa Rutschungen, Muren, Steinschlag oder Lawinen auf das fluviale Prozessgeschehen näher beleuchtet.

Das Kapitel gliedert sich dabei in **zwei Teile**. Der erste Teil enthält die Ergebnisse der Messungen zum **hangaquatischen Abtrag**, der zweite Teil befasst sich mit den Ergebnissen der Messungen zur **fluvialen Erosion** (ermittelt durch Austragsmessungen aus Hangeinzugsgebieten). In beiden Teilen wird auch die Einflussnahme anderer geomorphologischer Prozesse auf den fluvialen Abtrag aufgezeigt.

4.1 Erfassung des hangaquatischen Abtrags von vegetationsfreien Testflächen

Hangaquatischer Abtrag tritt vor allem auf steilen Flächen mit geringer Vegetationsbedeckung auf und geschieht in erster Linie durch fließendes Wasser oder die erosive Wirkung von Regentropfen („*splash erosion*"; WAINWRIGHT 1996). WETZEL (1992) gibt darüber hinaus an, dass gerade im Hochgebirge auch periglaziale Prozesse (z.B.

Kammeis) die fluviale Erosion unterstützen, indem sie Material aufbereiten und damit für Transportprozesse verfügbar machen.

Auf vegetationsfreien Flächen sind zwar zumeist kleine Rinnen vorhanden, die den auf diesen Flächen auftretenden Abfluss bündeln, diese sind aber meist nicht festgelegt, sondern in ihrer Lage am Hang veränderlich. Mittel- bis langfristig verlegen sich diese Hänge flächenhaft zurück. Diese Hangrückverlegung wurde von einigen Autoren durch das Messen des Sedimentaustrages (z.T. nach Beregnungsversuchen) ermittelt, indem sie mit der Dichte des Materials und der Größe der Fläche die Abtragsraten ermittelten (BECHT 1995, CHAPLOT & LE BISSONNAIS 2000, DURÁN ZUAZO ET AL. 2004, KOHL ET AL. 2001, SIRVENT ET AL. 1997, VACCA ET AL. 2000). Dabei wurden Wannen (BECHT 1995, REY 2003, RIEGER 1999, YOUNG 1960) oder Blechrinnen (BECHT 1995, MATHYS ET AL. 2005, STOCKER 1985) zum Auffangen des Materials verwendet. Der Einsatz von Wannen oder Rinnen für die Messung von flächenhaftem Abtrag ist allerdings nicht überall sinnvoll. So hat sich deren Einbau gerade in grobmaterialreichem Untergrund während der hier vorgestellten Untersuchungen als nur sehr schwer durchführbar erwiesen und führte zumeist zu einer großen Beeinflussung des Hanges direkt oberhalb der Sedimentfallen. Ein großer Nachteil der Messung des Austrags ist auch, dass damit keine Aussagen über die räumliche Verteilung von Abtrag und Ablagerung auf dem Hang selbst getroffen werden können. Der Hang wird dabei nur als *„Black Box"* betrachtet (SIRVENT ET AL. 1997).

Um diesen Schwierigkeiten und Einschränkungen aus dem Weg zu gehen, verwenden andere Autoren für die Messung von hangaquatischem Abtrag Denudationspegel (BECHT 1995, CLARKE & RENDELL 2006, EVANS & WARBURTON 2005, HAIGH 1977, LLERENA ET AL. 1987, SCHUMM 1964, SIRVENT ET AL. 1997, WETZEL 1992). Auch in vorliegender Arbeit wurde mit dieser Methode die Denudation an zwei Standorten untersucht. Diese Testflächen wurden so ausgewählt, dass sie im Lahnenwiesgraben einer Vielzahl vergleichbarer Gebiete entsprechen.

Während des letzten Jahres der Untersuchung wurden die Messungen durch eine neue Methodik ergänzt: Mit Hilfe eines Tachymeters, der Oberflächen mit Lasertechnologie berührungslos vermessen kann, wurden drei weitere Hänge im Hinblick auf die auftretenden Abtragsraten beobachtet (Abb.4.1).

Quantifizierung

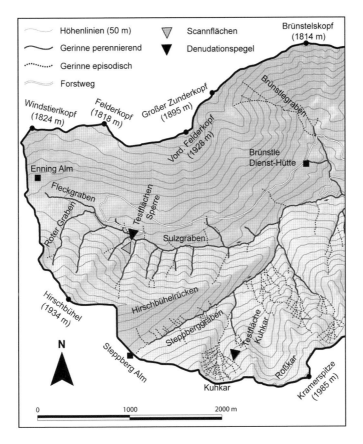

Abb. 4.1 : Westteil des Untersuchungsgebietes Lahnenwiesgraben. Lage der Testflächen mit Denudationspegeln und der Testflächen, die durch Laserscanning vermessen wurden.

4.1.1 Bestimmung des hangaquatischen Abtrags mit Denudationspegeln

Aus Tabelle 4.1 geht die naturräumliche Ausstattung der beiden untersuchten Flächen hervor. Beide Gebiete sind nahezu vegetationsfrei und zeichnen sich durch ein sehr inhomogenes Oberflächensubstrat (Moränenmaterial) mit hohem Feinkornanteil, aber auch sehr großen Korngrößen aus (s. Abb. 4.2). Die mittlere Hangneigung liegt an der Testfläche „Kuhkar" bei ca. 41° und an der Testfläche Sperre bei 38°. Als Denudationspegel wurden Eisenstangen mit einem Durchmesser von 0,8 cm und einer Länge von 50 bis 60 cm verwendet.

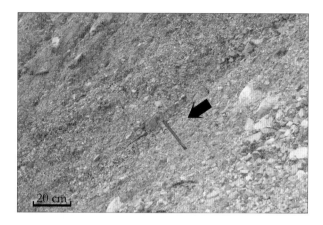

Abb 4.2: Denudationspegel (Pfeil) auf der Testfläche „Kuhkar". Deutlich sichtbar sind die unterschiedlichen Korngrößen (Moränenmaterial) des Oberflächensubstrats, aus dem der Hang aufgebaut ist (Foto: F. Haas).

Tab. 4.1: Naturräumliche Ausstattung der Testflächen mit Denudationspegeln

Testfläche	Vegetation	Geologie	Mittl. Hangneigung [°]	Exposition/ Höhe
„Kuhkar"	vegetationsfrei	Lokalmoräne (Dolomit)	41	W
„Sperre"	vegetationsfrei/ lückenhafte Vegetation	Fernmoräne	38	N

4.1.1.1 Methodik

Aufgrund der naturräumlichen Ausstattung der Testflächen war von einer hohen Denudationsrate auszugehen, so dass die Pegel sehr tief in den Untergrund geschlagen werden mussten. Somit war sichergestellt, dass auch große Erosionsraten über einen längeren Zeitraum gemessen werden konnten, ohne die Pegel neu setzen zu müssen.

Quantifizierung   47

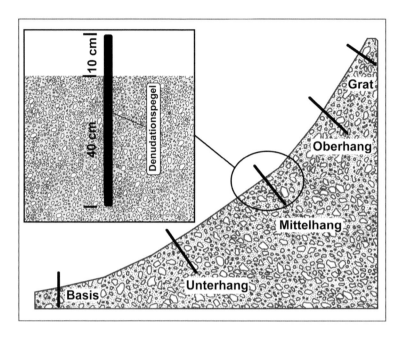

Abb. 4.3:   Denudationspegel an den unterschiedlichen Hangpositionen

Da an manchen Pegelstandorten nicht vorherzusagen war, ob Akkumulation oder Erosion überwiegen würde, wurden die Pegel ca. 40 cm tief eingetrieben, so dass noch ca. 10 cm aus dem Substrat herausragten. So konnten auch Akkumulationsraten bis nahezu 10 cm gemessen werden. An Positionen, an denen von hoher Erosion/ Akkumulation auszugehen war (Grat, Hangbasis), wurden die Pegel entweder tiefer oder weniger tief als die 40 cm eingeschlagen. Die einzelnen Pegelstandorte wurden so gewählt, dass sie komplette Hangprofile abbilden (vgl. Abb. 4.3). Dabei repräsentiert je ein Pegel (bei langen Hangprofilen auch zwei Pegel) die Positionen Grat (nicht immer vertreten), Oberhang, Mittelhang, Unterhang und Basis.

Die Ablesung erfolgte jährlich, um den Hang so wenig wie möglich durch das Betreten zu beeinflussen. Bei der Ablesung wurde die Länge bestimmt, die die Eisenstangen aus dem Boden ragten. Um der rauhen Oberfläche Rechnung zu tragen, wurde jeweils ein maximaler und ein minimaler Wert bestimmt. Der Mittelwert floss dann in die Berechnung des Abtrages ein. WETZEL (1992) empfiehlt für die Ablesung einen Pappteller mit Loch, der über die Stangen gelegt wird, um die Bodenrauhigkeit zu kompensieren. Anfangs wurde ein solcher Pappteller eingesetzt, der sich aber im

Laufe der Untersuchung nicht bewährt hat. Die Pegelstandorte waren durch die hohe Hangneigung teilweise so schwer zugänglich, dass eine Auslesung mit dem Pappteller technisch nicht durchführbar war. Außerdem lag der Pappteller bei sehr rauhem Untergrund meist sehr schief, was ebenfalls die Bestimmung eines Maximal- und Minimalwertes notwendig machte. Die Ablesung erfolgte daher nach der oben beschriebenen Methode.

Für den Einsatz von Denudationspegeln zur Bodenabtragsmessung werden in der Literatur Einschränkungen beschrieben, die hier kurz aufgezeigt werden sollen: So weist WETZEL (1992) zurecht darauf hin, dass Denudationspegel alleine nicht genügen, um Bodenabtrag zu messen, da nach SEILER (1982) und SCHMIDT (1979) schon aus geringen Ungenauigkeiten bei der Ablesung deutliche Unter- oder Überschätzungen des Abtrags resultieren. Diese Fehler sind vor allem bei kurzen Messintervallen sehr hoch, bei langen Zeitreihen (wie bei der vorliegenden Arbeit) und den relativ hohen Abtragsraten an den zwei beschriebenen Standorten ist er allerdings vernachlässigbar. Zusätzlich muss bedacht werden, dass durch die Eisenstangen an sich ein Hindernis im Hang entsteht, das den Erosions- und auch den Akkumulationsprozess deutlich beeinflussen kann. HAIGH (1977; S.43) führt dazu aus, dass:

"...the pin impedes soil movement. Stones become held on the upslope side of the pin causing an accumulation matched by development of a hollow on the downslope side due to insufficient replacement of eroded material".

Dem kann aus der Geländeerfahrung entgegengehalten werden, dass durch die beschriebene Bestimmung eines Mittelwertes bei der Ablesung dieser Fehler deutlich minimiert werden kann.
Die Ablesung der Pegel musste in steilen Bereichen des Hanges mit äußerster Vorsicht betrieben werden, da andernfalls eine Veränderung des Hanges und damit eine Veränderung in der Erosionshöhe verursacht worden wäre (HAIGH 1977). COUPER ET AL. (2002) und EVANS & WARBURTON (2005), die mit Erosionspegeln in Nordengland Prallhänge und Gullyhänge untersucht haben, weisen zusätzlich darauf hin, dass Ungenauigkeiten auch durch das Anheben der Stäbe bei Frost entstehen können (dieser Fehler kann durch ein möglichst tiefes Einbringen der Stäbe in den Untergrund allerdings minimiert werden). Einen guten Überblick über die Methode und die dabei auftretenden Probleme geben die Arbeiten von COLLINS & WALLING (2004), COUPER ET AL. (2002) und HAIGH (1977).

Trotz der oben ausgeführten Problematik der Methode erschien eine Anwendung bei den hier vorgestellten Untersuchungen dennoch sinnvoll, da mit den meisten anderen Methoden ausschließlich der Sedimentaustrag gemessen wird (vgl. Kap. 4.2) und die Daten damit nahezu keine Aussagen über die räumliche Verteilung von Abspülung und Ablagerung auf Hängen zulassen. Dies ist durch die Verwendung von Denudationspegeln - in ausreichender Zahl, um die Komplexität eines Hanges ausreichend zu erfassen - unter der Berücksichtigung der oben angeführten Einschränkungen möglich (SIRVENT ET AL. 1997).

4.1.1.2 Quantifizierung

Die Auswertungen der Ergebnisse der Denudationspegelmessungen erfolgt für beide Standorte einzeln, da trotz der ähnlichen naturräumlichen Ausstattung ein deutlicher Unterschied zwischen den Standorten zu verzeichnen war. An der Basis beider Testflächen liegt ein Gerinne, was eine Einflussnahme durch Hangunterschneidung vermuten ließ. Allerdings sind die Gerinne einer deutlich unterschiedlichen Dynamik unterworfen.

Das perennierende Gewässer (Fleckgraben) unterhalb der Testfläche „Sperre" wurde durch Quer- und Längsverbauungen festgelegt und damit seiner natürlichen Dynamik beraubt. Von einer Tiefen- und Lateralerosion des Fleckgrabens kann an dieser Stelle also nicht ausgegangen werden. Das episodisch wasserführende Gerinne unterhalb der Testfläche „Kuhkar" dagegen zeichnet sich durch eine starke Dynamik (teilweise waren Murgänge zu verzeichnen) und damit auch durch ein zeitweise beträchtliche Lateralerosion aus.

4.1.1.2.1 Testfläche „Kuhkar"

Die Anordnung der Denudationspegel erfolgte an der Testfläche „Kuhkar" in fünf vertikalen, dem Gefälle des Hanges folgenden Reihen (vgl. HAIGH 1977, WETZEL 1992) mit einer Anzahl von drei bis vier Pegeln pro Reihe (Abb. 4.4). Die Ablesung der Testfläche erfolgte zwischen den Jahren 2002 bis 2005 einmal jährlich nach Beendigung der Schneeschmelze (Auslesezeitpunkt zumeist im Mai oder Juni), um die Fläche möglichst wenig durch das Betreten zu beeinflussen.

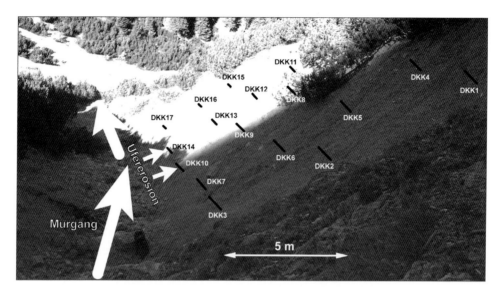

Abb. 4.4: Testfläche „Kuhkar" mit den Standorten der Denudationspegel und dem basalen episodisch wasserführendem Gerinne (eingezeichnet ist ein Murgang aus dem Sommer 2002 mit starker Hangunterschneidung an den Pegeln DKK10 und DKK14). Die Blickrichtung ist NW (Foto: F. Haas).

An 13 Pegeln war über die drei Beobachtungsjahre Erosion und an vier Pegeln Akkumulation zu verzeichnen (Summe der Jahreswerte). Dabei ergibt die Bilanz an den Denudationspegeln mit Erosion für die Jahre 2002 bis 2005 einen Mittelwert von 8,3 cm Abtrag, was einer mittleren jährlichen Denudation an den Pegeln mit Erosion auf der Fläche „Kuhkar" von etwa 2,8 cm entspricht. Dem gegenüber steht an den Pegeln mit Akkumulation ein Mittelwert über die 3 Jahre von 5,3 cm, was einer jährlichen Akkumulation von 1,8 cm entspricht. Betrachtet man die Gesamtbilanz an allen Pegeln (alle Werte bilanziert für den gesamten Beobachtungszeitraum 2002-2005), so ergibt sich gemittelt über die Fläche ein Abtrag von insgesamt 5,1 cm, was einem jährlichen Abtrag von 1,7 cm entspricht. Wie Abbildung 4.5 zeigt, streuen die einzelnen Werte nicht nur von Denudationspegel zu Denudationspegel sehr stark, sondern an manchen Punkten im extremen Maße auch in den einzelnen Jahren. Dies macht eine genauere räumliche und zeitliche Betrachtung der Werte nötig.

Der zeitliche Verlauf der mittleren Bilanz für alle Pegel für die Jahre 2002-2005 zeigt, dass den ersten beiden Jahren (2002-2004) mit einer starken Abtragsrate ein Jahr (2004-2005) mit leichter Akkumulation folgt (Abb. 4.6). Der Grund für diese starken

Schwankungen, die sogar zu einer Umkehr der Vorzeichen (Erosion zu Akkumulation) in der Bilanz des Hanges führten, lässt sich durch die oben bereits erwähnte Einflussnahme des basalen Gerinnes auf den Denudationsprozess am Hang erklären.

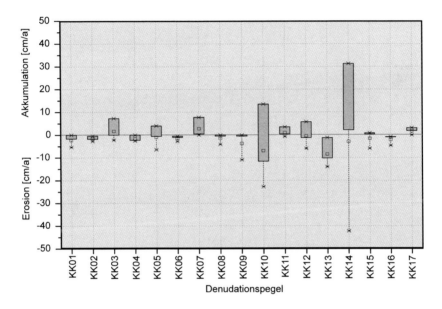

Abb. 4.5:   Zeitliche und räumliche Streuung der gemessenen Erosions-/Akkumulationsraten an den 17 Denudationspegeln auf der Testfläche „Kuhkar" für die Jahre 2002-2005.

So wurde während eines Starkregenereignisses im Jahre 2003 (vor der Messung 2003 und daher in der Bilanz für 2002-2003) der Hang durch einen Murgang stark unterschnitten (vgl. Abb. 4.4). Davon waren vor allem die Pegel DKK10 und DKK14 an der Hangbasis betroffen. Dies führte zu einem extrem hohen Erosionsbetrag von bis zu 40 cm (der Pegel war hier etwa 50 cm eingeschlagen) am Pegel DKK14 (vgl. Abb. 4.5).

Durch die Einflussnahme des Murgangs auf den Hang wurde so die reguläre räumliche Verteilung von Erosion und Akkumulation, wie sie WETZEL (1992) beschreibt, verändert. Nach seinen Untersuchungen herrscht am Grat und Oberhang vor allem Erosion vor, im Mittelhang wechseln sich Erosion und Akkumulation ab (was auf Durchtransport hindeutet) und am Unterhang und der Basis tritt überwiegend Akkumulation auf (WETZEL 1992). Über längere Zeiträume wird also Material von den steileren Bereichen (Oberhang, Mittelhang) zu den flacheren Bereichen (Unterhang, Basis) verlagert, so dass es insgesamt zu einer Verflachung des Hangprofils kommt (SCHEIDEGGER 1970).

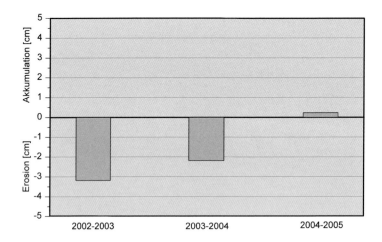

Abb.4.6: Mittlere jährliche Netto-Oberflächenveränderung an allen Denudationspegeln für die Jahre 2002-2005 auf der Testfläche „Kuhkar".

Dieser regelhafte Aufbau kann aber durch „hangexterne" Prozesse (Hangunterschneidung und damit Tieferlegung der lokalen Erosionsbasis) gestört werden, was zu hohen Abtragsraten und einer gänzlich veränderten Verteilung der Erosion und Akkumulation führen kann. Nach CHORLEY & KENNEDY (1971) spricht man in einem solchen Fall von einem „Process - Response System". Dabei werden in diesem Fall zwei Sedimentkaskaden (Hang und das Gerinne) durch eine sogenannte „negative Rückkopplung" verknüpft.

Abbildung 4.7 zeigt eine solche „negative Rückkopplung" für den untersuchten Hang, bei der eine verstärkte Erosion im Gerinne zu einer größeren Hangneigung an den angrenzenden Hängen führt. Diese Steigerung der Hangneigung führt wiederum zu einem erhöhten Hangabtrag, was in der Folge zu einer Erhöhung des verfügbaren Materials im Gerinne führt. Dies verringert wiederum die Erosion im Gerinne, da nun erst das im Gerinne befindliche Material abtransportiert werden muss und damit keine Energie mehr für Tiefenerosion zur Verfügung steht (negatives Feedback) (CHORLEY & KENNEDY 1971).

Quantifizierung

Im Falle der hier vorgestellten Testfläche wurde dieser „*negative-feedback loop*" durch einen Murgang gestört. Ein Murgang benötigt für sein Entstehen vor allem hohe Niederschlagsintensitäten mit darauf folgenden hohen Abflüssen im Gerinne. Daneben ist aber auch eine ausreichende Menge an verfügbarem Material in einer bestimmten Korngrößenzusammensetzung notwendig (HAGG & BECHT 2000). Bei idealer Korngrößenzusammensetzung im Gerinne und ausreichenden Niederschlagsintensitäten kann also ein solches, scheinbar stabiles System durch einen Murgang aus dem Gleichgewicht gebracht werden.

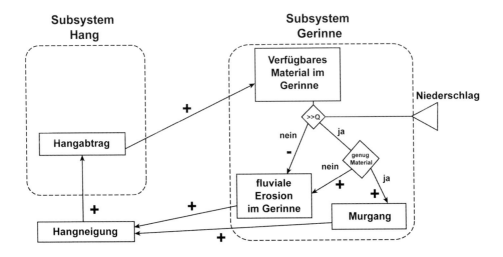

Abb. 4.7: Process-Response System eines Hanges mit basalem Gerinne und der Möglichkeit der Störung durch einen Murgang (ergänzt nach CHORLEY & KENNEDY 1971).

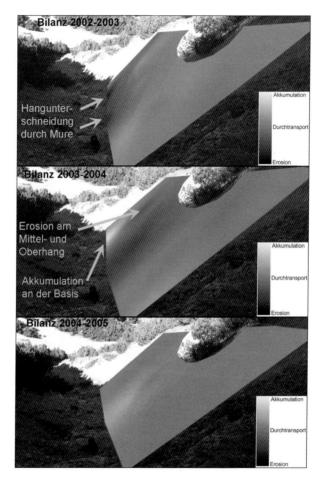

Abb. 4.8: Interpolation der mittleren Werte der Denudationspegel auf der Testfläche „Kuhkar" für die Bilanzjahre 2002-2005. Deutlich sichtbar sind die starken Schwankungen an der Basis des Hanges. Die Werte liegen zwischen –45 cm (Erosion) und 35 cm (Akkumulation).

Ein hoher Niederschlag mit hohem Abfluss und einem daraus resultierenden Murgang trat im Sommer 2003 auf. Dieses Ereignis unterschnitt den Hang mit den Denudationspegeln in einem Teilbereich deutlich, denn bei diesem Ereignis wurden 6 m^3 Material erodiert. Diese starke Unterschneidung führte zu einer Versteilung im unteren Bereich des Hanges, die durch rückschreitende Erosion im Unterhangbereich ausgeglichen wurde. In der Folge kam es zu höheren Abtragsraten an den Pegeln des Mittelhanges und des Oberhanges, wobei der Gefälleknick so langsam bis zum Jahr 2005 ausgeglichen wurde. Der Hang hat sich somit auf die neue Erosionsbasis, die durch den Murgang geschaffen wurde, eingestellt.

Dass die hohen Abtragsraten an den Profilen DKK11-14 und DKK8-10 wirklich Folge der Störung durch das Murereignis waren, zeigt die Betrachtung des Profils DKK1-3. Dieses Profil wurde durch das Murereignis nicht beeinflusst (keine Unterschneidung und keine Eintiefung, da hier das basale Gerinne im Fels angelegt ist). Hier zeigte sich eine Verteilung von Abtrag und Akkumulation, wie sie WETZEL (1992) auch bei seinen Untersuchungen beschreibt (s.o.).
Im Sommer 2005 wurde das System abermals durch einen Murgang (hoher Abfluss) gestört, wobei bei diesem Ereignis auch der Denudationspegel DKK7 betroffen war.

4.1.1.2.2 Testfläche „Sperre"

Der Hang mit der Testfläche in Abbildung 4.9 grenzt unmittelbar an den Sulzgraben (Oberlauf des Lahnenwiesgrabens). Auf diesem Hang und an dessen Basis wurden umfangreiche Erosionsschutzmaßnahmen durchgeführt. Um die hohe Sedimentzufuhr durch Tiefenerosion und die damit verbundene laterale Erosion des Hauptgerinnes an diesen Flächen einzudämmen und das Gefälle des Hauptbaches zu reduzieren, wurden an dieser Stelle in den 1970er Jahren zahlreiche Querbauwerke errichtet. Durch deren Installation sollte die Murgefährdung, die durch das große Gefälle und den hohen Sedimenteintrag relativ hoch war, reduziert werden. Durch das so geschaffene „getreppte" Gefälle verlor der Hauptbach hier (und in anderen Abschnitten im Verlauf des Lahnenwiesgrabens) die Möglichkeit zur Tiefenerosion.

Zusätzlich wurden auf den angrenzenden Hängen mit großem Aufwand Netze mit Vegetation ausgelegt. Diese Netze sollten der Vegetation Halt geben und ein dauerhaftes Anwachsen erleichtern, was den Sedimenteintrag von diesen Flächen in das Hauptgerinne zusätzlich unterbinden sollte. Dieser Maßnahme war allerdings nur temporärer Erfolg beschieden, da einige Bereiche mittlerweile wieder völlig vegetationslos sind. Dies lässt auf hohe Erosionsraten auf diesen Flächen schließen. Der Hang ist an dieser Stelle immer noch im Begriff, sich auf den Lahnenwiesgraben (Sulzgraben) als seine lokale Erosionsbasis einzustellen.

Abb. 4.9: Testfläche „Sperre" mit den Standorten der Denudationspegel.

Die Denudationspegel an der Testfläche „Sperre" sind seit dem Jahr 2000 installiert und wurden seitdem regelmäßig abgelesen. Auch hier erfolgte die Ablesung einmal jährlich, um das System möglichst wenig zu stören. Die Anordnung der Pegel erfolgte – wie schon an der Testfläche „Kuhkar" – in vertikalen, dem Gefälle folgenden Reihen, um eine Auswertung der Abtragsraten nach den unterschiedlichen Hangbereichen (Grat, Oberhang, Mittelhang, Unterhang und Gerinne) zu ermöglichen. Im Gegensatz zur Testfläche „Kuhkar" ist auf diesem Hang in Teilen eine lückenhafte Pioniervegetation zu verzeichnen (s. Abb. 4.9). Insgesamt war an 29 Pegeln Erosion und an 13 Pegeln Akkumulation zu verzeichnen. Die folgenden Werte basieren auf der Gesamtbilanz für die Jahre 2000-2006.

Betrachtet man die Netto-Oberflächenveränderung (basierend auf der Gesamtbilanz aller Pegel) an den Pegeln mit Erosion, so ergibt sich ein Wert von 2,4 cm für die Jahre 2000-2006, was einer Abtragsrate von 0,48 $cm*a^{-1}$ entspricht. Allerdings schwanken die jährlichen Bilanzen wie auch schon an der Testfläche „Kuhkar" deutlich.

Quantifizierung 57

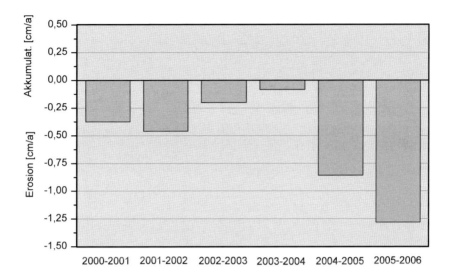

Abb. 4.10: Mittlere jährliche Netto-Oberflächenveränderung aller Denudationspegel des Untersuchungszeitraum 2000-2006 auf der Testfläche „Sperre".

Der im Gegensatz zur Testfläche „Kuhkar" um den Faktor vier geringere Wert liegt sicherlich zum einen am Fehlen des bereits erwähnten „aktiven" Gerinnes an der Hangbasis, zum anderen sind einige Bereiche der Testfläche „Sperre" mit Vegetation bedeckt. Zusätzlich brachte eine Rutschung oberhalb von Pegel R1 neues Material in die Fläche, was in den Jahren 2000 bis 2003 einen deutlichen Einfluss auf die Bilanz hatte. Einen Vergleich mit den in der Abb. 4.9 erkennbaren, links und rechts an die Testfläche anschließenden vegetationsfreien Flächen, auf denen mit einer anderen Methode Abtrag gemessen wurde, liefert Kapitel 4.1.2.

Wenn man die Streuung der Werte an den einzelnen Pegeln betrachtet (Abb. 4.12), so ist auffällig, dass einige zwischen Erosion und Akkumulation schwanken. Kleinere Schwankungen treten vor allem im Bereich des Unterhangs und an der Basis auf. Als Beispiel kann hier der Pegel R16 genannt werden, der an der Basis des Hanges liegt. Das in einer kleinen parallel zum Hang verlaufenden Rinne akkumulierte Material, wurde hier episodisch wieder ausgespült. Diese Ausspülung erfolgte offenbar in erster Linie durch größere Niederschlagsereignisse im Sommer. Durch diesen Abtransport von Material wird die Erosionsbasis dieses Hangprofils konstant gehalten und es kommt an diesem Pegel nicht zu einer dauerhaften Verschüttung und damit langfristig zu einer Verflachung des Hangprofils, wie es SCHEIDEGGER (1970) für Hänge ohne Gerinne und damit basale Einflussnahme theoretisch erklärt. Die Abbildung 4.11 zeigt einen Pegel an der Hangbasis, nachdem er im Sommer 2005 nach starken Niederschlägen freigespült wurde (Abb. 4.11. B). Wenige Wochen vorher war er fast vollständig verschüttet (Abb. 4.11 A).

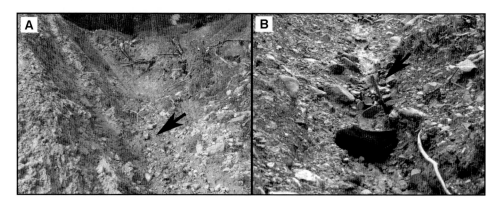

Abb. 4.11:   Verschütteter (A) und freigespülter (B) Denudationspegel R16 in einem kleinen Gerinne am Hangfuß der Testfläche „Sperre" (Fotos: F. Haas).

Neben diesen Pegeln mit kleineren Schwankungen zwischen Erosion und Akkumulation sind auch große Schwankungen von bis zu 30 cm (von -20 cm bis 10 cm z.B. am Pegel R14) auffällig. Anders als auf der Fläche „Kuhkar" ist dies nicht mit dem basalen Gerinne zu erklären, das den Hang unterschneidet, da dieser Pegel am Oberhang liegt. Hier wird der Hang durch die bereits oben erwähnte Rutschung beeinflusst (vgl. Abb. 4.14). Dies ist auch der Grund, weshalb der Pegel R14, an dem durch seine Position am Oberhang/Grat eigentlich vor allem starke Erosion zu erwarten wäre, im Mittel nur leichte Erosion zeigte (in der Gesamtbilanz betrachtet). Ähnliches gilt in der Folge für die Pegel R15 und R16, an denen das Material hangabwärts vorbeitransportiert wurde.

Quantifizierung

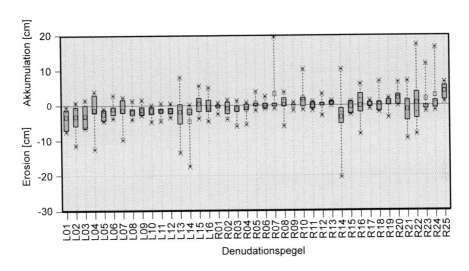

Abb. 4.12: Zeitliche und räumliche Streuung der gemessenen Erosions-/Akkumulationsraten an den 40 Denudationspegeln der Testfläche „Sperre" für die Jahre 2002-2006.

Trotz dieser Beeinflussungen zeigt sich bei genauerer Betrachtung der Bilanzen der einzelnen Pegel im Bezug auf ihre Position im Hang ein Bild, das mit den Ergebnissen von WETZEL (1992) gut übereinstimmt. In Abbildung 4.13, in der die Werte der Pegel sortiert nach der Hangposition und der Höhe der Erosion/Akkumulation dargestellt sind, erkennt man eine deutliche Veränderung der Werte. Diese gehen von starker Erosion am Grat (mittlere Erosionsrate aller Pegel am Grat: -13,45 cm) und Oberhang (im Mittel -8,57 cm) über leichte Erosion bis Durchtransport im Mittelhang (im Mittel -1,73 cm) in Durchtransport bis Akkumulation im Unterhang (im Mittel 0 cm) und Akkumulation an der Basis (im Mittel 8,53 cm) über. Diese Ergebnisse zeigen deutlich, dass sich der Hang trotz der punktuellen Störungen am Oberhang und Grat und der Beeinflussung eines Hangprofils durch eine Rinne am Hangfuß insgesamt langsam auf seine Erosionsbasis „Sulzgraben" einstellt. Ausdruck dieser Tendenz ist ein kleiner Schwemmfächer, der in den Hauptbach geschüttet wird.

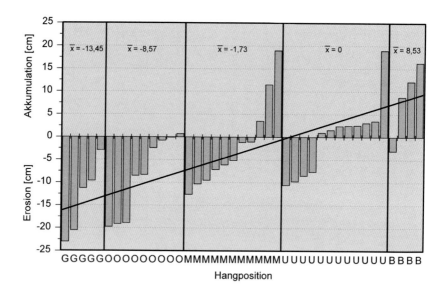

Abb.4.13: Die Summe der Oberflächenveränderung in Abhängigkeit von der Hangposition auf der Testfläche „Sperre" für die Jahre 2000-2006 (Datenbasis: Bilanz der einzelnen Pegel für die Jahre 2000-2006) mit einer Trendlinie und den Mittelwerten der Oberflächenveränderungen der einzelnen Hangpositionen (G = Grat, O = Oberhang, M = Mittelhang, U = Unterhang, B = Basis; vgl. WETZEL, 1992).

Abbildung 4.14 zeigt die Bilanz der einzelnen Pegel auf der Testfläche „Sperre" für die Jahre 2000 bis 2006 anhand einer Interpolation der Flächenveränderungen über diesen Zeitraum. Für die Darstellung wurde die Interpolation auf ein digitales Höhenmodell dieser Fläche gelegt, das auf Basis einer Vermessung im Jahr 2006 berechnet wurde. Deutlich zeigen sich hier die Erosionsbereiche an den Graten und am Oberhang sowie die Akkumulationsbereiche in einer Hangverflachung (Pfeil 1) und in den unteren Hangabschnitten. Ebenfalls ist die Rutschung zu erkennen (Pfeil 2), die die Bilanz am Oberhang in der Mitte der Fläche beeinflusste.

Quantifizierung

Abb. 4.14: Interpolation der an den Denudationspegeln gemessenen Sedimentbilanz für die Jahre 2000-2006. Die Blickrichtung ist Süd (Foto im Hintergrund: F. Haas).

Auch die Ergebnisse der Abtragsmessungen auf dieser Fläche zeigen, dass ein solcher Hang zwar durch hangaquatischen Abtrag erodiert wird, dass dieser Prozess aber nicht alleine wirkt. Vielmehr interagieren die Prozesse auf solchen Flächen. Der Hang der Testfläche „Sperre" kann dabei sehr gut als Kaskade nach der Definition von CHORLEY & KENNEDY (1971) interpretiert werden, in der Material durch den Prozess „Rutschung" an den Prozess „hangaquatischer Abtrag" weitergegeben wird. Am Fuß des Hanges wird das Material dann an das Hauptgerinne als nächstes Kaskadenglied weitergegeben. Dort wird es temporär in einem Schwemmfächer zwischengespeichert, bevor es wieder beispielsweise durch ein Hochwasser in das System eingespeist wird.

4.1.1.2.3 Zusammenfassung der Ergebnisse der Denudationspegelmessungen

Tabelle 4.2 zeigt zusammenfassend die Abtrags- und Akkumulationswerte, die mit den **Denudationspegeln** auf den oben beschriebenen Flächen gemessen wurden. Die Werte lassen erkennen, dass zwischen den beiden Flächen ein deutlicher Unterschied in den Abtragsraten besteht. Dieser Unterschied ist ein Produkt der ungleichen Bedingungen auf und im Anschluss an diese Flächen. Während die Fläche

"Sperre" teilweise mit lückenhafter Pioniervegetation bedeckt ist, ist die Fläche "Kuhkar" völlig vegetationsfrei. Die größere Beeinflussung des Abtragsgeschehens geht allerdings in erster Linie von dem basalen Gerinne unterhalb der Fläche "Kuhkar" aus. Dies und die Tatsache, dass die Testfläche "Sperre" durch eine hangaufwärts gelegene Rutschung Material geliefert bekommt, schlägt sich in deutlich geringeren Erosionsraten auf dieser Testfläche nieder.

Eine Betrachtung des Jahresniederschlages erklärt daher auch nicht die Abtragsschwankungen zwischen den Jahren. Diese Schwankungen haben ihren Ursprung in erster Linie in Einzelereignissen, die sich dann stark auf die Gesamtbilanz eines Hanges auswirken.

Tab. 4.2: Abtrags- und Akkumulationsraten (Bilanz für den gesamten Beobachtungszeitraum) an den Denudationspegelflächen "Kuhkar" und "Sperre".

Testfläche	Mittlere Bilanz an den Pegeln mit Erosion [$cm*a^{-1}$]	Mittlere Bilanz an den Pegeln mit Akkumulation [$cm*a^{-1}$]	Anzahl der Pegel mit Erosion/ Akkumulation	Gesamtabtrag auf den Testflächen [$cm*a^{-1}$] ($t*ha^{-1}*a^{-1}$)
"Kuhkar"	-2,78	1,75	13/4	-1,71 (342)
"Sperre"	-1,35	1,32	29/13	-0,42 (96)

Dies macht deutlich, dass die Erforschung einzelner Prozesse nicht isoliert erfolgen darf, sondern die **Interaktion mehrerer geomorphologischer Prozesse** berücksichtigen muss. Auch ist eine Beobachtung nur über längere Zeiträume sinnvoll, da bei sehr kurzen Untersuchungszeiträumen Abtragsraten sehr leicht über- oder unterschätzt werden können, da entweder ein Großereignis nicht erfasst wird oder bei der Erfassung eines Großereignisses dieses zu dominant in einen Mittelwert einfließen würde. Betrachtet man die Abtragsraten auf der Fläche "Kuhkar" ohne die durch die Unterschneidung beeinflussten Pegel, so würde man einen Abtrag von nur ca. 1,1 cm im Jahr verzeichnen. Damit würde der Abtrag dieser Fläche um etwa 120 $t*ha^{-1}*a^{-1}$ deutlich unterschätzt werden. Die Untersuchungen haben auch gezeigt, dass sich solche Großereignisse nicht nur direkt, sondern auch indirekt auf die Hangerosion auswirken und so die Abtragsbilanzen über Jahre hin verändern können.

Die Verwendung von Denudationspegeln zur Messung des Hangabtrags hat sich nach den Erfahrungen der vorliegenden Untersuchungen für kleine Testflächen mit Einschränkungen bewährt, da sich so die Verteilung von Erosion und Akkumulation auf einem Hang gut identifizieren lässt. Anders als die Messung des Austrags durch beispielsweise Sedimentfallen betrachtet die Messung mit Denudationspegeln den Hang nicht als *„Black Box"*. Dies trägt zum Verständnis der langfristigen Hangentwicklung bei. Daneben konnten die oben angesprochenen Interaktionen mit anderen Prozessen identifiziert und ihr Einfluss auf das fluviale Abtragsgeschehen näher untersucht werden. Dies hätte sich durch eine bloße Betrachtung des Materialaustrags, etwa durch Sedimentfallen, nicht erreichen lassen.

Neben den in Kapitel 4.1.1 beschriebenen Einschränkungen der Methode trat bei den hier vorgestellten Flächen eine weitere Problematik auf. Bei den Flächen handelt es sich um Moränenstandorte, die sich durch ein sehr breites Korngrößenspektrum (bis Blockgröße) auszeichnen. Da das Herausbrechen von größeren Steinen mit Denudationspegeln nicht gemessen werden kann, ist davon auszugehen, dass die hier beschriebenen Abtragsraten etwas zu niedrig ausfallen.

Um den Problemen und Einschränkungen dieser Methode zu begegnen wurde daher zum Ende der Untersuchungen eine neue Methode zur flächenhaften Aufnahme des Abtragsgeschehen auf Hängen entwickelt.

4.1.2 Bestimmung des hangaquatischen Abtrags durch virtuelle Denudatonspegel

4.1.2.1 Methodik

Hinter dem Begriff „virtuelle Denudationspegel" verbirgt sich die berührungslose Bestimmung von Bodenabtragsraten durch reflektorlose Vermessung.
Neuere Vermessungsgeräte (Totalstationen), wie der Tachymeter TPS 1205 (Abb. 4.15) der Firma Leica Geosystems sind mit Lasertechnologie ausgerüstet, um ohne die Verwendung eines Reflektors Entfernungen messen zu können. Bei multitemporaler Anwendung ermöglicht dies die Bestimmung von Abtragsraten.

Abb. 4.15: Scanfähiger Tachymeter (TPS 1205) der Firma Leica mit Scanfläche „Sperre C" im Hintergrund (Foto: F. Haas).

Ähnliche Verfahren wurden in der Geomorphologie schon zur Messung anderer geomorphologischer Prozesse verwendet. So haben ROWLANDS ET AL. (2002) und MIKOS ET AL. (2003) das terrestrische Laserscanning zur Beobachtung von gravitativen Massenbewegungen eingesetzt und WANGENSTEEN ET AL. (2003), LIM ET AL. (2005) und ROSSER ET AL. (2005) bestimmten damit Kliffrückverlegungsraten an der englischen Küste. ABELLÁN ET AL. (2006) untersuchten Steinschlag in den Pyrenäen und HECKMANN ET AL. (2006) und MORCHE ET AL. (2007) nahmen damit Oberflächenveränderungen auf einem Schuttkegel im Reintal auf. Die Methode hat den großen Vorteil, dass nun auch schwer zugängliches Gelände vermessen werden kann. Außerdem werden auf diese Weise Störungen des Hanges vermieden, indem einerseits die zu vermessende Oberfläche nicht mehr betreten werden muss und andererseits die Denudationspegel keine Störungen mehr verursachen (vgl. Kap. 4.1.2).

Die oben zitierten Arbeiten verwenden - mit Ausnahme von HECKMANN ET AL. (2006), die ebenfalls mit dem TPS 1205 arbeiten - allerdings Laserscanner, deren Kapazitäten (Anzahl der Punktaufnahmen/Zeit) deutlich über denen des TPS 1205 liegen. Allerdings bleibt die Genauigkeit der Laserscanner hinter der des Leica Gerätes zurück. Den Scanner, den beispielsweise LIM ET AL. (2005) in ihren Untersuchungen verwenden, verfügt über eine Genauigkeit, von ca. ± 2 cm. Das Leica Vermessungsgerät hingegen verfügt über eine Genauigkeit im Millimeterbereich (3 mm ± 2 ppm). Dieses Gerät ist mit einer Software ausgerüstet, die es ermöglicht, vollautomatisch ein fest vorgegebenes Raster abzutasten. Dies erlaubt mit Einschränkungen (großer Zeitaufwand für relativ kleine Flächen) das Scannen von Oberflächen.

Um ein regelmäßiges Raster zu messen, benötigt die Software eine sogenannte Bezugsebene, auf der dieses Raster basiert. Daher wurden drei Vermarkungspunkte in den Hang geschlagen. Diese Eisenstangen definieren die Bezugsebene (vgl. Abb. 4.16). In einem zweiten Schritt wird dem Gerät ein virtuelles Rechteck geöffnet, das die zu scannende Fläche darstellt. Dieses „Fenster" wird durch einen Punkt links unten (Startpunkt) und einen Punkt rechts oben bestimmt. Zwei der drei eingebrachten Vermarkungspunkte fanden hierfür ebenfalls Verwendung.

Da auch der Blickwinkel des Gerätes auf die Fläche relevant ist, wurde der Standort des Gerätes genau vermarkt. Neben der Vermarkung des Gerätestandortes benötigt der TPS 1205 bei einer Wiederaufstellung auch den Azimut, also die Orientierung. Die Orientierung wurde bei der Erstvermessung mit einem Kompass bestimmt. Für die Zweitvermessung wäre die Verwendung eines Kompasses zu ungenau gewesen, so dass bei der Erstvermessung ein weiterer Festpunkt vermarkt wurde (in diesem Fall wurde für die Orientierung eine Verschraubung an der Sperre eingemessen). Dieser Punkt diente dann bei den weiteren Messungen zur Bestimmung des Azimuts.

Dieses neuartige Verfahren wurde auf insgesamt drei Testflächen eingesetzt. Die Flächen liegen in unmittelbarer Nähe zu dem Hang, der bereits mit den herkömmlichen Denudationspegeln ausgerüstet worden war (Testfläche „Sperre"). Dadurch sollte ein Vergleich mit den anhand der Denudationspegel ermittelten Abtragsraten ermöglicht werden. Einschränkend muss aber erwähnt werden, dass nur auf solchen Flächen mit virtuellen Denudationspegeln gemessen wurde, die zum Zeitpunkt der Vermessung nicht vegetationsbedeckt waren, da die Vegetation die Oberfläche abschattet und damit eine Aufnahme der Geländeoberfläche verhindert.

Alle drei Testflächen konnten von einem Standort aus vermessen werden. Dieser Standort befindet sich auf einem betonierten, im Hauptbach eingebrachten Querbauwerk. Auf dieser Sperre war eine genaue Vermarkung mit einer Schraube möglich, so dass eine Positionsveränderung dieses Festpunktes ausgeschlossen werden konnte. Bei den Folgevermessungen konnte so das Vermessungsgerät immer wieder exakt positioniert werden. Zusätzlich wurde die Höhe des Vermessungsgerätes bei der Erstvermessung notiert und das Gerät dann bei jeder weiteren Vermessung wieder auf die gleiche Höhe gestellt. So konnte sichergestellt werden, dass die Flächen immer aus dem gleichen Winkel gescannt wurden. Nach diesen Vorbereitungen wurde das Verfahren in einer ersten Messreihe zwischen August 2005 und Oktober

2005 auf Fehler in der Positionierung getestet. Danach konnten die Testflächen im Oktober 2005 erstmalig gescannt und die Messungen dann im November 2006 wiederholt werden. Somit wurde insgesamt ein Zeitraum von 13 Monaten beobachtet.

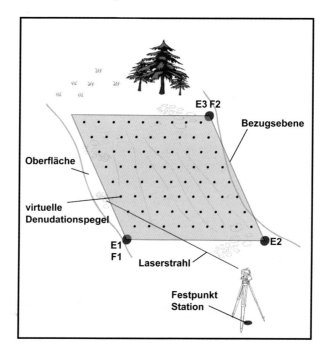

Abb. 4.16: Aufbau eines Testfeldes. Die Punkte E1-E3 definieren die Bezugsebene. Die Punkte F1-F2 geben das zu scannende Rechteck an.

Um die Höhenveränderungen an den „virtuellen Denudationspegeln" zu berechnen, wurden aus den Punktdaten jeder Aufnahme mit Hilfe eines GIS Digitale Höhenmodelle (Raster) interpoliert. Die Digitalen Höhenmodelle der Flächen wurden mit der Software SAGA unter Verwendung der Methode „*Modified Quadratic Shepard*" erzeugt. Dieses Interpolationsverfahren lieferte die besten Ergebnisse. Die beiden DHMs wurden dann in einem zweiten Schritt mit dem „*Grid Calculator*" unter SAGA voneinander abgezogen. Daraus ergab sich ein Differenzraster mit positiven (Akkumulation) und negativen (Erosion) Werten. Die nach dieser Methode berechnete Höhenveränderung ergibt allerdings nicht die Oberflächenveränderung senkrecht zum Hang, also den Wert, den man mit herkömmlichen Denudationspegeln misst. Aus diesem Grund musste das Differenzraster noch auf die tatsächliche Höhenveränderung (Hangrückverlegung) umgerechnet werden.

Dazu wurde für jede Rasterzelle unter Verwendung ihrer Hangneigung und ihres Differenzwertes mit dem Kosinussatz eine korrigierte Höhenveränderung berechnet (vgl. Abb. 4.17). Da bei den aus den beiden DHM berechneten Hangneigungen nahezu keine Abweichung festgestellt werden konnte, wurde sowohl auf Erosions- als auch auf Akkumulationsflächen die Hangneigung des Jahres 2005 verwendet. Die Hangneigung wurde mit dem SAGA Modul „*Local Morphometry*" nach der Methode von ZEVENBERGEN & THORNE (1987) abgeleitet.

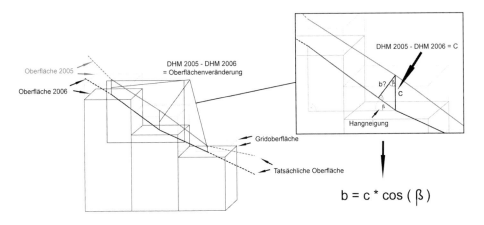

Abb. 4.17: Vorgehensweise zur Berechnung der Hangrückverlegungsrate aus der Hangneigung und der aus den Höhenmodellen berechneten Höhendifferenz mit Hilfe des Kosinus der Hangneigung. Dabei ergibt b die tatsächliche Hangrückverlegung an diesem Punkt.

Die so berechnete Höhenveränderung der Oberfläche senkrecht zum Hang kann dann mit den Werten der herkömmlichen Denudationspegel verglichen werden. Die Abweichung zwischen den Werten b und c nimmt dabei mit steigender Hangneigung zu und ist auf ebenen Flächen Null.

4.1.2.2 Quantifizierung

Die Abbildung 4.18 zeigt die räumliche Lage der Testflächen, auf denen mit virtuellen Denudationspegeln Abtragsmessungen durchgeführt wurden. Tabelle 4.3 gibt einen Überblick über die Bedingungen auf den Testflächen und die Dichte des Messrasters, mit dem die Flächen vermessen wurden.

Abb. 4.18: Reissen im Verlauf des Fleckgrabens mit der Testfläche „Sperre" (1; herkömmliche Denudationspegel), den Testflächen „Sperre „A"/"B" (2) und der Testfläche „Sperre C" (3).

Tab. 4.3: Naturräumliche Ausstattung der Testflächen mit virtuellen Denudationspegeln, Messraster und Anzahl der Pegel

Testfläche	Vegetation	Geologie	Messraster (cm)	Mittl. Hangneigung [°]	Fläche [m²]	Anzahl virt. Pegel
„Sperre A"	vegetationsfrei	Fernmoräne	50	51	54	200
„Sperre B"	vegetationsfrei	Fernmoräne	50	46	53	201
„Sperre C"	vegetationsfrei	Fernmoräne	50	48	51	222

4.1.2.2.1 Testfläche „Sperre A"

Die Testfläche „Sperre A" liegt im direkten Anschluss an die Fläche, die mit herkömmlichen Denudationspegeln ausgerüstet wurde. Der am rechten Bildrand in Abb. 4.19 erkennbare Grat trennt diese beiden Flächen voneinander. Die Fläche „Sperre A" wurden zusammen mit der Fläche „Sperre B" aufgenommen.

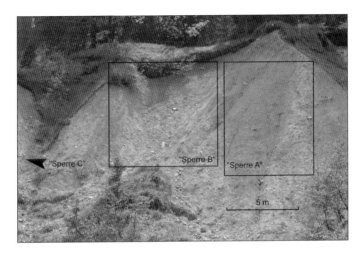

Abb. 4.19: Testflächen „Sperre A" und „Sperre B". Die Testfläche „Sperre C" liegt etwa 20 m links von diesen Flächen. Der Aufnahmepunkt des Fotos ist identisch mit dem Standort des Vermessungsgerätes (Foto: F. Haas).

Der linke Bereich der Fläche B taucht stark nach hinten weg und zusätzlich wird dieser Teil der Fläche durch einen Grat mit einer anschließenden Rinne durchzogen. Deshalb ist ein Teil der Fläche abgeschattet, woraus größere Rasterabstände als auf der übrigen Fläche resultieren und sich somit Fehler bei der Interpolation ergeben. Um diese Interpolationsfehler, die sich auch in einer falschen Berechnung der Abtragswerte geäußert hätten, zu eliminieren, wurde die Fläche bei der Interpolation in zwei einzelne Flächen unterteilt und der dazwischen liegende Teil nicht mit in die Berechnungen einbezogen. Der gescannte rechte Teil der Fläche hat so eine Größe von 54 m² (mit dem Kosinus der Hangneigung korrigierter Flächenwert). Das Messraster betrug 50 cm, so dass insgesamt 200 virtuelle Denudationspegel aufgenommen wurden.

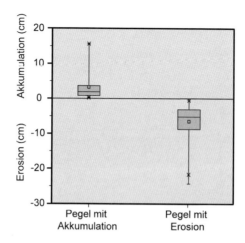

Abb. 4.20: Vergleich der Werte an den virtuellen Pegeln mit Erosion und den virtuellen Pegeln mit Akkumulation für den Zeitraum Oktober 2005 bis November 2006 auf der Testfläche „Sperre A".

Die gescannte Fläche hat eine mittlere Hangneigung von 51° und wird von einer Rinne durchzogen, die zwischen zwei kleinen Graten liegt. Rechts und links dieser beiden Grate schließen sich wieder kleine Rinnen an, die allerdings nicht mehr innerhalb des gescannten Fensters liegen. Betrachtet man die Auswertung der Messungen, so fällt auf, dass auf der Fläche eine relativ große Spannweite der Werte zu verzeichnen ist (vgl. Abb. 4.20). Dies trifft vor allem auf die Pegel mit Erosion zu. Hier treten Extremwerte von bis zu 24 cm/13 Monaten auf. Die Extremwerte an den Pegeln mit Akkumulation liegen mit bis zu 15 cm/13 Monaten deutlich darunter. Neben der Anzahl der Pegel mit Erosion (166) gegenüber der Pegel mit Akkumulation (34) liegen auch die Mittelwerte für die Erosion (6,5 cm*a^{-1}) deutlich über denen mit Akkumulation (3,2 cm*a^{-1}). Insgesamt überwiegt auf dieser Fläche im Mittel aller 200 virtuellen Denudationspegel mit -4,4 cm*a^{-1} (4,8 cm/13 Monaten) in erster Linie Erosion. Dies überrascht auch nicht, da auf der Fläche die Hangbereiche Grat bis Mittelhang überrepräsentiert sind. Diese stehen in erster Linie für Abtrag am Grat und Oberhang und Wechsel zwischen Erosion und Akkumulation am Mittelhang (vgl. Kap. 4.1.1 und WETZEL 1992).

Quantifizierung

Abb. 4.21: Interpolation der Oberflächenveränderung an den virtuellen Denudationspegeln der Testfläche „Sperre A".

Abbildung 4.21 zeigt ein Raster mit den interpolierten Differenzwerten, das auf ein DHM projeziert und dann auf ein Foto der Fläche gelegt wurde. Durch die dreidimensionale Darstellung können die Erosions- und Akkumulationsbereiche noch weiter differenziert werden. Hier wird deutlich, dass Erosion und Akkumulation auf diesem Hang dem Muster folgen, das auch an den herkömmlichen Pegeln festzustellen war: Abtrag tritt vor allem an den Gratbereichen/Oberhang und an den Rinneneinhängen rechts und links der kleinen Rinne auf, wohingegen man Durchtransport und Akkumulation vor allem entlang der Rinne selbst und Richtung Hangfuß vorfindet. Diese Verteilung entsteht dadurch, dass auf diesen Flächen mehrere Prozesse die Erosion steuern. Auf den Graten wird in erster Linie erodiert. Da das hydrologische Einzugsgebiet auf den Graten (Wasserscheide) nur sehr klein ist, tritt dort nahezu kein Oberflächenabfluss auf. Die Denudation ist hier in erster Linie durch Regentropfen („*splash erosion*"), Kriechbewegungen (KIRKBY 1979), Unterschneidung der Grate durch die anschließenden Rinnen und im Zeitraum Herbst bis Frühjahr durch Frost- oder nivale Prozesse (Schneerutsche, Kammeis; vgl WETZEL 1992) gesteuert. Dabei transportieren die Regentropfen durch den Tropfenaufschlag auf den Untergrund kleinere Korngrößen direkt, allerdings können auch größere Steine (durch Unterspülung) in Bewegung gesetzt werden (CARSON & KIRKBY 1972). Gerade an steileren Hängen wird dieses in Bewegung gesetzte Material dann meist gravitativ bis in das Gerinne transportiert.

In den Gerinnen kommt es dann zu einer Anreicherung von Material. Dort wird das von den Graten und Hängen gelieferte Sediment dann sukzessive aus der Fläche heraustransportiert. Da das Einzugsgebiet dieser Rinnen nur sehr klein und damit die Transportkapazität des fließenden Wassers sehr gering ist, wird während „normaler" Niederschläge nur Feinmaterial ausgespült. Größere Korngrößen verbleiben in den Rinnen. Daher zeigt sich im Differenzraster (Abb. 4.21) im Gerinne vorrangig Durchtransport oder Akkumulation. Die Ausräumung der Rinnen und die damit einhergehende Tieferlegung erfolgt dann während extremer Niederschlagsereignisse mit hohen Niederschlagsintensitäten (vgl. Abb. 4.22). Mittel- bis langfristig kommt es zu einer gesamten Rückverlegung des Hanges, wobei die Erosionsraten in den Gerinnen insgesamt gesehen etwas höher liegen müssen als auf den angrenzenden Hängen.

Das aufgezeigte Raster der Sedimentverlagerung konnte an zahlreichen kleinen Rinnen der mit herkömmlichen Pegeln ausgerüsteten Fläche Sperre oftmals beobachtet werden und auch BEATY (1959) beschreibt dies im Zusammenhang mit Gullyerosion. Das Phänomen wurde bereits in Kapitel 4.1.1.2.2 beschrieben, als die Gerinne an den Standorten der herkömmlichen Denudationspegel nach einem starken Niederschlagsereignis ausgeräumt wurden. Es zeigte sich außerdem auch im Frühjahr 2002 auf einer an die hier beschriebenen Hänge angrenzenden Fläche (Abb. 4.23), als während der Schneeschmelze die Rinnen durch kleine Muren „geleert" wurden. Auch BECHT & WETZEL (1989) beobachteten an größeren Gerinnen im Lainbachtal die „Entleerung" während extremer Niederschläge mit daraus resultierenden hohen Abflüssen.

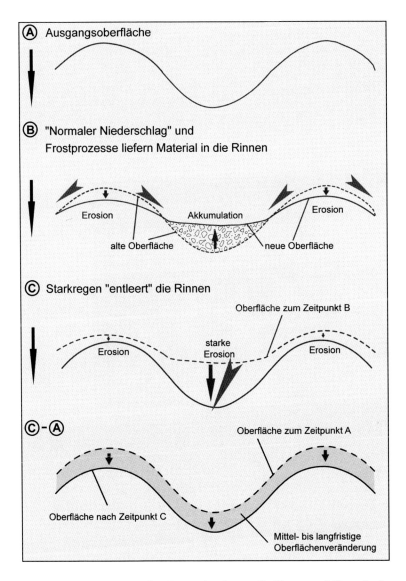

Abb. 4.22 : Schematische Darstellung der Hangrückverlegung für Rinnen und Grate (ergänzt und verändert nach BEATY 1959).

CLARKE & RENDELL (2000), die Calanchi- und Biancanelandschaften in Süditalien untersucht haben, machten während eines Starkregens ähnliche Beobachtungen. Auf den Calanchi floss das Wasser in den Rinnen deutlich sichtbar und löste dabei teilweise kleine Muren aus, die dann das Material aus den Rinnen ausspülten und dabei vermutlich das Gerinne zusätzlich eintieften. Auf den Flächen zwischen den Rinnen dagegen war auch bei CLARKE & RENDELL (2000) kein fließendes Wasser zu verzeichnen. Auf diesen Flächen herrscht in erster Linie Erosion durch Regentropfen vor.

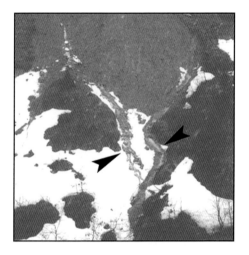

Abb. 4.23: „Kleine Murgänge" (Pfeile) nach Niederschlag und Schneeschmelze in kleinen Rinnen eines Hanges in unmittelbarer Nachbarschaft zu den Testflächen „Sperre". Dabei werden wie bei großen Muren sowohl Feinmaterial als auch größere Korngrößen transportiert (Foto: V. Wichmann).

Stellt man die Erosions- und Akkumulationswerte der virtuellen Denudationspegel ($-6,5$ cm*a^{-1} und $3,2$ cm*a^{-1}) den der herkömmlichen Denudationspegeln ($-1,35$ cm*a^{-1} und $1,32$ cm*a^{-1}) gegenüber, so liegen die Werte der virtuellen Pegel deutlich höher. Diese sehr hohen Raten lassen sich teilweise durch das Scannen mitunter auch großer Steine auf dem inhomogenen Substrat erklären. Durch deren „Herausbrechen" und natürlich auch durch deren Ablagerung oder durch die Akkumulation von Material an solchen „Hindernissen", kommt es an diesen Stellen natürlich sprunghaft zu einer hohen Erosion oder Akkumulation. Zwar wurden auch an den Eisenstangen sehr hohe Werte gemessen (Fläche „Sperre" bis zu 20 cm Erosion, vgl. Abb. 4.11), aber grobe Blöcke werden mit herkömmlichen Pegeln nicht erfasst. Es ist also davon auszugehen, dass bisherige Messungen auf derart inhomogenem Material (z.B. Moränen) etwas zu geringe Werte ergeben.

Neben der Erfassung von großen Blöcken spielt auch das völlige Fehlen von Vegetation und die deutlich höhere Hangneigung im Vergleich zur Fläche mit herkömmlichen Pegeln eine wichtige Rolle. All das spiegelt sich auch im mittleren Abtrag aller Pegel auf dieser Fläche wieder, die mit -4,8 cm*a^{-1} einen deutlich höheren Wert (Faktor 10) als die Fläche „Sperre" (-0,42 cm*a^{-1}; mit herkömmlichen Denudationspegeln ermittelt) aufweist. Vergleicht man die Werte der Fläche „Sperre A" mit der Fläche „Kuhkar" (-1,7 cm*a^{-1}; mit herkömmlichen Denudationspegeln ermittelt), die ebenfalls keine Vegetationsbedeckung aufweist, aber eine um 10° geringere Hangneigung besitzt, so unterscheiden sich die Werte immer noch etwa um den Faktor drei.

Diese Unterschiede können nicht alleine mit dem Phänomen „grobe Blöcke" erklärt werden. Vielmehr beeinflussen die Faktoren Hangneigung und Vegetationsbedeckung das Abtragsgeschehen auf diesen Flächen offenbar stark. Während die Vegetation als erosionshemmender Faktor bei der linearen Erosion anerkannt ist, wird der Faktor Hangneigung in der Literatur kontrovers diskutiert (CHAPLOT & LE BISSONNAIS 2000). Dieser Aspekt wird in Kapitel 4.13 aufgegriffen und näher behandelt.

Die Verteilung der Erosions- und Akkumulationsbereiche auf dem Hang zeigt darüber hinaus, dass sich das Vorhandensein von Rinnen auf einem Hang ebenfalls auf den Abtrag auswirkt, da gerade auf den Flächen mit direktem Anschluss an solche Rinnen die gemessenen Abtragsraten sehr hoch sind.

4.1.2.2.2   Testfläche „Sperre B"

Die Fläche „Sperre B" hat eine Fläche von 53 m² und eine mittlere Hangneigung von 46°. Insgesamt wird die Fläche von 201 virtuellen Denudationspegeln abgedeckt. Auf dem Hang wurden auf 158 Pegeln Erosion und auf 43 Pegeln Akkumulation festgestellt. Die Auswertungen zeigten, dass die Werte im Verhältnis zu denen der Fläche „Sperre A" deutlich niedriger liegen. So liegt der Mittelwert der Erosion bei 4,1 cm*a^{-1} und die mittlere Akkumulation bei 2,3 cm*a^{-1}. Auch die Extremwerte erreichen mit -21,3 cm*a^{-1} (Erosion) und 8,6 cm*a^{-1} (Akkumulation) nicht die Ausmaße, die an der Fläche „Sperre A" erreicht wurden (Abb. 4.24).

Insgesamt überwiegt auf der Fläche im Mittel über alle 201 virtuellen Denudationspegel mit -2,5 cm*a^{-1} (-2,7 cm/13 Monate) aber die Erosion.

Die Werte sind bei der Erosion im Vergleich zur Fläche „Sperre A" insgesamt circa um den Faktor 1,8 kleiner. Neben der etwas geringeren mittleren Hangneigung liegt dieser Unterschied vor allem daran, dass auf dieser Fläche zum Teil auch ein Akkumulationsbereich am Hang erfasst wird (im direkten Anschluss befindet sich eine vegetationsbestandene Fläche) und dass eine größere Rinne wie auf der Fläche „Sperre A" fehlt. Der Hang wird nur durch zwei sehr kleine Rinnen beeinflusst (vgl. Abb. 4.19). Die Verteilung von Erosion und Akkumulation zeigt, dass das Material offenbar durch die geringere Hangneigung und das Fehlen von größeren Rinnen nicht so schnell aus der Fläche abtransportiert wird (vgl. Abb.4.25). Gleichwohl befinden sich auch hier die Erosionsbereiche am Oberhang und in der Nähe der kleineren Rinnen. Die Akkumulationsbereiche liegen dagegen wieder in der kleinen Rinne in der Mitte der Fläche und am Unterhang.

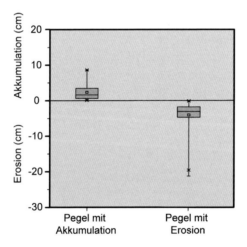

Abb. 4.24: Vergleich der Werte an den Pegeln mit Erosion und den Pegeln mit Akkumulation auf der Testfläche „Sperre B" für den Zeitraum Oktober 2005 bis November 2006.

Quantifizierung

Abb. 4.25: Interpolation der Oberflächenveränderung an den virtuellen Denudationspegeln der Testfläche „Sperre B".

4.1.2.2.3 Testfläche „Sperre C"

Die Testfläche „Sperre C" ist eine vegetationsfreie Fläche mit nur kleineren Rinnen im Initialstadium. Die Substratbeschaffenheit ist wie auf den anderen Flächen sehr inhomogen und weist ein sehr breites Korngrößenspektrum auf, das ebenfalls bis zur Blockgröße reicht (vgl. Abb. 4.26). Die Hangneigung ist mit 48° gleich hoch wie auf der Testfläche „Sperre A". Die an die Fläche anschließenden Akkumulationsbereiche wurden mit dem Messfenster gerade noch am unteren rechten Rand erfasst. Die Fläche des gescannten Fensters beträgt 51 m² und wird durch 223 Denudationspegel abgedeckt. Da das Gerät keine trapezförmigen Scanfenster, sondern nur Rechtecke oder Quadrate verarbeiten kann, mussten in einem Postprocessing einige Punkte entfernt werden. Dies trifft vor allem auf Punkte links oben im Scanfenster zu, die aber ohnehin außerhalb der vegetationsfreien Fläche liegen (vgl. Abb. 4.26).

Abb. 4.26 : Testfläche „Sperre C"; Aufnahmepunkt des Fotos ist identisch mit dem Standort des Vermessungsgerätes (Foto: F. Haas).

Betrachtet man die Ergebnisse der Vermessungen zwischen Oktober 2005 und November 2006 auf der Testfläche „Sperre C", so fällt die relative Gleichverteilung zwischen Erosion und Akkumulation auf (Abb. 4.27). Dabei liegt die mittlere Erosionsrate bei -3,2 cm*a^{-1} und die mittlere Akkumulationsrate bei 3,1 cm*a^{-1}. Insgesamt ist die Bilanz auf der Fläche aber negativ (-2,1 cm*a^{-1} bzw. -2,3 cm/13 Monate), da an insgesamt 192 Pegeln Erosion gemessen wurde und nur an 31 Pegeln Akkumulation zu verzeichnen war.

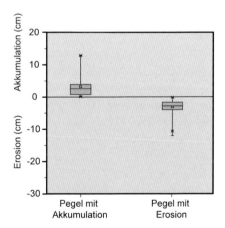

Abb. 4.27: Vergleich der Werte an den Pegeln mit Erosion und den Pegeln mit Akkumulation für den Zeitraum Oktober 2005 bis November 2006 auf der Testfläche „Sperre C".

Quantifizierung 79

Abb. 4.28: Interpolation der Oberflächenveränderung an den virtuellen Denudationspegeln der Testfläche „Sperre C".

Die Interpolation der Abtragswerte an den virtuellen Denudationspegeln zeigt leichte Erosion auf weiten Teilen der Fläche (Abb. 4.28). Größere Erosionsbereiche liegen wiederum nur in direkter Nähe zu anschließenden kleinen Rinnen im Hang. Da der Hang ursprünglich mit vegetationsbesetzten Netzen bedeckt war, die offenbar erst vor einigen Jahren zerstört wurden (unterhalb der gescannten Fläche findet man noch Reste dieser Netze und rechts davon sind diese noch vorhanden), befinden sich diese Rinnen noch in einem Initialstadium. Ein Akkumulationsbereich ist vor allem in den kleinen Rinnen selbst und am rechten unteren Rand der Fläche zu erkennen. Hier sammelt sich das Material vor einem Bereich mit Vegetation.

4.1.2.2.4 Zusammenfassung der Ergebnisse der virtuellen Denudationspgelmessungen

Die Messungen mit virtuellen Denudationspegeln haben deutliche Unterschiede in den Abtragsraten der drei untersuchten Flächen ergeben. Da auf allen Flächen die gleiche Untergrundbeschaffenheit, Vegetationsfreiheit und auch annähernd gleich große Hangneigungen vorherrschen, lassen sich die Unterschiede in den Abtragsraten (vgl. Tab. 4.4) nur durch die unterschiedliche Topographie der Hänge erklären (hier spielt vermutlich auch eine Rolle wie lange die Flächen schon vegetationsfrei sind).

Tab. 4.4: Abtrags- und Akkumulationsraten (Bilanz für den gesamten Beobachtungszeitraum) an den virtuellen Denudationspegeln der Testflächen „Sperre A - C".

Testfläche	Mittlere Nettobilanz an den Pegeln mit Erosion [cm*a^{-1}]	Mittlere Nettobilanz an den Pegeln mit Akkumulation [cm*a^{-1}]	Anzahl der Pegel mit Erosion/ Akkumulation	Gesamtabtrag für die Testflächen [cm*a^{-1}] (t*ha^{-1}*a^{-1})
„Sperre A"	-6,5	3,2	166/34	-4,4 (880)
„Sperre B"	-4,1	2,3	158/43	-2,5 (500)
„Sperre C"	-3,2	3,1	191/31	-2,1 (420)

So scheint vor allem das Vorhandensein von kleinen Rinnen die Erosion deutlich zu begünstigen und es liegen die Bereiche mit höherem Abtrag vor allem im „Einflussbereich" dieser kleinen Rinnen. Besonders deutlich wird dies auf der Fläche „Sperre A", die eine größere Rinne in der Fläche und Rinnen rechts und links der Fläche aufweist. Hier wurden die höchsten Abtragsraten auf den Graten zwischen den Rinnen und an den Rinneneinhängen gemessen. Insgesamt führt diese Topographie zu Abtragswerten, die deutlich (etwa um den Faktor 2) über denen der zwei anderen Flächen liegen.

Da durch die vorliegende Untersuchung ein vollständiger „Erosionszyklus" (vgl. Abb. 4.22), offenbar nicht erfasst wurde, also die Rinnen noch nicht durch einen stärkeren Niederschlag geleert waren, ist davon auszugehen, dass die Abtragswerte auf den Flächen unterschätzt sind.

4.1.3 Zusammenfassung der Messungen des hangaquatischen Abtrags von vegetationslosen Flächen mit herkömmlichen und virtuellen Denudationspegeln

In der folgenden Zusammenfassung sollen die Ergebnisse der beiden Methoden zur Messung des hangaquatischen Abtrags miteinander verglichen werden. Daneben wird versucht, die Rolle der Hangneigung als steuerndes Element (des hangaquatischen Abtrags) näher zu beleuchten, bevor am Ende des Kapitels die vorliegenden Abtragsraten mit den Abtragsraten anderer Untersuchungen verglichen werden.

Die Quantifizierung des hangaquatischen Abtrags auf den oben beschriebenen Testflächen hat gezeigt, **dass sich die Ergebnisse der Messungen mit herkömmli-**

chen Denudationspegeln nicht uneingeschränkt auf die mit den virtuellen Denudationspegeln erzielten Ergebnisse übertragen lassen. Auf allen untersuchten Flächen überwog zwar die Erosion, aber es sind doch deutliche Unterschiede in den Erosionsraten erkennbar. Das Verhältnis von Erosion zu Akkumulation ist auf solchen Hängen nach den vorliegenden Untersuchungen im Mittel vier zu eins. Dabei liegt das Verhältnis an den virtuellen Pegeln im Mittel bei fünf zu eins und an den herkömmlichen Pegeln bei 2,7 zu eins. Diese Werte zeigen deutlich, dass mit den virtuellen Pegeln die Bereiche Unterhang und Basis unterrepräsentiert waren, wodurch, anders als bei den herkömmlichen Pegeln, nicht immer ein komplettes Hangprofil abgebildet werden konnte. Dies erschwert den Vergleich zwischen den herkömmlichen und den virtuellen Denudationspegeln. Allerdings zeigen die Vergleiche der Erosionsflächen zwischen virtuellen und herkömmlichen Pegeln (Testfläche „Kuhkar" und „Sperre") ein Verhältnis von 2,3 zu eins. Dies lässt erkennen, dass die herkömmlichen Pegel den Abtrag gerade bei Material mit breitem Korngrößenspektrum (bis Blockgröße) unterschätzen, so dass herkömmliche Denudationspegel zur Messung von Oberflächenveränderungen bei solchen Substratbedingungen nur bedingt einsetzbar sind. Das Herausbrechen oder die Ablagerung von groben Blöcken wird nicht erfasst. Hier bietet der Einsatz von virtuellen Denudationspegeln (Laserscanning) einen großen Vorteil.

Auch die Erfassung der Oberflächenveränderungen in den Rinnen ist durch herkömmliche Denudationspegel nicht möglich. Hier würden in der Tiefenlinie platzierte Eisenstangen als deutliches Hindernis fungieren und zu verfälschten Werten führen. Mit virtuellen Denudationspegeln können auch solche Punkte in einem Hang aufgenommen werden.

Virtuelle Denudationspegel können darüber hinaus **die räumliche Verteilung der Oberflächenveränderung mit höherer räumlicher Auflösung aufnehmen**, als das mit herkömmlichen Pegeln möglich ist. Zwar konnten mit letzterem auch schon Erosionsbereiche und Akkumulationsbereiche grob abgegrenzt werden, aber dies ging nicht über die Beschreibungen von WETZEL (1992) hinaus. Durch virtuelle Pegel ist es möglich einen Hang in seiner ganzen Komplexität zu erfassen. Dies schließt, anders als bei herkömmlichen Pegeln, auch Tiefenlinien (Rinnen) mit ein.

Neben den Vorteilen der Erfassung der Oberflächenveränderung mit Laserscanning, konnten während der Messungen auch einige Fehlerquellen ermittelt werden. Während der Testmessungen von August bis Oktober 2005 zeigte sich, dass ein sehr sorgfältiger Aufbau der Messanordnung notwendig ist. Neben der genauen Positionierung auf einem Festpunkt gilt dies auch für die Einhaltung einer genauen Höhe der Vermessungsachse des Gerätes. Hierbei ist es wichtig, dass der Festpunkt und auch der Punkt zur Orientierung des Gerätes sorgfältig vermarkt sind. Der ausgewählte Standort des Gerätes auf einer Betonsperre des Hauptgerinnes war für diese Methode sehr günstig, da so eine Veränderung der Vermarkungen auszuschließen war.

Der Vergleich der Messungen mit virtuellen und herkömmlichen Denudationspegeln hat trotz der oben angesprochenen Einschränkungen einige Trends für das Erosionsgeschehen aufgezeigt. **Die Vegetation spielt dabei sicherlich die vielfältigste Rolle,** indem sie zum einen die Infiltration erhöht (BERGKAMP ET AL. 1996) und so zu vermindertem Abfluss (WAINWRIGHT 1996) und einer verminderten Erosion (BÖHM & GEROLD 1995) führt. Zum anderen stabilisiert die Vegetation den Untergrund und fungiert als natürliches Hindernis, an dem Material akkumuliert werden kann (REY 2003). Es ist auch bekannt, dass selbst schüttere Vegetation den Untergrund vor *„splash erosion"* schützt (WAINWRIGHT 1996), was ebenfalls die geringeren Abtragsraten der vegetationsbestandenen Flächen erklärt. Dieser Einfluss konnte gerade auf der Fläche „Sperre", die mit herkömmlichen Pegeln untersucht wurde, festgestellt werden. Diese zeigt im Vergleich zu den übrigen Testflächen, aufgrund ihrer lückenhaften Vegetationsbedeckung, die geringsten Abtragswerte.

Die Rolle der Hangneigung wird dagegen zum Teil gegensätzlich beschrieben. CHAPLOT & LE BISSONNAIS (2000) geben hierüber einen guten Überblick. Den unterschiedlichen Einfluss der Hangneigung auf die fluviale Erosion in verschiedenen Studien erklären sie damit, dass nicht immer alle Einflussfaktoren (z.B. Vegetation, Substrat) berücksichtigt werden.

CLARKE & RENDELL (2006) zeigen in ihrer Arbeit, dass der Abtrag auf vegetationslosen Flächen durchaus mit der Hangneigung in Zusammenhang steht, allerdings nicht der einfachen linearen Beziehung folgt, die beispielsweise WETZEL (1992) in einer schwachen Ausprägung beschreibt. In der Untersuchung von CLARKE & RENDELL (2006) werden die maximalen Abtragsraten bei einer Hangneigung von etwa 35° erzielt, während bei geringeren und auch bei größeren Neigungen kleinere Raten zu verzeichnen sind. Für ihre Analysen haben die Autoren den theoretischen Zusammenhang zwischen *„splash erosion"* und Hangneigung (POESEN 1985) und den theoretischen Zusammenhang zwischen potenzieller Verwitterung und Hangneigung (CLARKE & RENDELL 2006) in Beziehung gesetzt. Als Hintergrund dient

Quantifizierung

den Autoren der Umstand, dass mit steigender Hangneigung die Erosion durch Regentropfen erst zunimmt, bevor sie ab einer gewissen Hangneigung wieder abnimmt, und dass mit steigender Hangneigung das Feuchteangebot auf einer Fläche immer geringer wird. Sie kombinieren diese zwei Parameter, indem sie diese miteinander multiplizieren. Die aus diesem Rechenschritt resultierende Kurve zeigt ein Maximum der Erosion bei etwa 35°

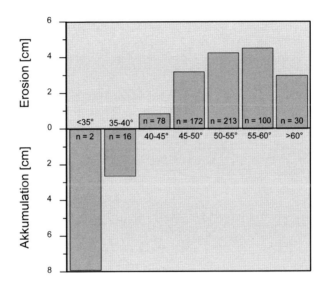

Abb. 4.29: Mittlere Oberflächenveränderung an den virtuellen Denudationspegeln der Flächen „Sperre A", „Sperre B" und „Sperre C" im Lahnenwiesgraben in verschiedenen Hangneigungsklassen.

Im Lahnenwiesgraben liegen die höchsten Abtragsraten dagegen etwa bei einer Hangneigung zwischen 55° und 60° (vgl. Abb.4.29). Dies ist zum Teil Folge der Unterrepräsentation der Hangneigungen zwischen 30° und 40° im Vergleich zu den Hangneigungen darüber (Hangneigungen unter 30° kommen nicht vor, vgl. Abb. 4.29), obschon an nahezu allen virtuellen Pegeln zwischen 30° und 40° Akkumulation zu verzeichnen war. Es ist aber davon auszugehen, dass auch die unterschiedlichen Substrate und die in den Alpen zusätzlich wirkenden Frost- und nivalen Prozesse (Kammeis, vgl. WETZEL 1992) höhere Abtragsraten auf steileren Hängen hervorrufen. Gerade gröberes Material, das beispielsweise durch Kammeis angehoben (Fraktion ab Kies) oder durch Unterspülung mobilisiert wird, stürzt bei hohen Hangneigungen leicht gravitativ weiter den Hang hinab. Die Messungen von CLAR-

KE & RENDELL (2006) wurden im äußersten Süden Italiens (Basilicata) durchgeführt und damit unbeeinflusst von Frosthubprozessen wie Kammeis. Außerdem zeichnen sich deren Testflächen durch sehr feinkörniges Oberflächensubstrat ohne große Blöcke aus. Die genannte Vermutung wird durch die Betrachtung der Werte von WETZEL (1992) gestützt, da auch bei dieser Untersuchung die höchsten Abtragswerte zwischen 45° und 51° liegen und damit deutlich über der von CLARKE & RENDELL (2006) ermittelten Hangneigung von 35°.

Vergleicht man nicht nur die Trends, sondern auch die absoluten Abtragsraten der vorliegenden Arbeit mit den Daten anderer Studien zum Abtrag auf solchen Flächen, so zeigen sich für die unterschiedlichen Regionen deutliche Unterschiede (Tab. 4.5; wenn möglich wurden die Werte sowohl in $cm*a^{-1}$ als auch in $t*ha^{-1}*a^{-1}$ angegeben). WETZEL (1992) beispielsweise gibt für seine Denudationspegelmessungen Werte von 0,29 $cm*a^{-1}$ an (herkömmliche Denudationspegelmessungen im Lainbachtal), was unter den Werten auf der Testfläche Sperre mit 0,42 $cm*a^{-1}$ (96 $t*ha^{-1}*a^{-1}$) zurückbleibt. BECHT (1995) gibt für seine Messungen auf einem ähnlichen Moränenstandort (Austragsmessungen mit Sedimentfallen auf Moränenstandorten im Lainbachtal) Werte von 14 bis zu 333 $t*ha^{-1}*a^{-1}$ bei einer mittleren Hangneigung von ca. 48° an, was zum Teil an die Messungen mit den virtuellen Pegeln heranreicht und im Mittel zwischen den Werten der herkömmlichen und virtuellen Pegel liegt. In den Zentralalpen (Pitztal) ermittelte BECHT (1995) auf einem Moränenstandort in einem Jahr mit 4,3 cm ähnlich hohe Abtragsraten wie in vorliegender Studie.

STOCKER (1985) dagegen hat in den Ostalpen (Kreuzeckgruppe) auf Blaiken Werte für den fluvialen Abtrag bestimmt, die zwischen 60 und 120 $t*ha^{-1}*a^{-1}$ liegen. Die Flächen weisen allerdings nur Hangneigungen zwischen 31° und 43° auf.

Die Abtragsraten auf Mergelhängen (Sedimentaustrag aus kleinen Einzugsgebieten) in den französischen Südalpen liegen nach MATHYS ET AL. (2003) im Bereich von 44 bis zu 277 $t*ha^{-1}*a^{-1}$. JOHNSON & WARBURTON (2002) ermittelten für ein Kleineinzugsgebiet in England Werte bis zu 33 $t*ha^{-1}*a^{-1}$ als Materiallieferung von Hängen in ein Gerinne (Austrag). Diese Werte werden allerdings unter gänzlich anderen klimatischen Bedingungen erreicht, als sie im Lahnenwiesgraben und Lainbachtal anzutreffen sind.

Tab. 4.5: Gegenüberstellung von Abtragsraten anderer Autoren in den Alpen und außeralpinen Regionen (wenn Angaben zur Lithologie vorhanden waren, wurde die Dichte des Materials abgeschätzt und so die Oberflächenveränderung (cm) in transportierte Massen umgerechnet).

Autor	Lage	Lithologie	Neigung [°]	Abtrag
Alpen:				
STOCKER (1985)	Kreuzeckgruppe (nördl. Ostalpen)	Blaiken (hoher Grobkornanteil)	31-43	60-120 t*ha^{-1}*a^{-1}
WETZEL (1992)	Lainbachtal	Moräne	~40	0,29 cm*a^{-1}
BECHT (1995)	Lainbachtal (nördl. Kalkalpen)	Moräne	48	14-333 t*ha^{-1}*a^{-1}
	Horlachtal	Moräne	?	4,3 cm*a^{-1}
	Pitztal	Moräne	?	1,2 cm*a^{-1}
MATHYS ET AL. (2003)		Mergel	17-37	0,2-277 t*ha^{-1}*a^{-1}
DIESE ARBEIT	Lahnenwiesgraben	*Moräne*	*38-51*	*96-500 t*ha^{-1}*a^{-1}* *0,42-2,5 cm*a^{-1}*
Außeralpin:				
SCHUMM (1962)		Mergel	?	2,3 cm*a^{-1}
SIRVENT (1997)		Sandstein/Mergel	5-23	2,3 cm*a^{-1}
JOHNSON & WARBURTON (2002)		Granit	15	33 t*ha^{-1}*a^{-1}
CLARKE & RENDELL (2006)		Plio-Pleistozäne Mergel	32-53	0,7-1,8 cm*a^{-1}

Da bei den zitierten Arbeiten zumeist ganze Hänge oder Kleineinzugsgebiete untersucht wurden, in denen alle Hangbereiche abgedeckt sind (Grat bis Basis), sollte für den Vergleich der Extremwert auf der Fläche „Sperre A" nicht hinzugezogen werden. Damit liegen die in der vorliegenden Arbeit ermittelten Werte zwar höher, sind aber doch mit dem Wertebereich vergleichbar, den BECHT (1995) auf einer nahezu identischen Fläche (gleiche Hangneigung, gleiche Flächengröße, ähnliches Material) im Lainbachtal ermittelt hat. Zudem hat BECHT (1995) den Austrag gemessen, wodurch im Gegensatz zu den Untersuchungen von WETZEL (1992) auch das Grobmaterial mit in die Berechnung eingeflossen ist.

Für außeralpine Bereiche geben SIRVENT ET AL. (1997) Abtragsraten von bis zu 2,3 cm*a^{-1} an, die sie mit Denudationspegeln und Sedimentfallen im Bereich des Ebro gemessen haben. Dieser Wert wurde allerdings auf Flächen mit deutlich geringerer Hangneigung und geringeren Niederschlagssummen (allerdings mit höheren Intensitäten) ermittelt.

Für die vegetationslosen Calanchis und Biancane der Basilicata (Süditalien) geben CLARKE & RENDELL (2006) Werte von 0,7-1,8 cm*a^{-1} an und im Badlands National Monument (USA) ermittelte SCHUMM (1962) Abtragsraten von 2,3 cm*a^{-1}. Der Unterschied zu den Gebieten Spaniens, Italiens und den Südalpen lässt sich durch die klimatischen Bedingungen und die geringeren Hangneigungen erklären, womit die Werte nicht ohne weiteres zu vergleichen sind. Die Gegenüberstellung der Werte aus unterschiedlichen Räumen zeigt aber, dass auf unbewachsenen Hängen („*badlands*") sehr hohe Abtragsraten zu verzeichnen sind, die Werte von bis zu 2,5 cm*a^{-1} erreichen können.

4.1.4 Einsatz des Bodenerosionsmodells USLE zur Regionalisierung des hangaquatischen Abtrags

Wie eingangs erwähnt existieren für die Modellierung und damit die Abschätzung des fluvialen Bodenabtrages zahlreiche Modelle, die entweder auf empirischen Untersuchungen oder auf physikalischen Gesetzmäßigkeiten beruhen (SCHMIDT 1998, vgl. Kap.5). Da sich Bodenabtrag ertragsmindernd auf die Landwirtschaft auswirkt, wurden diese Modelle allerdings in erster Linie für landwirtschftliche und damit nicht sehr stark geneigte Flächen entwickelt. Die erschwert den Einsatz solcher Modelle im Hochgebirge.

Zwar lassen sich physikalische Modelle (beispielsweise EROSION 3D) gut übertragen (auch auf das Hochgebirge), allerdings benötigen sie eine Vielzahl an Eingangsparametern, die nur mit großem Aufwand zu ermitteln sind. Dies schränkt die Einsetzbarkeit solcher Modelle für die Vorhersage von Bodenerosion in alpinen Räumen stark ein.

Empirische Modelle wiederum sind nur schwer auf andere Räume, wie das Hochgebirge, übertragbar, da sie auf Messungen im Flachland basieren. Dies gilt auch für das bekannteste Bodenerosionsmodell, die *Universal Soil Loss Equation* (USLE). Allerdings sind Arbeiten zu finden, in denen dieses Modell auch in etwas stärker reliefiertem Gelände eingesetzt wurde (SUN & MCNULTY 1998). Im Folgenden soll daher die Anwendbarkeit für die Vorhersage von Bodenabtrag auf steilen, vegetationsfreien Flächen getestet werden. Die Wahl der USLE erfolgte in erster Linie aufgrund der leichten Umsetzbarkeit des Modells in einem GIS. Aufgrund der sehr detailliert gemessenen Abtragsdaten bestand darüber hinaus die Möglichkeit, die Modellergebnisse zu validieren.

4.1.4.1 Modellkonzept

Die „*Universal Soil Loss Equation*" (USLE) wurde von WISCHMEYER & SMITH (1965, 1978) entwickelt und basiert auf der Auswertung von Abtragsraten auf zahlreichen Testflächen. SCHWERTMANN ET AL. (1987) entwickelten für Bayern aufbauend auf der USLE die „Allgemeine Bodenabtragsgleichung" (ABAG), mit der sie das Modell durch eigene Messungen in Mitteleuropa anwendbar machten.

Das Modell ist allerdings nur in der Lage, Erosion abzuschätzen, Akkumulation dagegen kann nicht vorhergesagt werden (FOSTER 1991 in WILSON & LORANG 2000).

Aus diesem Grund sollte das Modell nicht angewendet werden, wenn innerhalb einer Fläche langfristig mit Akkumulation zu rechnen ist. Für die vorliegende Untersuchung wird das Modell daher nur auf den unter Kapitel 4.1 vorgestellten Testflächen angewendet, da hier im langjährigen Mittel nur Erosion auftritt.

Sowohl die USLE, als auch die ABAG haben folgende Form:

$$A = R*K*L*S*C*P \qquad (4.1)$$

mit:

- A: Langjähriger mittlerer Bodenabtrag in $t*ha^{-1}*a^{-1}$
- R: Regen- und Oberflächenabflussfaktor
- K: Bodenerodierbarkeitsfaktor
- L: Hanglängenfaktor
- S: Hangneigungsfaktor
- C: Bedeckungs- und Bearbeitungsfaktor
- P: Erosionsschutzfaktor.

Regen- und Oberflächenabflussfaktor R

In der Gleichung berücksichtigt der Regen- und Oberflächenfaktor, dass für die Erosion durch Wasser genügend Niederschlag vorhanden sein muss. Der Niederschlag ist dabei zum einen selbst erosiv, indem er Bodenteilchen losschlägt (*„splash erosion"*) und auf diese Weise transportiert oder lockert. Zum anderen führt eine ausreichende Menge an Niederschlag zu oberflächlichem Abfluss, so dass auf diese Weise Material fluvial abgetragen wird (SCHWERTMANN ET AL. 1987). Eine Anleitung für die genaue Bestimmung des R-Faktors findet sich bei WISCHMEYER & SMITH (1978). In den USA existieren Karten für den R-Faktor (WILSON & LORANG 2000), und SCHWERTMANN ET AL. (1987) haben für den bayerischen Raum R-Faktoren auf Landkreisebene berechnet. Nach SCHWERTMANN ET AL. (1987) existiert ein hochsignifikanter Zusammenhang (r = 0,942) zwischen mittlerem jährlichen Niederschlag (N) und dem R- Faktor in der Form:

$$R = 0{,}083 * N - 1{,}77 \qquad (4.2)$$

Mit dieser Beziehung wurden die R-Faktoren für alle bayerischen Landkreise berechnet und eine Isoerodentenkarte für Bayern erstellt (SCHWERTMANN ET AL. 1987). Für das Untersuchungsgebiet Lahnenwiesgraben wurde der R-Faktor mit Hilfe der Formel 4.2 bestimmt. Als Werte für den mittleren langjährigen Jahresniederschlag wurden die Werte von BAUMGARTNER ET AL. (1983) verwendet, die für den Lahnenwiesgraben mit 1600 mm*a^{-1} bis 2000 mm*a^{-1} angegeben werden (vgl. Kap. 3). Zur Berechnung des R Faktors wurde der Mittelwert, also 1800 mm*a^{-1} herangezogen. Dadurch ergibt sich für den Lahnenwiesgraben ein R-Faktor von 148. Dieser Wert wurde für alle Testflächen eingesetzt.

Bodenerodierbarkeitsfaktor K

Die Erosionsanfälligkeit eines Bodens wird in der Gleichung durch den Erodierbarkeitsfaktor K ausgedrückt, und lässt sich aus 5 Bodeneigenschaften ableiten (WISCHMEIER ET AL. 1978):

- Gehalt der Korngrößen Schluff und Feinstsand
- Gehalt der Korngröße Sand (ohne Feinstsand)
- Gehalt an organischer Substanz
- Aggregatsklasse
- Durchlässigkeitsklasse

Nach SCHWERTMANN ET AL. (1987) lässt sich der K-Faktor nach folgender Gleichung berechnen:

$$K = 2,77 * 10^{-6} * M^{1,14} * (12 - OS) + 0,043 * (A - 2) + 0,033 * (4-D) \qquad (4.3)$$

M: (% Schluff + Feinstsand) * (% Schluff + % Sand) (bestimmt aus Korngrößenanalysen)
OS: % organische Substanz (in vorliegender Untersuchung 0)
A: Aggregatsklasse
D: Durchlässigkeitsklasse (bestimmt anhand der Infiltrationsmessungen von HENSOLD ET AL. 2005)

Für die Testfläche „Sperre" wurden zwei Bodenproben analysiert. Die Werte wichen kaum voneinander ab, so dass der Mittelwert der zwei Korngrößenanalysen für die

Bestimmung des K-Faktors verwendet wurde. Der K-Faktor für die Testfläche „Sperre" liegt bei 0,237.

Hanglängen- und Hangneigungsfaktor LS

Über den Hanglängen- und Hangneigungsfaktor LS wird berücksichtigt, dass die fluviale Erosion mit Vergrößerung der Hangneigung und Hanglänge steigt. Mit zunehmender Hanglänge vergrößert sich das hydrologische Einzugsgebiet, wodurch die potenziell für den hangaquatischen Abtrag verfügbare Wassermenge zunimmt. Eine größere Hangneigung resultiert in verstärktem Oberflächenabfluss und höheren Abflussgeschwindigkeiten (SCHWERTMANN ET AL. 1987).

Die ursprüngliche Gleichung zur Bestimmung des LS-Faktors von (WISCHMEIER & SMITH 1978), die auch von SCHWERTMANN ET AL. (1987) in der ABAG verwendet wurde, hat die Form:

$$LS = (\lambda/22{,}13)^m * [65{,}4 * (\sin \beta)^2 + 4{,}56 * \sin \beta + 0{,}0654] \qquad (4.4)$$

λ: Hanglänge
m: Hanglängenexponent
β: Hangneigung

Der Ansatz wurde durch andere Autoren modifiziert. MOORE & BURCH (1986) berechnen den LS-Faktor auf Basis der *„unit stream power"* nach der Gleichung:

$$LS = (n + 1)(A_s/22{,}13)^n (\sin \beta/0{,}0896)^m \qquad (4.5)$$

wobei A_s die spezifische Einzugsgebietsgröße und β die Hangneigung ist; m (1,6) und n (1,3) sind Konstanten (Werte für m und n nach WARREN ET AL. 2005). In diesem Ansatz ist die Hanglänge λ durch die spezifische Einzugsgebietsgröße A_s ersetzt, wodurch sich die Autoren, in Landschaften mit komplexer Topographie verbesserte Ergebnisse versprechen. Als Begründung geben die Autoren an, dass bei der Berechnung der spezifischen Einzugsgebietsgröße aus digitalen Höhenmodellen auch konvergenter und divergenter Abfluss berücksichtigt wird (MOORE ET AL. 1993). In der vorliegenden Untersuchung wurde deshalb dieser Ansatz zur Bestimmung des LS Faktors auf den Flächen eingesetzt, für die ein DHM existiert. Dies sind alle Testflächen an der Lokalität „Sperre".

Für die Testfläche „Kuhkar" liegt kein DHM vor, so dass der LS-Faktor dort nach der herkömmlichen Methode (Formel 4.4) berechnet werden musste. Die spezifische Einzugsgebietsgröße A_s ergibt sich aus dem Quotienten der lokalen Einzugsgebietsgröße *(flow accumulation)* und der durch den Abfluss überstrichenen Höhenlinienlänge (Abflussbreite; KIRKBY 1978). Mit dem SAGA Modul „*Flow Accumulation*" (WICHMANN 2002) wurde mit dem jeweiligen DHM die Einzugsgebietsgröße und die überstrichene Höhenlinienlänge bestimmt, die dann mit dem „*Grid Calculator*" unter SAGA miteinander verrechnet wurden. Die Hangneigung wurde mit dem Modul „*Local Morphometry*" in SAGA nach dem Verfahren von ZEVENBERGEN & THORNE (1987) berechnet.

Bedeckungs- und Bearbeitungsfaktor C und Erosionsschutzfaktor P

Der Bedeckungs- und Bearbeitungsfaktor C ist von der vorherrschenden Vegetation, der Bearbeitungsart und der damit einhergehenden Veränderung der Bodenbeschaffenheit abhängig. Der Erosionsschutzfaktor P gibt den Grad der Beeinflussung des Bodenabtrags durch Erosionsschutzmaßnahmen (z.B. höhenlinienparalleles Pflügen) an (SCHWERTMANN ET AL. 1987).
Da es sich bei den hier untersuchten Flächen um vegetationslose und nicht genutzte Flächen handelt, fließen diese Parameter nicht in die Berechnung ein (beide Faktoren erhalten den Wert 1, MOLNAR & JULIEN 1998).

4.1.4.2 Modellergebnisse

Die Modellierung des hangaquatischen Abtrags auf den Testflächen mit Hilfe der USLE wurde (bis auf die konventionelle Bestimmung des LS Faktors auf der Testfläche „Kuhkar") vollständig in SAGA umgesetzt. Basierend auf den Höhenmodellen der Flächen (vgl. Kap. 4.1), wurde für jede Rasterzelle (5x5 cm) die mittlere jährliche Erosion berechnet. Die einzelnen Faktoren wurden mit dem „*Grid Calculator*" unter SAGA miteinander multipliziert. Anschließend wurde für jede Fläche ein Mittelwert berechnet, der dann mit dem tatsächlich gemessenen Abtrag verglichen wurde. Im Folgenden wird die detaillierte Berechnung beispielhaft für eine Testfläche („Sperre C") vorgestellt, bevor die Ergebnisse von allen Testflächen zusammengefasst präsentiert werden.
Der LS-Faktor wurde für jede Rasterzelle des DHMs mit der Gleichung 4.5 berechnet. Für die Konstanten wurden die Werte n = 1,3 und m = 1,6 verwendet (WAR-

REN ET AL. 2005). Abbildung 4.30 zeigt den aus der Berechnung resultierenden Rasterdatensatz.

Abb. 4.30: Nach der Gleichung 4.5 (MOORE ET AL. 1993) berechnete LS Faktoren für die Fläche „Sperre C".

Anschließend wurde dieser Rasterdatensatz mit den ermittelten Werten (siehe Kapitel 4.1.4.1) für den K- (0,237) und den R-Faktor (148) multipliziert. Daraus resultierte ein Datensatz mit dem mittleren jährlichen Bodenabtrag (vgl. Abb. 4.31). Der mittlere Bodenabtrag weist auf der Fläche Werte zwischen 71 und 662 t*ha^{-1}*a^{-1} auf, im arithmetischen Mittel liegt er bei etwa 266 t*ha^{-1}*a^{-1}.

Abb. 4.31: Nach der USLE (Formel 4.1) berechnete Bodenabtragswerte auf der Fläche „Sperre C".

Die Ergebnisse der restlichen Testflächen zeigen eine ähnliche räumliche Verteilung der Erosionswerte. Hohe Werte liegen in Bereichen, bei denen konzentrierter Abfluss auftritt. Die modellierten mittleren Bodenabtragswerte für die Testflächen „Sperre" liegen zwischen 266 und 285 t*ha^{-1}*a^{-1}. Eine Zusammenstellung der modellierten Abtragsraten gibt Tabelle 4.6.

Tab. 4.6: Mit der USLE modellierte Bodenabtragswerte [t*ha^{-1}*a^{-1}] für die Testflächen „Sperre" und „Kuhkar" und durch Messungen ermittelte Abtragswerte

Testfläche	Mittlerer modellierter Abtrag	Minimaler modellierter Antrag	Maximaler modellierter Abtrag	Mittlerer gemessener Abtrag
Sperre Rechts	281	16,1	1122,6	880
Sperre Mitte	285	46,6	1640,2	500
Sperre Links	266	71,2	661,7	420

Ein Vergleich der modellierten Ergebnisse mit den Ergebnissen der Abtragsmessungen ist äußerst schwierig, da die modellierten Ergebnisse den langjährigen mittleren Bodenabtrag darstellen, wohingegen die gemessenen Abtragsraten zum Teil nur durch eine einjährige Beprobung ermittelt wurden. Problematisch ist auch, dass bei den terrestrischen Laserscanningmessungen offenbar kein abgeschlossener Hangentwicklungszyklus erfasst wurde (vgl. Abb. 4.22). Bei der Erfassung eines kompletten Hangentwicklungszyklus (inklusive der Ausräumung der Rinnen) sollten daher die Abtragsdaten noch einmal deutlich ansteigen.

Betrachtet man die räumliche Verteilung der Erosion, dann wird die Hangentwicklung durch das Modell gut abgebildet (höchster Abtrag in den Rinnen). Allerdings werden durch das Modell die mittleren jährlichen Abtragsraten deutlich unterschätzt. Dies gilt noch vielmehr, wenn man bedenkt, dass es sich bei den gemessenen Daten nur um Mindestwerte handelt. Dies erstaunt jedoch nicht, da die USLE auf Messungen bei deutlich geringeren Hangneigungen und anderen klimatischen Bedingungen basiert. Zwar haben SCHWERTMANN ET AL (1987) die in den USA entwickelte USLE mit der ABAG an die mitteleuropäischen Verhältnisse angepasst und dabei beispielsweise auch den Raum Garmisch-Partenkirchen mit abgedeckt. Allerdings wurden auch hier hochalpine Bereiche nicht berücksichtigt. Problematisch dürfte in erster Linie die Feststellung von WETZEL (1992) sein, die durch die vorliegende Untersuchung bestätigt wurde: am Abtrag der hier vorgestellten Flächen sind auch andere Prozesse beteiligt. Der Abtrag durch Frostprozesse oder gravitatives Stürzen des Materials aufgrund der starken Hangneigung bleibt unberücksichtigt. Wie die Messungen in dieser Arbeit vermuten lassen und auch die Ergebnisse von WETZEL (1992) zeigen, spielt dieser Prozess aber auf Hängen im Hochgebirge eine große Rolle.

Insgesamt wird der Bodenabtrag auf den Testflächen durch die USLE nur unbefriedigend abgebildet, so dass eine Verwendung des Modells ohne entsprechende Modifikationen im Hochgebirge als nicht sinnvoll erachtet werden muss. Vorstellbar wäre beispielsweise, dass durch gezielte Messungen auf hochalpinen Testflächen neue Beziehungen für größere Hangneigungen erstellt werden oder dass ein zusätzlicher Faktor für die Berücksichtigung von nivalen Prozessen oder Frostprozessen eingearbeitet wird, etwa in Abhängigkeit von der Höhenlage.

4.2 Erfassung der fluvialen Erosion - Messungen des Sedimentaustrags aus Hangeinzugsgebieten

Im Folgenden werden die Messungen zur fluvialen Erosion in Hangeinzugsgebieten vorgestellt. Nach einer kurzen Einführung in die **Methodik** wird im Auswertungsteil des Kapitels versucht, diejenigen Faktoren zu bestimmen, die Auswirkungen auf die fluviale Erosion haben. Hierbei werden durch statistische Analysen zuerst die Auswirkungen der **hygrischen Bedingungen** und anschließend die Auswirkungen der **naturräumlichen Gegebenheiten** auf die fluviale Erosion ermittelt.

4.2.1 Methodik

4.2.1.1 Sedimentfallen

Um die fluviale Erosion in Hangeinzugsgebieten in den Tiefenlinien zu erfassen, wurden in Hanggerinnen Sedimentfallen installiert (vgl. Abb. 4.32). Hierfür wurden Plastikwannen (BECHT 1995, REY 2003, RIEGER 1999, YOUNG 1960) mit einem Fassungsvermögen von 65-95 Liter in die Gerinne eingesetzt.

Der Einlauf der Sedimentfallen wurde mit Teichfolie stabilisiert (BECHT 1995). Damit konnte sichergestellt werden, dass der vollständige Abfluss des Gerinnes und damit auch das mitgeführte Geschiebe den Weg durch die Fallen nehmen musste. Der Bach verliert in der Sedimentfalle im Idealfall all sein transportiertes Material. Da allerdings nicht sichergestellt werden kann, dass auch das in Suspension mitgeführte Material vollständig in den Sedimentfalle akkumuliert wird, beziehen sich die Messungen in erster Linie auf den Geschiebeaustrag. Im Bezug auf eine fluviale Gesamtbilanz der Hanggerinne stellen die so ermittelten Werte also Minima da.

Die Standorte der Sedimentfallen wurden zu Beginn der Untersuchungen im Jahr 2000 nach folgenden Kriterien ausgewählt:

- Es durfte kein zu großer Abfluss zu erwarten sein, da andernfalls die Sedimentfallen überlastet gewesen und das transportierte Material nicht vollständig akkumuliert worden wäre
- Durch die Standorte der Sedimentfalle sollten möglichst viele Geofaktorenkombinationen in den jeweiligen Einzugsgebieten abgedeckt werden

Die Anzahl der Sedimentfallen in den Untersuchungsgebieten wurde so gewählt, dass die Leerung für jedes Tal jeweils an einem Geländetag möglich war. Insgesamt wurden in beiden Untersuchungsgebieten 32 Messstellen betrieben, davon 21 im Lahnenwiesgraben und 11 im Reintal. Die Diskrepanz in der Anzahl der Standorte zwischen den beiden Tälern ergibt sich zum einen in der schlechteren Erreichbarkeit des Reintals (der Lahnenwiesgraben ist zum Großteil mit dem Auto befahrbar). Zum anderen waren im Reintal aufgrund der besonderen naturräumlichen Ausstattung (beispielsweise hydrologische Bedingungen) (vgl. Kap. 3) weniger Testflächen nötig. In den Tabellen im Anhang sind die Gebietsparameter der einzelnen Testflächen aufgeführt, die Abbildungen 4.35 und 4.36 zeigen die Lage der Testflächen in den beiden Einzugsgebieten.

Die Beprobung (Leerung) der Sedimentfallen erfolgte wöchentlich bis zweiwöchentlich, wobei die Gebiete im Winter nicht besucht wurden. Der Abtrag im Winter konnte also nur als Summenwert bestimmt werden. Je nach Lage der Sedimentfalle umfasste dieser einen Zeitraum etwa zwischen Dezember bis April oder Mai (im Mittel über die Jahre und für alle Testflächen etwa 5,5 (Lahnenwiesgraben) und 6 (Reintal) Monate).

Das aufgefangene Material wurde aus den Sedimentfallen geschöpft und in Probenflaschen abgefüllt. Der Inhalt der Flaschen wurde dann im Labor analysiert. Im Labor wurde das Trockengewicht der Proben nach mehrstündigem Trocknen bei 105°C ermittelt. Der Gehalt organischer Substanz der Proben wurde anschließend durch Verglühen („*loss on ignition*") bei 450° C bestimmt. Bei zu großen Sedimentmengen in den Sedimentfallen wurde ein Aliquot (Teilprobe) für die Korngrößenanalyse abgefüllt und das Gewicht des übrigen Materials im Gelände bestimmt. Hierzu wurde das Material in einen Stoffbeutel (wasserdurchlässig) gefüllt und dann mit einer Handwaage abgewogen.

Quantifizierung

Abb. 4.32: Aufnahme einer Sedimentfalle („Sperre 2", „SP2"; Foto: Haas).

Bei einem Probengewicht von mehr als 10 g wurde zudem eine granulometrische Untersuchung durchgeführt, wobei das Korngrößenspektrum von Feinsand bis Kies bestimmt wurde. Die Korngrößendifferenzierung erfolgte dabei durch nasses Sieben (LESER 1977). Da die Proben durch den Trocknungsvorgang stark aggregiert waren, wurden sie im Vorlauf der Siebung mit Natriumpyrophosphat ($Na_4P_2O_7*10H_2O$) dispergiert (SCHLICHTING ET AL. 1995). Von einer weiteren Differenzierung der Korngrößen unterhalb der Fraktion Feinsand wurde abgesehen, da durch das Verglühen davon auszugehen ist, dass die Tonminerale aggregiert vorliegen und sich damit nicht von der Fraktion Schluff trennen lassen. Daher gingen die Fraktionen Schluff und Ton als Summenwert in die weiteren Analysen ein. Für die Proben einzelner Testflächen wurde zusätzlich eine Analyse der Zurundung des Materials der Fraktion Grobkies durchgeführt, um Erkenntnisse über die Transportweiten des Materials zu erlangen.

Um das große Probenaufkommen (2600 Einzelproben) verwalten zu können, wurden die Ergebnisse der Messungen in eine Access-Datenbank überführt.

Zur Bestimmung des Sedimentaustrags aus Kleineinzugsgebieten haben sich die in den Untersuchungsgebieten verwendeten Plastikwannen gut bewährt. Dies gilt allerdings nur bis zu einer gewissen Ereignisstärke. Nach starken Gewitterereignissen oder nach stärkeren Landregenereignissen waren die Sedimentfallen teilweise überlastet (vgl. Abb. 4.33). Vor allem an Standorten mit hohen Austragswerten waren dann die verwendeten Sedimentfallen schon vor der wöchentlichen Leerung mit Material gefüllt, was zu einer Unterschätzung des Austrages in einzelnen Wochen führt. Bei einem Teil der Testflächen entspricht der Austrag daher nur einem Minimalwert. Für den Lahnenwiesgraben trifft dies vor allem auf die Testflächen „Herrentischgraben Neu" („HGN") und „Roter Graben" („RG") zu, die in größeren Gerinnen installiert waren. Diese bleiben in den statistischen Auswertungen unberücksichtigt. Im Reintal waren von der häufigen Überlastung vor allem die Sedimentfallen „Rauschboden" („RB"), „Sieben Sprünge" („SP") und „Ochsensitz" („OS") betroffen. Auch diese werden daher bei den statistischen Analysen nicht berücksichtigt.

Aber auch die Zerstörung von Sedimentfallen durch extreme Geschiebetransporte/Murgänge war in den sechs Messjahren wiederholt zu verzeichnen (HAAS ET AL. 2004). Da bei solchen Extremereignissen Material hauptsächlich durch Murgänge und damit durch einen anderen Prozess erodiert wurde, flossen diese Messungen nicht in die im folgenden vorgestellte fluvialen Austragsraten der Einzugsgebiete ein. Gleichwohl wurden für diese Ereignisse, wenn möglich, Austragsraten bestimmt. In einigen Fällen konnte dies durch Vermessung erfolgen (vgl. Abb. 4.34).

Abb. 4.33: Durch Gewitterereignis überlastete Sedimentfalle an der Testfläche Rauschboden RB im Reintal (Foto: F. Haas).

Abbildung 4.34 zeigt als Beispiel den Kegel eines kleinen Murgangs, der sich während eines Starkregenereignisses am 21.Juni 2002 bildete und bei dem die Sedimentfalle der Testfläche Herrentischgraben (HG) zerstört (ausgespült) wurde (HAAS ET AL. 2004). Das Volumen des auf dem Forstweg entstandenen Murkegels konnte verhältnismäßig genau bestimmt werden. Hierfür wurden mit einem Maßband die Länge und die Breite des Kegels an mehreren Stellen bestimmt. Die Mächtigkeit des Kegels konnte ebenfalls an mehreren Stellen durch die genaue Kenntnis des Verlaufs des Forstweges abgeschätzt werden. Durch eine geometrische Berechnung konnte daraufhin das Volumen des Kegels ermittelt werden. Aus der Dichte des Murschuttmaterials (Bestimmung anhand einer Teilprobe) und des berechneten Volumens wurde dann der Abtrag in Tonnen bestimmt.

Abb. 4.34: Austrag aus der Testfläche „Herrentischgraben" („HG") nach einem sommerlichen Starkregenereignis im Lahnenwiesgraben im Juni 2002 (Foto: V. Wichmann).

4.2.1.2 Abgrenzung der hydrologischen Einzugsgebiete der Sedimentfallen

In den meisten Arbeiten zur fluvialen Erosion in alpinen Einzugsgebieten (vgl. BECHT 1995, WETZEL 1992) erfolgt die Bestimmung der fluvialen Erosion in Hanggerinnen wie in vorliegender Untersuchung, durch Messung des Austrags. Um Abtragsraten zu bestimmen (z.B. $t*ha^{-1}*a^{-1}$) müssen die gemessenen Austräge auf die liefernde Fläche bezogen werden. Hierfür wird in den zitierten Arbeiten das hydrologische Einzugsgebiet einer Sedimentfalle verwendet. Dies erscheint aus der Geländeerfahrung allerdings nur für extrem lange Zeitspannen zutreffende Ergebnisse zu liefern, da nur dann davon auszugehen ist, dass das ausgetragene Material aus dem gesamten Einzugsgebiet bezogen werden kann. Für den durch diese Arbeit erfassten Zeitraum von sechs Jahren kann dies für die meisten Einzugsgebiete dagegen ausgeschlossen werden. Vielmehr wird das in den Sedimentfallen abgelagerte Material zumeist nur durch einen Teil des Einzugsgebietes bereitgestellt, wobei in Einzelfällen sedimentlieferndes und hydrologisches Einzugsgebiet deckungsgleich sein können. In den meisten Fällen jedoch ist das hydrologische Einzugsgebiet viel größer als das sedimentliefernde.

Für die Beurteilung der gemessenen Austragswerte ist die Kenntnis über die Größe des hydrologischen Einzugsgebietes trotzdem sehr wichtig, da dieses für die Bestimmung von Wasserhaushaltsgrößen (Gebietsniederschlag, Interzeption, Infiltration, Abfluss) benötigt wird, die die Menge des für die fluviale Erosion zur Verfügung stehenden Wassers kennzeichnen.

Die hydrologischen Einzugsgebiete wurden aus dem von WICHMANN (2006) erstellten DHM (Rasterweite 5 x 5 m) abgeleitet. Dabei wurde ausgehend von der Sedimentfalle als unterstem Punkt der jeweiligen Testfläche mit der Software ArcView der Firma Esri und der Extension „*Spatial Analyst*" das hydrologische Einzugsgebiet bestimmt. Die so abgeleiteten hydrologischen Einzugsgebiete der Testflächen in beiden Tälern sind in den Abbildungen 4.35 und 4.36 dargestellt, ihre naturräumliche Ausstattung kann den Tabellen im Anhang 1 und 2 entnommen werden.

Quantifizierung

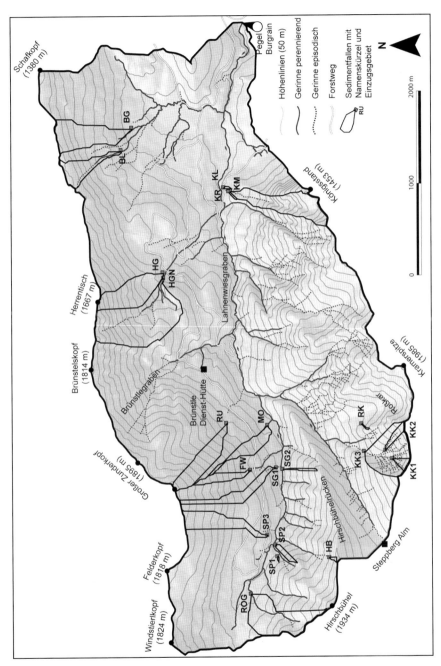

Abb. 4.35: Lage und Bezeichnung der Einzugsgebiete der Sedimentfallen (hydrologische Einzugsgebiete) im Lahnenwiesgraben.

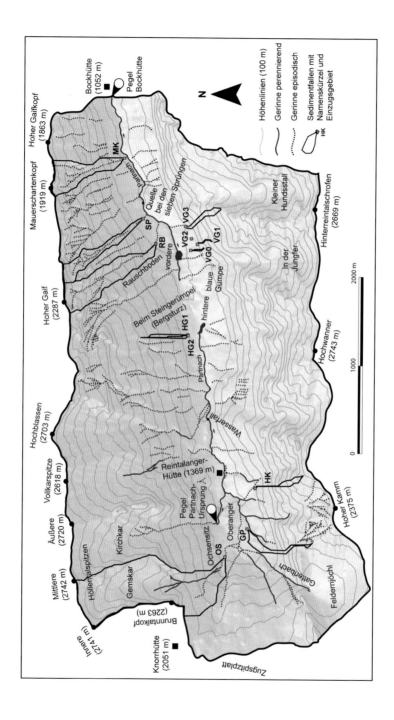

Abb. 4.36: Lage und Bezeichnung der Einzugsgebiete der Sedimentfallen (hydrologische Einzugsgebiete) im Reintal.

4.2.1.3 Abgrenzung der sedimentliefernden Einzugsgebietsteile

Wie oben beschrieben, ist es nach den Erfahrungen im Gelände nicht sinnvoll, das hydrologische Einzugsgebiet mit dem sedimentliefernden Einzugsgebiet gleichzusetzen, da es in den seltensten Fällen in seiner Gesamtheit als Sedimentquelle für die Sedimentfalle fungiert. Bei der Ableitung des hydrologischen Einzugsgebiets einer Sedimentfalle aus einem DHM oder durch tachymetrische Vermessung wird die naturräumliche Ausstattung eines Einzugsgebietes nicht berücksichtigt. Zudem liegen auch solche Flächen innerhalb der hydrologischen Einzugsgebiete, die keinen direkten Anschluss an ein Gerinne haben und/oder aufgrund ihrer Topographie (beispielsweise Verflachungen) nicht sedimentliefernd sein können. Neben der Bestimmung des hydrologischen Einzugsgebiets war es daher nötig, die sedimentliefernden Teile des Einzugsgebiets zu bestimmen.

Zu diesem Zweck wurde auf den regelbasierten Ansatz zur Bestimmung einer geschieberelevanten Fläche von HEINIMANN ET AL. (1998) zurückgegriffen, mit dem das Geschiebepotenzial im Hinblick auf die Bestimmung der Murdisposition eines Gerinnes ermittelt werden kann. Der Ansatz basiert auf der Grundüberlegung, dass nur entsprechend zum Gerinne einfallende Teile des hydrologischen Einzugsgebiets Sediment beitragen (HEINIMANN ET AL. 1998). Je größer also die geschieberelevante Fläche (im folgenden als sedimentliefernde Fläche bezeichnet) an einem bestimmten Punkt im Gerinne ist, desto höher ist auch die potenzielle Materialverfügbarkeit. Da neben der Materialverfügbarkeit auch das Abflusspotenzial ein wichtiger Baustein für die Entstehung von Muren ist, wird dieses zusätzlich aus der hydrologischen Einzugsgebietsfläche abgeschätzt. Zusammen mit der Neigung der Gerinnesohle können so potenzielle Muranrisspunkte in Gerinnen detektiert werden. WICHMANN (2006) entwickelte diesen Ansatz für die Modellierung der Disposition von Talmuren im Lahnenwiesgraben weiter. Bei diesem Ansatz, der an das hydrologische Konzept der beitragenden Fläche erinnert (WICHMANN 2006), wird ausgehend vom Gerinnenetz die jedem Gerinnepixel zugehörige geschieberelevante Fläche bestimmt.

Die Fläche berechnet sich aus einer Reliefanalyse, die unter Verwendung von Grenzwerten (Hangneigung und Distanz zum Gerinne) Flächen als geschieberelevant ausweist (WICHMANN 2006). Durch die Veränderung der Grenzwerte kann diese Fläche vergrößert oder verkleinert werden.

Das Konzept beruht auf der Überlegung, dass auf flacheren Hangabschnitten Material abgelagert oder zwischengespeichert wird und auf diese Weise das Gerinne nicht erreicht. In steilerem Relief stammt das zur Verfügung stehende Material dagegen sowohl aus dem Gerinne selbst, als auch von den umliegenden Hängen und wird etwa durch hangaquatischen Abtrag bereitgestellt. Die Überlegungen decken sich gut mit der Geländeerfahrung und ermöglichen es, sedimentliefernde Bereiche innerhalb der hydrologischen Einzugsgebiete unter Verwendung eines DHMs auszuweisen.

Da sich die Geschieberelevanz einer Fläche nicht nur über die Topographie (z.B. Hangneigung) bestimmen lässt, sondern auch die naturräumliche Ausstattung dieser Fläche (z.B. Vegetationsbedeckung, Substratbeschaffenheit etc.) eine Rolle spielt, bietet der Ansatz zudem die Möglichkeit, die der Fläche zugehörigen Rasterzellen nach ihrer Bedeutung für die Sedimentlieferung zu gewichten. Auf diese Weise können Flächen mit hoher Bedeutung (z.B. vegetationsfreie Schuttflächen) von solchen mit geringer Bedeutung (z.B. Wiesenstandorte) unterschiedlich gewichtet werden. Die Gewichtung erfolgt bei WICHMANN (2006) auf drei verschiedene Arten: über den auf der jeweiligen Rasterzelle wirksamen Prozess, die Vegetationsbedeckung und die Hangneigung (Felsflächen). Auf diese Weise kann die sedimentliefernde Fläche noch differenzierter betrachtet werden.

Um diese zu bestimmen, bedarf es zuvor einiger Berechnungen. In einem ersten Schritt muss das Gerinnenetz abgeleitet werden, von dem ausgehend dann die sedimentliefernde Fläche bestimmt werden kann (SAGA Modul „*Channel Network*", CONRAD 2001). Als Eingangsdatensatz für die Berechnung des Gerinnenetzes benötigt das Modul die Punkte, an denen die einzelnen Gerinne ihren Ausgang nehmen. Diese Punkte werden von DIETRICH & DUNNE (1993) als „*channel heads*" bezeichnet und folgendermaßen definiert:

„A stream channel head is the upstream boundary of concentrated water flow and sediment transport between definable banks" (Dietrich & Dunne 1993; S. 178)

Diese Startpunkte leitet WICHMANN (2006) aus dem DHM über die lokale Einzugsgebietsgröße ab, die als Hinweis auf die Wasserverfügbarkeit auf jeder Zelle dient. Diese Fläche kann mit dem SAGA Modul „*Flow Accumulation*" (WICHMANN 2002) bestimmt werden. Dabei wird bis zu einem Grenzwert (bei WICHMANN 2006 10 000 m²) der „*multiple flow direction*" Algorithmus von FREEMAN (1991) und ab diesem Grenzwert der *single flow direction* Algorithmus von O'CALLAGHAN & MARK (1984) eingesetzt (WICHMANN 2006).

Bei der Ableitung des Gerinnenetzes nach dem beschriebenen Vorgehen wurden im Lahnenwiesgraben kleine, für diese Arbeit aber relevante Gerinne (da dort Sedimentfallen installiert waren), nicht mit abgebildet. Das betraf vor allem die Rinnen im Bereich des Kramermassivs. Der Versuch, den Grenzwert zu verringern, brachte keinen Erfolg, da dann in den südexponierten Testflächen des Lahnenwiesgraben viel zu dichte und damit unrealistische Gerinnenetze entstanden wären. Auch die zusätzliche Verwendung der bei WICHMANN (2006) eingesetzten Horizontalwölbung als Kriterium für ein Gerinne brachte keinen Erfolg.

Daher wurde versucht, die Gerinnestartpunkte (*channel heads*) mit dem bei WICHMANN (2006) vorgestellten Ansatz des CIT-Index nach MONTGOMERY & DIETRICH (1989) und MONTGOMERY & FOUFOULA-GEORGIOU (1993) zu detektieren, der sowohl Einzugsgebietsgröße, als auch Hangneigung berücksichtigt.
Der CIT-Index lässt sich durch Verwendung eines Geländemodells nach der Formel

$$CIT = A_s(\tan\beta)^2 \quad (4.6)$$

mit A_s = spezifische Einzugsgebietsgröße [$m^2 m^{-1}$]
β = Hangneigung

berechnen.

Die spezifische Einzugsgebietsgröße A_s ergibt sich aus dem Quotienten der lokalen Einzugsgebietsgröße (*flow accumulation*) und der durch den Abfluss überstrichenen Höhenlinienlänge (Abflussbreite, KIRKBY 1978). Für die zur Berechnung des CIT-Index benötigten Parameter stand das SAGA Modul „*Flow Accumulation*" (WICHMANN 2002) zur Verfügung. Dabei wird über das DHM als Eingangsdatensatz die *flow accumulation* (nach dem oben beschriebenen Verfahren und mit einem Grenzwert von 3750 m²) und die Abflussbreite (nach dem Verfahren von QUINN ET AL. 1991) berechnet. Die Hangneigung wurde mit dem SAGA Modul „*Local Morphometry*" nach dem Verfahren von ZEVENBERGEN & THORNE (1987) abgeleitet. Die Datensätze werden dann nach der Formel (4.1) mit dem „Grid *Calculator*" unter SAGA verrechnet. Der daraus resultierende Datensatz diente dann als Eingangsdatensatz (Grenzwert für *channel heads*) für die Ableitung des Gerinnenetzes mit dem schon angesprochenen SAGA-Modul *Channel Network* (CONRAD 2001). Das Modul verwendet zudem das DHM.

In den ersten Berechnungen wurde als Grenzwert für den Startpunkt eines Gerinnes der von MONTGOMERY & FOUFOULA-GEORGIOU (1993) vorgeschlagene Wert von 2000 m² * m⁻¹ verwendet. Dieser Grenzwert genügte allerdings bei weitem nicht, um auch die kleineren Gerinne im Lahnenwiesgraben abzuleiten. Nach mehreren Testläufen wurde ein Grenzwert von 100 m²*m⁻¹ für die Gerinneentstehung im Lahnenwiesgraben bestimmt. Bei diesem Grenzwert werden auch alle kleineren mit Sedimentfallen bestückten Gerinne realistisch abgebildet. Auch in den südexponierten Einzugsgebieten konnten so deutlich realistischere Gerinnenetze abgeleitet werden, als dies bei der bloßen Verwendung der *flow accumulation* der Fall war. Insgesamt wurde die Gerinnedichte aber dennoch vor allem im nördlichen bewaldeten Bereich des Lahnenwiesgraben überschätzt. Dies ist vermutlich Folge der etwas schlechteren Genauigkeit des Höhenmodells unter Wald. Diese Problematik könnte durch die Verwendung von anderen Grenzwerten (zum Beispiel für die Gerinnestartpunkte) in unterschiedlichen Teilen des Einzugsgebietes gelöst werden. Hierauf wurde aber aus Gründen der Übertragbarkeit der Methodik verzichtet.

Für vier Sedimentfallen („FW", „SP3", „MO", „BG") musste das abgeleitete hydrologische Einzugsgebiet korrigiert werden. Diese Testflächen erhalten ihr Wasser aus Quellen, die nicht weit oberhalb der Sedimentfallen entspringen. Zwar sind oberhalb dieser Quellbereiche Gerinne im Gelände vorhanden, aber diese haben rezent keinen Anschluss mehr an die Sedimentfallen. Deshalb wurden diese Gerinne manuell aus dem Datensatz entfernt.

Bei dem Versuch der Übertragung der Methodik auf das Reintal zeigte sich, dass dies nicht ohne weiteres möglich ist (vgl. auch BISCHETTI ET AL. 1998). So war der Einsatz des CIT-Index im Reintal nicht erfolgreich. Hier wurden die besten Ergebnisse erzielt, wenn das Gerinnenetz nur über den Parameter Einzugsgebietsfläche (*flow accumulation*) abgeleitet wurde. Mit dem bei WICHMANN (2006) vorgestellten Grenzwert von 10 000 m² wurden allerdings die kleinen Hanggerinne auf den Halden nicht abgebildet. Um ein stimmiges Gewässernetz zu erhalten wurde der Grenzwert deshalb auf eine Einzugsgebietsgröße von mindestens 4000 m² gesetzt. Das Ergebnis musste auch nicht mehr nach dem Vorschlag von WICHMANN (2006) über einen Grenzwert der Horizontalwölbung korrigiert werden. Der Autor schlägt diese Korrektur vor, um in verkarsteten Gebieten aus dem DHM abgeleitete Gerinne

1. Ordnung mit keinem oder geringem Oberflächenabfluss zu eliminieren. Zwar ist das Reintal stark verkarstet, allerdings würden durch diesen Schritt die Gerinne auf den Felsflächen im nördlichen Bereich des Untersuchungsgebietes, die aufgrund der Festgesteinsstrecken kaum eingeschnitten sind, verloren gehen. Da diese aber bei Niederschlägen wasserführend sind, wurde von einer derartigen Korrektur des Gerinnenetzes abgesehen.

Die auf diese Weise abgeleiteten Gerinnenetze konnten in einem weiteren Schritt als Eingangsdatensatz zur Berechnung der sedimentliefernden Flächen verwendet werden. Um diese Flächen zu berechnen, wurde das SAGA Modul „*DF Dispo Channel*" (WICHMANN 2006) eingesetzt, das für die Dispositionsmodellierung von Talmuren entwickelt wurde und in das die Ermittlung der sedimentliefernden Fläche implementiert ist. Das Modul verlangt folgende Eingaben:

- *DHM*
- *Gerinnenetz* (s.o.)
- *Hangneigung* (s.o.)
- *Channel Gradient TF* (dieser Wert gibt das empirisch abgeleitete Grenzgefälle für die Auslösung von Muren an, nach ZIMMERMANN ET AL. 1997; da es für die Berechnung der geschieberelevanten Fläche für die vorliegende Fragestellung nicht von Bedeutung ist, wird darauf nicht näher eingegangen. Eine detaillierte Beschreibung hierzu gibt WICHMANN 2006).

Das Modul bestimmt die sedimentliefernde Fläche, indem ein Algorithmus ausgehend von den Gerinnepixeln die hangaufwärts liegenden Rasterzellen dieser Fläche anfügt, solange eine bestimmte Hangneigung (hier: 20°) und Distanz zum Gerinne (hier: 250 m) nicht unterschritten wird (HEINIMANN ET AL. 1998, WICHMANN 2006).

Das Modul bietet neben der Berechnung der sedimentliefernden Fläche und deren Gewichtung die Möglichkeit, die Flächenwerte entlang der Gerinne nach dem *single flow direction* Verfahren D8 zu akkumulieren. Der Grad des Materialtransports kann dabei beeinflusst werden (nach WICHMANN 2007):

- *accumulate downstream*: dabei werden alle Werte bis zum Gebietsauslass akkumuliert

- *accumulate downstream with slope threshold*: hierbei werden die Werte nur solange akkumuliert, bis ein Grenzgefälle erreicht wird. Dieses Gefälle setzte WICHMANN (2006) bei 3,5°, da davon auszugehen ist, dass unter dieser Hangneigung das Grobmaterial nicht mehr weitertransportiert wird. In dem von BENDA & CUNDY (1990) verwendeten Murmodell stoppen Muren, sobald sie diesen Grenzwert unterschreiten. FRYIRS ET AL. (2007) geben dagegen einen Grenzwert von 2° an, ab dem ein Teileinzugsgebiet vom restlichen System abgekoppelt ist. Dieser Grenzwert bietet die Möglichkeit, Flächen innerhalb eines hydrologischen Einzugsgebietes zu detektieren, die als Sedimentsenke fungieren. In der Folge erhält eine Sedimentfalle nur das Material, das unterhalb dieser „Senke" erneut von den Seiten eingetragen wird.
- *accumulate only contributing stream segments:* das Material wird nur entlang miteinander verbundener Gerinneabschnitte weitergegeben.
- *no accumulation:* es erfolgt keine Akkumulation, das bedeutet jedes Pixel behält den darauf bestimmten Wert.

In der vorliegenden Arbeit wurde der Grenzwert für den Weitertransport des Materials aus der Arbeit von WICHMANN (2006) verwendet (3,5°), da dieser im Lahnenwiesgraben bereits gute Ergebnisse geliefert hat. Fällt die Gerinneneigung unter diesen Grenzwert wird Akkumulation simuliert. Dabei ergibt sich ein Datensatz mit der sedimentliefernden Fläche für jede Testfläche. Durch die Verwendung des Grenzwertes werden Teilbereiche des Einzugsgebietes durch dazwischen liegende, flachere Akkumulationsbereiche vom System abgekoppelt und müssen deshalb in den später beschriebenen statistischen Analysen des Materialaustrags nicht weiter berücksichtigt werden.

Die Grenzwerte zur Berechnung der sedimentliefernden Fläche können in dem SAGA Modul frei gewählt werden. Sowohl die Grenzwerte für den Weitertransport (3,5°) und die Distanz zum Gerinne, als auch die Hangneigung der an die Gerinne angrenzenden Flächen wurden für die in Kapitel 4.2.2.6 vorgestellten statistischen Auswertungen im Rahmen einer Sensitivitätsanalyse variiert. Die unter den jeweiligen Bedingungen abgeleiteten Größen der sedimentliefernden Flächen wurden dann mit den an den Sedimentfallen gemessenen Austrägen in Beziehung gesetzt.

Letztendlich wird die Fläche noch durch die Gewichtung des Lieferpotenzials jeder Rasterzelle reduziert. WICHMANN (2006) verwendet hierfür die in Tabelle 4.7 vorgestellten Werte. Auch in dieser Arbeit wird die Fläche nach diesem Verfahren reduziert. Die Verwendung der Gewichte wird äquivalent zu den Grenzwerten zur Ableitung der sedimentliefernden Fläche ebenfalls variiert und es werden auch hierfür wiederum statistische Analysen mit den gemessenen Austragsraten durchgeführt (Kap. 4.2.2.6).

Tab. 4.7: Gewichte für die Berechnung der sedimentliefernden Fläche (nach HEINIMANN ET AL. 1998, WICHMANN 2006).

Geschiebequelle	Datengrundlage	Gewicht
Vegetationsfreie Flächen	Vegetationskartierung	1,0
Vegetationsbedeckte Flächen	Vegetationskartierung	0,2
Steilwände	Hangneigung > 40°	0,2
Rutschungen	Rutschungsmodellierung	0,5
Sturzprozesse	Sturzmodellierung	0,3

4.2.1.4 Bestimmung des Niederschlags

Wie eingangs erwähnt haben die hygrischen Bedingungen, wie etwa der Niederschlag großen Einfluss auf das fluviale Prozessgeschehen. Daher ist für die Untersuchung des fluvialen Sedimentaustrags die Kenntnis des Gebietsniederschlags äußerst wichtig, da er nicht nur den Input in das hydrologische System eines Einzugsgebiets darstellt (FELIX ET AL. 1988), sondern weil Niederschlagsmenge und -intensität auch einen großen Einfluss auf das Abtragsgeschehen haben (DIODATO & CECCARELLI 2005). Aus diesem Grund kommt seiner Erfassung auch in dieser Arbeit eine große Bedeutung zu.

BECHT & WETZEL (1994) beschreiben die Schwierigkeiten der Erfassung des Niederschlags gerade in alpinen Einzugsgebieten. Neben logistischen Problemen im Hochgebirge, stellen auch die extremen Witterungsbedingungen besondere Anforderungen an die verwendeten Geräte (vgl. Abb. 4.37). Von besonderer Bedeutung für brauchbare Messergebnisse ist vor allem im Hochgebirge die Beachtung der topographischen Gegebenheiten im Untersuchungsgebiet (FELIX ET AL. 1988, WILHELM 1998, PRUDHOMME 1999). Zu nennen sind hier vor allem Luv- und Lee-Effekte (DE VILLIERS 1990), aber auch die meist sehr kleinräumig auftretenden konvektiven Gewitterniederschläge, wie sie vor allem in den Sommermonaten in den bayerischen Kalkalpen häufig auftreten (WILHELM 1998).

Abb. 4.37: Durch Schneedruck zerstörter Totalisator (Foto: F. Haas).

Aufgrund des Einflusses der Topographie erfordern also gerade alpine Einzugsgebiete eine extrem hohe Stationsdichte, die durchaus einen Niederschlagsschreiber pro Quadratkilometer erforderlich machen kann (BECHT & WETZEL 1994, WILHELM 1975). Für ein Einzugsgebiet wie den Lahnenwiesgraben würde das beispielsweise den Einsatz von 16 Niederschlagsstationen bedeuten. Da der Einbau einer solch großen Zahl an Geräten aus finanziellen und logistischen Gründen nicht möglich war, musste ein Kompromiss zwischen Genauigkeit und tragbarem Aufwand gefunden werden. Im Lahnenwiesgraben wurden daher bis zu fünf und im Reintal zwei Geräte eingesetzt.

Für die Niederschlagserfassung kamen mehrere Systeme zum Einsatz (Abb. 4.38). Neben Totalisatoren waren dies Hellmann Niederschlagsschreiber mit analoger Aufzeichnung, die im Laufe der Arbeiten jedoch aufgrund ihrer Fehleranfälligkeit und der aufwendigen Auswertung der Daten durch modernere Niederschlagswippen mit digitaler Aufzeichnung ersetzt wurden. Hier wurde in Zusammenarbeit mit der Firma „mikrodesign Datalogger" ein sehr kleiner (in der Größe einer Zigarettenschachtel) und damit für das Hochgebirge sehr gut geeigneter Datalogger entwickelt. Vorteil dieses Gerätes ist, dass es aufgrund seiner Größe im Gehäuse der Wippe installiert werden kann und somit gut vor Witterungseinflüssen geschützt ist. Zusätzlich zeichnet er sich durch einen extrem geringen Energieverbrauch aus, der es ermöglicht, Daten mit einem Satz Batterien (3 x AAA) über einen Zeitraum von bis zu 4 Monaten aufzuzeichnen. Um Aussagen über den Gebietsniederschlag treffen zu können, wurden die so gewonnenen Daten – wenn möglich – räumlich interpoliert.

Abb. 4.38: In den Untersuchungsgebieten eingesetzte Niederschlagsmesser (v.l.n.r.): Hellmann Totalisator, analoger Hellmann Schreiber, Niederschlagswippe mit Datalogger (Pfeil) zur digitalen Aufzeichnung (Gehäuse zum Zeitpunkt der Aufnahme entfernt, Fotos: F. Haas).

Neben den eigenen Messungen konnte auf Messdaten von DWD-Stationen zurückgegriffen werden (vgl. Abb. 3.13). Im Bereich des Wettersteingebirges und der Ammergauer Alpen standen Daten mehrerer DWD Stationen zur Verfügung. Deren Verwendung ist allerdings nicht unproblematisch, da alle Messpunkte außerhalb der Untersuchungsgebiete liegen. Neben der räumlichen Entfernung zu den Untersuchungsgebieten sind zudem die meisten der Stationen im Talraum angesiedelt. Bedenkt man den Höhengradienten des Niederschlags (vgl. Kap. 3.4), so liefern sie für die Untersuchungsgebiete also tendenziell zu geringe Werte und müssen daher korrigiert werden.
Eine Betrachtung der Niederschlagsverteilung für den Raum zwischen Ammergebirge und Wettersteingebirge bestätigt dies. Zu Testzwecken wurden für einen Beobachtungszeitraum von knapp drei Monaten jeweils die Niederschlagsmengen der DWD Stationen und der eigenen Niederschlagsstationen summiert und anschließend räumlich interpoliert. Eine der zwei Interpolationen stützte sich auf alle Nieder-

schlagsdaten, die andere ließ die eigenen Daten außer acht. Das Ergebnis zeigt, dass zur Betrachtung der Niederschlagssituation in den Untersuchungsgebieten die Verwendung der DWD Daten nicht ausreichend ist, da sonst der Niederschlag in den Untersuchungsgebieten zum Teil deutlich unterschätzt würde (vgl. Abb. 4.39). Der große Aufwand, der zur Erfassung des Niederschlags in den Gebieten betrieben wurde, ist also gerechtfertigt. Gleichwohl sind die Daten des DWD wichtig für die Überprüfung der Plausibilität der eigenen Messungen und dienen zudem zum Auffüllen von Datenlücken (beispielsweise bei Geräteausfall).

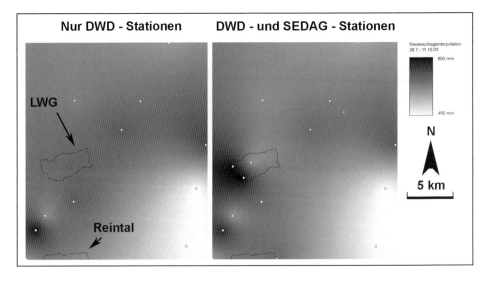

Abb. 4.39: Interpolation der Niederschlagsummen an den Stationen des DWD (links) und an den Stationen des DWD und der Niederschlagsstationen des SEDAG Projektes (rechts) für den Beispielzeitraum 26.7.-11.10.03.

Da darüber hinaus die eigenen Niederschlagsstationen aus logistischen Gründen im Winter nicht betrieben werden konnten (Lawinengefahr), mussten zur Bestimmung der Summen des Winterniederschlages die Werte des DWD verwendet werden. Diese Werte fanden zudem Eingang in die Vergleiche der Niederschlagssummen für die einzelnen Jahre (feuchtes oder trockenes Jahr) des Untersuchungszeitraums.

Die Schwierigkeit der Bestimmung eines Gebietsniederschlags zeigte sich trotz des betriebenen Aufwandes während eines Gewitterregens im Jahr 2005. Hier kam es zu einem starken Abfluss mit hohem Sedimenttransport im Gebiet des Königsstands

(Lahnenwiesgraben). Dabei wurde die Sedimentfalle „Königsstand Mitte" durch einen Murgang zerstört. Allerdings wurde an keiner der Niederschlagsstationen im Lahnenwiesgraben ein außergewöhnlich hoher Niederschlag festgestellt. Nach Befragung des Hüttenwirtes der Steppbergalm konnte die Lage der Gewitterzelle rekonstruiert werden. Diese lag über dem Kramermassiv und im Bereich Garmisch-Partenkirchen, so dass nur der südöstlichste Teil des Lahnenwiesgraben betroffen war. Die Werte des DWD an der Station Partenkirchen bestätigen dies und konnten verwendet werden, um die für den Murgang verantwortliche Niederschlagsmenge zu bestimmen.

Aufgrund der in der Literatur angegebenen und durch eigene Messungen bestätigten Einschränkungen bei der Erfassung des Gebietsniederschlags im Hochgebirge wurden für die vorliegenden Untersuchungen des Sedimentaustrags von Hängen vornehmlich die eigenen Niederschlagsmessungen verwendet. Im Lahnenwiesgraben wurde immer der den Testflächen am nächsten gelegene Niederschlagsschreiber (ab 2003) und für den Zeitraum davor (2000-2002) die Station an der Pflegerhütte herangezogen (vgl. Abb. 3.13). Im Reintal wurden die Werte der Station Bockhütte verwendet, die durch Daten eines Niederschlagstotalisators am Oberanger abgesichert wurden (vgl. Abb. 3.13). Aus logistischen Gründen konnte im Reintal kein weiterer Niederschlagsschreiber betrieben werden. Bei Datenlücken musste auf die Niederschlagsstation Zugspitze des DWD zurückgegriffen werden.

4.2.1.5 Bestimmung des Abflusses in Gerinnen

Wie bereits in Kap. 3 erwähnt, wurden in einzelnen Einzugsgebieten des Lahnenwiesgrabens Abflusspegel betrieben (vgl. Abb. 3.15), um das Abflussverhalten in den Gerinnen zu untersuchen. Diese dauerhaft durchgeführten Wasserstandsmessungen, die durch wöchentliche Abflussmessungen zur Bestimmung einer Wasserstands-/Abflussbeziehung komplettiert wurden, erwiesen sich als äußerst schwierig. Vor allem in steilen Gerinnen kam es zu sehr großen Abflüssen, die häufig zu einer Veränderung des Querprofils führten. Dies machte immer wieder die Bestimmung neuer Wasserstands-/Abflussbeziehungen nötig. Zusätzlich führten einige größere Murereignisse zur Zerstörung von Pegeln, was große Datenlücken verursachte. Um zusätzliche Daten über das Abflussverhalten der Hanggerinne zu gewinnen, wurde bei jeder Leerung der Sedimentfallen der dortige Abfluss mit Hilfe der Gefäßmethode (WILHELM 1997) bestimmt (vgl. Tab. 4.8). Auf diesem Weg konnten neben den

Pegeldaten im Laufe der sechsjährigen Beobachtungsreihe an jeder Testfläche zahlreiche Wetter- und damit Abflusssituationen annähernd zum gleichen Zeitpunkt erfasst werden. Durch diese Daten konnte das Abflussverhalten an jeder Sedimentfalle, trotz fehlender Abflusspegel verglichen werden.

Tab. 4.8: Ergebnisse der Gefäßmessungen (Schöpfkelle oder Wanne) an den Sedimentfallen im Lahnenwiesgraben.

Testfläche	Anzahl der Messungen (n)	Häufigkeit des Abflusses [%]	Mittlerer Abfluss [l/s]	Maximaler Abfluss [l/s]
BG	72	100	0,77	21,67
BL	58	47,9	0,81	18,57
FW	12	12,0	0,36	2,0
HB	0	1,9	0	0
HG	50	40,2	0,61	14,44
KK1	2	3,5	0,01	0,01
KK2	4	7,0	0,17	0,55
KK3	0	0	0	0
KL	8	7,1	0,48	1,15
KM	30	26,1	0,19	1,0
KR	31	27,2	0,19	1,25
MO	79	100	0,85	5,56
RK	0	0	0	0
RU	66	54,9	0,69	32,5
SG1	17	14,5	0,69	3,33
SG2	80	68,4	0,30	1,9
SP1	61	54,5	0,04	0,38
SP2	69	61,1	0,61	18,57
SP3	72	100	0,62	2,88

Tabelle 4.8 zeigt neben den an den Sedimentfallen ermittelten mittleren und maximal erfassten Abflüssen auch die Häufigkeit der Abflussmessungen (die Testflächen „ROG" und „HGN" sind nicht vertreten, da hier Abflusspegel betrieben wurden und deshalb keine Gefäßmessungen durchgeführt wurden).

Quantifizierung

4.2.2 Ergebnisse der Messungen zur fluvialen Erosion - Messungen des Sedimentaustrags aus Hangeinzugsgebieten

4.2.2.1 Räumliche und zeitliche Varianz der jährlichen Austragsraten im Lahnenwiesgraben und im Reintal

Die Abbildungen 4.40 und 4.41 zeigen, dass die gemessenen Feststoffspenden im Lahnenwiesgraben und im Reintal sowohl räumlich als auch zeitlich deutlichen Schwankungen unterworfen sind.

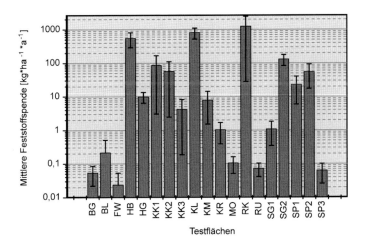

Abb. 4.40: Mittlere jährliche Feststoffspende (bezogen auf das hydrologische Einzugsgebiet) an den Sedimentfallen im Lahnenwiesgraben. Die Fehlerbalken geben den Standardfehler an (BORTZ 2005). Die Y-Achse ist für eine bessere Darstellung logarithmiert.

Während die räumlichen Schwankungen durch die unterschiedlichen naturräumlichen Ausstattungen der Testflächen zu erklären sind, sind die jährlichen Schwankungen zum Einen Folge der unterschiedlichen klimatischen Bedingungen und hier vor allem des Niederschlages. Zum Anderen können beispielsweise das unterschiedliche Verhalten von Speichern oder das Auftreten und Wirken bestimmter Prozesskombinationen den fluvialen Austrag aus den Testflächen stark beeinflussen. Ein Vergleich der jährlichen Feststoffspenden an den Sedimentfallen im Gebiet Lahnenwiesgraben im Raum Garmisch-Partenkirchen (vgl. Tab. 4.9) macht deutlich, dass die Hangeinzugsgebiete zum Teil völlig unterschiedlich auf die Niederschlagsbedingungen reagieren. Während an einem Teil der Testflächen in den einzelnen Jahren verstärkter Austrag festgestellt werden konnte, zeigt sich bei anderen ein deutlicher Rückgang. Allerdings ist auch erkennbar, dass einige Hangeinzugsgebiete nach einem ähnlichen Muster reagieren. Ein Zusammenhang zwischen dem Feuchteangebot der Untersuchungsjahre und dem jährlichen Austrag ist statistisch allerdings nicht feststellbar. Der Sedimentaustrag aus Kleineinzugsgebieten ist, wie schon vorhergehende Studien gezeigt haben (vgl. z.B. BECHT 1995, WETZEL 1992), nicht nur durch einen einzelnen Faktor zu erklären, sondern wird vielmehr durch eine Vielzahl an Parametern gesteuert. In den folgenden Kapiteln wird daher sowohl der Einfluss der meteorologischen als auch der naturräumlichen Bedingungen auf den Sedimentaustrag der hier untersuchten Einzugsgebiete eingehend analysiert. Dazu werden die Hangeinzugsgebiete hinsichtlich ihrer Lieferraten und der Zusammensetzung des ausgetragenen Materials gruppiert.

Tab. 4.9: Abweichungen des Jahresaustrags an den einzelnen Testflächen des Lahnenwiesgraben vom vierjährigen Mittelwert (+ : höherer Austrag, - : geringerer Austrag, = : ähnlich hoher Austrag) und die hygrischen Verhältnisse an der Wetterstation Garmisch- Partenkirchen (Daten des DWD).

	BG	BL	FW	HB	HG	KK1	KK2	KK3	KL	KM	KR	MO	RK	RU	SG1	SG2	SP1	SP2	SP3	NS*
2001	-	-	+	-	+	-	-	-	+	-	+	+	-	-	-	-	-	+	+	+(+)
2002	-	+	-	+	+	+	+	+	+	+	+	+	-	-	-	-	-	-	+	=(+)
2003	+	-	-	+	+	-	+	+	+	-	-	+	-	+	+	+	+	-	-	- (-)
2004	+	-	-	-	-	-	-	-	-	-	-	+	-	-	+	-	-	+	-	= (-)

NS*: Veränderung (positiv, negativ oder gleichbleibend) des Jahresniederschlag im Vergleich zum Mittel der 4 Jahre. In Klammern die Veränderung des Jahresniederschlag im Vergleich zum Niederschlag im Vorjahr

Durch statistische Auswertungen wird zuerst die Beeinflussung des wöchentlichen Austrags und seiner Materialzusammensetzung durch die hygrische Situation (Niederschlag) eingehend untersucht und anschließend wird die Relevanz der einzelnen naturräumlichen Gebietsparameter (Vegetation, Boden, Geologie, Topographie) für den jährlichen Austrag analysiert. Diese Analysen wurden - soweit wie möglich – in beiden Untersuchungsgebieten (Lahnenwiesgraben, Reintal) durchgeführt. Alle statistischen Auswerungen wurden mit der Software SPSS durchgeführt. Sowohl die für

Quantifizierung 117

jede Testfläche ermittelten mittleren jährlichen als auch die wöchentlich gemessenen Austragsraten wurden mit Hilfe des Kolmogorov - Smirnov Anpassungstests auf Normalverteilung überprüft (BORTZ 2005, BÜHL & ZÖFEL 2002). Sie erwiesen sich dabei als log - normalverteilt. Die folgenden statistischen Berechnungen wurden deshalb stets mit den logarithmierten Austrägen (in Gramm) vorgenommen.

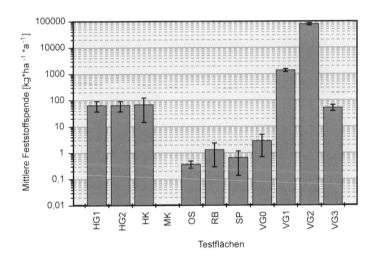

Abb. 4.41: Mittlere jährliche Feststoffspende der Testflächen im Reintal. Die Fehlerbalken geben den Standardfehler an (BORTZ 2005). Die Austräge der Testfläche MK (1 g*ha^{-1}*a^{-1}) sind so gering, dass sie in der Grafik nicht berücksichtigt werden konnten.

4.2.2.2 Klassifizierung der Testflächen nach Materialmenge und Materialsortierung des Austrags

Um die Testflächen hinsichtlich des Austrags, dessen Korngrößenzusammensetzung, des Gehalts an organischer Substanz und der sedimentliefernden Fläche zu klassifizieren, wird in einem ersten Schritt eine Clusteranalyse durchgeführt (vgl. BAHRENBERG ET AL. 2003, BORTZ 2005). Für die Analyse wird die logarithmierte mittlere Feststoffspende, der mittlere Anteil der Korngrößenklassen und der mittlere Organikgehalt herangezogen. Die Anzahl der Klassen wird mit einer hierarchischen Clusteranalyse (Methode: linkage zwischen den Gruppen, quadrierter euklidischer Abstand) mit Hilfe der Software SPSS auf vier festgesetzt. Die eigentliche Klassifikation erfolgt dann mit der Clusterzentren – Analyse (quick cluster, BÜHL & ZÖFEL 2002). Aufbauend auf die ermittelten Cluster werden dann die weiteren statistischen Untersuchungen durchgeführt.

Lahnenwiesgraben

Die Abbildung 4.42 zeigt die Streuung der Korngrößen und der Organikgehalts in den einzelnen Clustern (A) und die Summenkurven der Korngrößen der ermittelten Clusterzentren (B) für den Lahnenwiesgraben. Die statistische Klassifizierung der Daten in vier unterschiedliche Klassen deckt sich gut mit den Geländebeobachtungen.

Besonders deutlich wird dies bei der Betrachtung des **Clusters „1"**. In dieser Klasse sind die Testflächen „Hirschbühel" („HB"), „Roßkar" („RK") und „Kuhkar eins bis drei" („KK1"-„KK3") vertreten. Dieser Cluster zeichnet sich durch einen hohen Anteil an grobem Material (Kiesfraktion) aus. Alle fünf Sedimentfallen haben ihr Einzugsgebiet in rezenten Steinschlagbereichen (vgl. RÜCKAMP 2005, WICHMANN 2006), weshalb viel grobes Material eingespült wird. Das auf den Testflächen anzutreffende Moränenmaterial der ehemaligen Kargletscher erklärt den Anteil an feinem Material (Schluff und Ton). Da alle fünf Testflächen in der obersten Höhenstufe des Lahnenwiesgraben und damit in der Nähe der Wasserscheiden liegen, ist die Transportweite des Materials sehr gering. Die stichprobenartig von diesem Material bestimmten Zurundungen ergeben ein einheitliches Bild von ausschließlich kantigem Grobmaterial (Untersuchte Größen: >20 mm). Der in diesem Cluster äußerst geringe Anteil an organischer Substanz erklärt sich durch die in den Karen und auch im Bereich der Testfläche „Hirschbühel" („HB") fehlende oder nur sehr geringmächtige Bodenauflage. Daneben zeichnen sich diese Testflächen durch ein sehr kleines Einzugsgebiet mit sehr hohen Austragsraten aus. Letztere erklären sich aus der großen Materialverfügbarkeit, der geringen Vegetationsbedeckung und der hohen Hangneigung in diesen Bereichen des Lahnenwiesgraben.

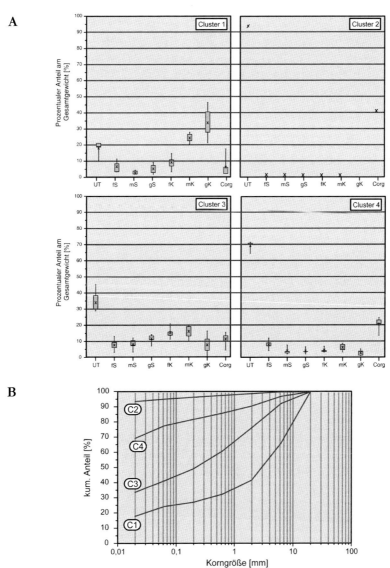

Abb. 4.42: A: Verteilung der Korngrößen und des Organikgehalts in den 4 Clustern.
B: Summenkurve der 4 Clusterzentren.

Der **Cluster 2** wird nur aus einer einzigen Testfläche („Forstweg", „FW") gebildet. Die Korngrößenzusammensetzung unterscheidet sich deutlich von den restlichen

Einzugsgebieten. Neben dem hohen Anteil an sehr feinem Material (Schluff und Ton >90%), ist der Anteil des organischen Materials sehr hoch. Die Sedimentfalle erhält ihr Wasser aus einer Quelle knapp oberhalb des Wanneneinlaufs. Die kurze Fließstrecke in Kombination mit der geringen Hangneigung erklärt die Materialzusammensetzung sehr gut. Der mittlere jährliche Austrag ist mit knapp 0,02 kg*ha^{-1}* a^{-1} sehr gering.

Der **Cluster 3** wird durch die Testflächen „BL", „HG", „KL", „KM", „MO", „SG1", „SG2", „SP2" und „SP3" gebildet und repräsentiert so den größten Teil der Testgebiete. Alles aufgefangene Material zeichnet sich durch einen verhältnismäßig großen Anteil (30-40%) an feinen Korngrößen (UT) aus. Der Anteil an grobem Material (Kiesfraktion) bewegt sich dabei ebenfalls zwischen 30 und 45%, allerdings mit einem deutlichen Schwerpunkt in den Fraktionen Feinkies und Mittelkies. Der Gehalt organischer Substanz dieser Proben liegt im Mittel bei etwa 11%. Dies überrascht nicht, da in den Einzugsgebieten der Sedimentfallen zum Teil gut ausgebildete Böden vorhanden sind. Die Testflächen des Clusters 3 fallen daneben durch ein relativ großes hydrologisches Einzugsgebiet auf (im Mittel bei etwa 27600 m²). Dies findet seinen Ausdruck in Gerinnen die häufig wasserführend oder zum Teil sogar perennierend sind. Bis auf die Testflächen „KL" und „SG1" konnte so bei mehr als der Hälfte der Probenahmen Abfluss an den Sedimentfallen beobachtet werden. Im Gegensatz dazu kam dies an den Sedimentfallen des Clusters 1 nur maximal viermal vor.

Im **Cluster 4** sind die Testflächen „BG", „KR", „RU" und „SP1" vertreten. Sie zeichnen sich durch einen hohen Anteil an der Fraktion Schluff und Ton aus und weisen nur geringe Anteile in der Fraktion Kies auf. Der Gehalt organischer Substanz ist mit über 20 % im Verhältnis zu den anderen Clustern (mit Ausnahme der Testfläche „FW" im Cluster 2) sehr hoch. Alle Testflächen dieses Clusters erhalten ihr Wasser aus Quellen (Hangwasser) und haben nur sehr kleine Gerinne. Ihr Einzugsgebiet ist vegetationsbedeckt (zum Teil Wiese) und es sind Böden ausgebildet, was den hohen Gehalt an organischer Substanz erklärt. Die Hangneigungen sind deutlich geringer, als an den anderen Testflächen. Daher ist auch die sedimentliefernde Fläche fast ausschließlich auf das Gerinne beschränkt und damit deutlich kleiner als bei den anderen Hangeinzugsgebieten. Dies äußert sich auch in den insgesamt sehr geringen Feststoffspenden dieser Testflächen (vgl. Abb. 4.40).

Quantifizierung

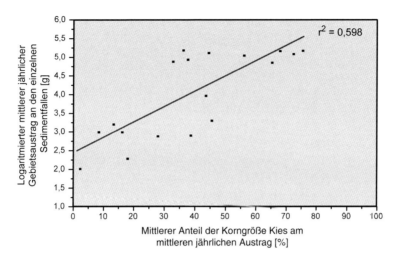

Abb. 4.43: Zusammenhang zwischen dem mittleren jährlichen Sedimentaustrag an den Testflächen im Lahnenwiesgraben und dem darin enthaltenen mittleren Anteil der Korngröße Kies.

Betrachtet man jeweils den Zusammenhang zwischen der Austragsmenge an den Sedimentfallen und dem darin enthaltenen Anteil an grobem oder sehr feinem Material, dann zeigt sich eine gute statistische Beziehung. So nimmt der Anteil an grobem Material mit steigendem Austrag zu. Die Abbildung 4.43 zeigt den statistischen Zusammenhang zwischen dem mittleren jährlichen Austrag und dem mittleren prozentualen Anteil der Korngröße Kies (>2 mm). Der Zusammenhang ist positiv, mit einem Korrelationskoeffizienten von r = 0,773 (r^2 = 0,598) bei einem Signifikanzniveau von 0,01%.

Reintal

Aufgrund der naturräumlichen Ausstattung der untersuchten Hangeinzugsgebiete im Reintal (besonders im Hinblick auf den Untergrund), stieß der Einsatz von Sedimentfallen zur Bestimmung des Austrags an Grenzen. Ein Teil der Testflächen zeigte nur sehr selten Oberflächenabfluss und damit Sedimentaustrag. Nach Starkregen kann der Abfluss aber stark anschwellen, was dann zu sehr hohem Geschiebeaustrag (zum Teil als Murgang) führt, der die Sedimentfallen überlastet und zum Teil sogar zerstört.

Dieser bereits angesprochene Umstand wurde frühzeitig erkannt und die Messstellen daher auch nur bis ins Jahr 2004 betrieben. Aus technischen und logistischen Gründen war der Einsatz größerer Sedimentfallen nicht möglich. So blieb für einen Teil der Testflächen nur die Bestimmung eines Mindestaustrags. Zu den häufig überlasteten Messstellen zählen die Sedimentfallen „RB", „SP" und „OS" (die in Abbildung 4.41 angegebenen Werte sind daher als Minimumwerte anzusehen).

Für die statistischen Analysen im Hinblick auf den Zusammenhang zwischen naturräumlicher Ausstattung und Sedimentaustrag bleiben diese Testflächen ebenfalls unberücksichtigt. Für die Bestimmung des statistischen Zusammenhangs Niederschlag - Austrag werden nur die Daten verwendet, bei denen eine Überlastung der Sedimentfallen ausgeschlossen werden kann.

Eine Trennung der einzelnen Testflächen nach Korngrößenverteilung und enthaltener organischer Substanz ist im Reintal nicht möglich, da fast alle Testflächen, von denen Korngrößenverteilungen vorliegen, zu einem Cluster gehören. Die Abbildung 4.44 mit den eingetragenen mittleren Summenkurven der Korngrößenverteilung zeigt, dass sich nur eine Testfläche von den anderen unterscheidet. Die Testfläche „VG0" zeigt ein deutliches Übergewicht bei den sehr groben Kornfraktionen (Kies). Die mittlere Summenkurve dieser Testfläche setzt sich aus drei Werten zusammen, die alle eine ähnliche Verteilung aufweisen. Bei dieser Sedimentfalle kann ein gravitativer Materialeintrag nicht ausgeschlossen werden. Die Testfläche befindet sich auf einer Schutthalde im Bereich der Vorderen Blauen Gumpe, auf der häufig Gämsen beobachtet werden konnten. Eigentlich ist eine ähnliche Korngrößenverteilung wie bei den anderen Testflächen an diesem Standort zu erwarten. Ein Grund für die Abweichung könnte so das von den Tieren losgetretene und in der Sedimentfalle akkumulierte Material sein.

Die restlichen Testflächen zeigen einen hohen Anteil an gröberem Material und insgesamt eine schlechte Sortierung. Da in den Einzugsgebieten der Sedimentfallen hauptsächlich Schutthalden und Moränenmaterial zu finden sind, ist dieser Umstand leicht zu erklären. Ein Teil des Materials mit einer Korngröße über 20 mm wurde auf seine Zurundung untersucht, wobei sich hauptsächlich die Ausprägung kantig (zum Teil kantengerundet) zeigte. Dies stimmt gut mit den relativ geringen, für die Schutthalden und Moränen zu erwartenden, Transportweiten des Materials überein.

Der Gehalt an organischer Substanz im ausgetragenen Material der einzelnen Testflächen ist mit 3,7% im Mittel sehr gering. Dies ist aufgrund der fehlenden oder nur sehr flachgründig entwickelten Böden nicht anders zu erwarten. Eine Ausnahme bilden die Testflächen „HG1" und „HG2" mit jeweils ca. 7%. In deren Einzugsgebiet findet sich in unmittelbarer Nähe zu den Sedimentfallen Krummholzbewuchs auf einer dünnen Rohbodenauflage. Dies erklärt die leicht erhöhten Anteile an organischer Substanz.

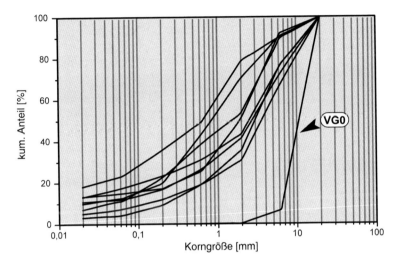

Abb. 4.44: Mittlere Korngrößenverteilung des an den Testflächen ausgetragenen Materials im Reintal.

Insgesamt weisen die Testflächen, was ihre Korngrößenzusammensetzung und auch was ihren Austrag angeht, eine hohe Ähnlichkeit mit den Testflächen des Clusters 1 im Lahnenwiesgraben auf. Die naturräumliche Ausstattung der Einzugsgebiete ähnelt sich und ist durch einen deutlich ausgeprägten hochalpinen Charakter gekennzeichnet. Die Testflächen des Reintals könnten (sowohl nach Korngröße als auch nach Organikgehalt, z.T. auch aufgrund des Austrags) daher fast gänzlich dem ersten Cluster des Lahnenwiesgraben zugeordnet werden.

Der Zusammenhang zwischen dem mittleren jährlichen Sedimentaustrag an den einzelnen Sedimentfallen und dem Anteil an der Fraktion Grobkies fällt im Reintal nicht so deutlich aus wie im Lahnenwiesgraben. Dennoch ist ein schwacher Zusammenhang bei einem r von 0,750 (r^2 = 0,563; Signifikanzniveau 0,05 %) erkennbar (vgl. Abb. 4.45).

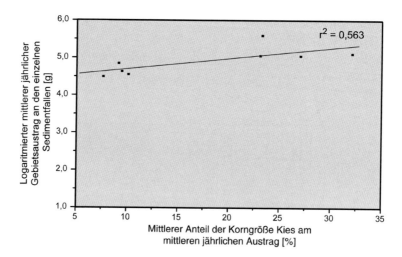

Abb. 4.45: Zusammenhang zwischen dem mittleren jährlichen Sedimentaustrag an den Testflächen im Reintal und dem darin enthaltenen mittleren Anteil der Korngröße Kies.

4.2.2.3 Zeitliche Varianz der fluvialen Erosion im Lahnenwiesgraben – Abhängigkeiten von klimatischen (hygrischen) Bedingungen

Im Folgenden sollen die Auswirkungen der klimatischen und hier vor allem der hygrischen Bedingungen untersucht werden. So wird in einem ersten Schritt der Unterschied zwischen Sommer- und Winter betrachtet, bevor in einem zweiten Schritt die Auswirkungen des Niederschlags (Niederschlagssummen und Niederschlagsintensitäten) auf die wöchentlichen Austräge und die transportierten Korngrößen analysiert werden.

4.2.2.3.1 Vergleich zwischen Austrag im Winter und im Sommer

Da an den meisten Testflächen im Winter aufgrund der teilweise andauernden Schneebedeckung nur sehr geringer bis gar kein Abfluss zu erwarten ist, ist davon auszugehen, dass die am Ende der Winterperiode (5-6 Monate, vgl. Kap. 4.2.1.1) gemessene Sedimentmenge zu einem Großteil während der Hauptschneeschmelze im Frühjahr geliefert wird. Der fluviale Austrag ist im restlichen Zeitraum der Winterperiode dagegen vernachlässigbar gering (vgl. BECHT 1995). In den tieferliegenden

Einzugsgebieten könnten zwar noch kleinere Schneeschmelzereignisse während des Winters beteiligt sein, allerdings war im Untersuchungszeitraum in allen Wintern eine mehrmonatige Schneedecke zu verzeichnen, die nur in den tiefstgelegenen Bereichen des Lahnenwiesgraben zwischenzeitlich abschmolz.

Lahnenwiesgraben

Im Mittel liegt der prozentuale Anteil des Austrags im Sommer am Gesamtaustrag für alle Testgebiete des Lahnenwiesgrabens bei 76,1 % bei einer Standardabweichung von 12,99%. Das bedeutet, dass ein Großteil des Austrags während der Periode Frühjahr bis Herbst erfolgt. Dieses Verhältnis überrascht nicht, da für den Raum Garmisch der winterliche Niederschlag mit 528 mm deutlich hinter dem sommerlichen Niederschlag mit 836 mm zurückbleibt (ENDERS 1996). Daneben ist im Winter nur geringer und damit kaum erosiv wirksamer Abfluss zu erwarten. Durch die Schneeschmelze wird das Wasser kontinuierlich und nur in geringen Mengen abgegeben, so dass ein Großteil des Wassers in den Boden infiltrieren kann. Dies führt zwar nach HERRMANN (1978) über den *baseflow* zu Abflüssen in größeren Gerinnen, mit hohen Abflüssen in den Hanggerinnen, wie sie etwa durch starke Niederschläge entstehen, ist dagegen nicht zu rechnen. Daher tritt im Winter auch kaum fluvialer Abtrag auf (BECHT & WETZEL 1989).

Abbildung 4.46 zeigt, dass das Verhältnis zwischen Sommer- und Winteraustrag an den einzelnen Testflächen sehr stark von dem Mittelwert abweichen kann. Vor allem die Testflächen „Hirschbühel" („HB") und „Kuhkar 1" („KK1") haben einen Anteil des Sommeraustrags von deutlich über 90 % des Gesamtaustrags. Dieser Umstand lässt sich darauf zurückführen, dass es sich bei beiden um sehr kleine und sehr steile Einzugsgebiete handelt, die sich extrem nahe an einer Wasserscheide befinden und deren Gerinne in sehr grobem Lockermaterial angelegt sind. Aufgrund der geringen Größe, der Nähe zur Wasserscheide und des sehr wasserduchlässigen Substrates tritt in diesen Gerinnen nur sehr selten nach hohen Niederschlagsintensitäten Oberflächenabfluss auf (vgl. Tab. 4.8). Die Frühjahrsablation liefert offenbar nicht genug Wasser, um in diesen Gerinnen größere Abflüsse entstehen zu lassen. Dies wird sicherlich noch dadurch verstärkt, dass die beiden Testflächen nordexponiert sind und daher an diesen Hängen der Schnee sehr langsam schmilzt.

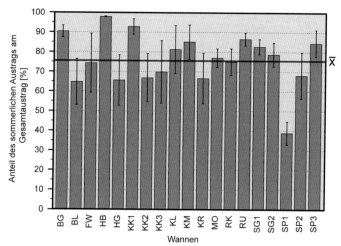

Abb. 4.46: Vergleich der sommerlichen und winterlichen Austräge (im Mittel betrug der Winterzeitraum etwa 5 Monate) an den einzelnen Testflächen des Lahnenwiesgrabens für die Jahre 2001-2004. Die Fehlerbalken geben den Standardfehler an.

Ebenfalls in der Nähe der Wasserscheiden befinden sich die Testflächen „Roßkar" („RK") und „Kuhkar 2" („KK2"), die auf den ersten Blick mit den vorher genannten vergleichbar sind. An diesen Standorten sind Winteraustäge zu verzeichnen, die über denen der Testflächen „KK1" und „HB" liegen. Ein Grund hierfür könnte in der etwas „günstigeren" Exposition liegen (vgl. Anhang 1), die sicherlich zu höheren Ablationsraten bei Sonneneinstrahlung führt. Daneben haben beide Sedimentfallen ihr Einzugsgebiet zu einem großen Teil im Fels, was die Entstehung von Oberflächenabfluss während der Schneeschmelze vermutlich begünstigt.

Neben den Testflächen mit hohem Sommeraustrag fällt vor allem der Wert an der Testflächen „Sperre 1" („SP1") auf. Dieser im Verhältnis zum Sommeraustrag sehr hohe Winteraustrag lässt sich in diesem Fall durch das Zusammenspiel von zwei unterschiedlichen Prozessen erklären.

Quantifizierung

Abb. 4.47: Aufnahme der Lawinenablagerung an der Testfläche „Sperre 1" („SP1") während einer Lawinenbeprobung im April 2005. Deutlich erkennbar ist die Materialauflage auf dem Lawinenschnee, die bei der Ablation direkt in die Sedimentfalle gelangt oder fluvial eingespült wird (Foto: F. Haas).

Das Einzugsgebiet „SP1" ist Ablagerungsgebiet für Grundlawinen im Frühjahr (vgl. Abb. 4.47). Diese Grundlawinen führen Sedimente mit sich (vgl. HECKMANN 2006). Bei der Ablation des Lawinenschnees wird das Material dann fluvial weitertransportiert und so in der Sedimentfalle gemessen. HECKMANN (2006) zeigte an einem benachbarten Standort („Sperre 2"), ebenfalls, dass Lawinenabgänge und deren Ablagerung und Erosion im Einzugsgebiet der Sedimentfallen zu erhöhtem Materialaustrag führen. In diesem Fall war die Testfläche in einem Jahr durch eine größere Lawine betroffen, die in der Folge zu erhöhten Sedimentfrachten führte.

Reintal

Der Vergleich zwischen Sommer- und Winteraustrag im Reintal zeigt ein noch deutlicheres Übergewicht des Sommeraustrags mit 85,4% (bei einer Standardabweichung von 12,9%), als dies im Lahnenwiesgraben der Fall war (vgl. Abb. 4.48). Der Grund dafür liegt vermutlich auch hier in der Untergrundbeschaffenheit (sehr viel grobes Lockermaterial) und der damit verbundenen hohen hydraulischen Leitfähigkeit des Oberflächensubstrats. Gerade die Schneeschmelze ist offenbar nicht in der Lage, Wasser in der benötigten Menge zur Verfügung zu stellen. Daneben sind die Felswände im Südteil des Einzugsgebietes sehr steil, so dass sich größere Mengen Schnee nicht ablagern können und damit im Frühjahr auch nur geringe Mengen an Schnee für die Schneeschmelze zur Verfügung stehen. Im Nordteil des Gebietes sind die Hänge zwar nicht so steil, allerdings treten hier verstärkt Lawinenabgänge auf (vgl. HECKMANN 2006), wodurch im oberen Einzugsgebiet der Sedimentfalle ebenfalls kaum Schnee für die Frühjahrsablation zur Verfügung steht.

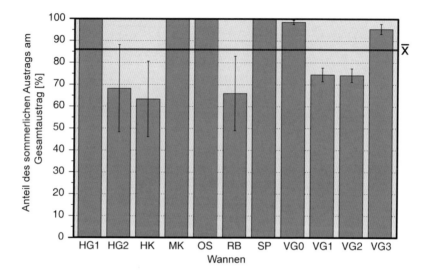

Abb. 4.48: Vergleich der sommerlichen und winterlichen Austräge (Im Mittel über die Untersuchungen betrug der Winterzeitraum etwa 6 Monate) an den einzelnen Testflächen im Reintal für die Jahre 2001-2003. Die Fehlerbalken geben den Standardfehler an.

Insgesamt lassen sich die Testflächen im Reintal deutlich in drei Gruppen einteilen. Der Anteil des Sommeraustrags am Gesamtaustrag der **Gruppe 1** (Testfläche „HG1", „MK", „OS", „SP", „VG0", „VG3") beträgt nahezu 100%. Diese Sedimentfallen liegen in größeren Gerinnen mit grobem Substrat („MK", „OS", „SP", „VG3") oder ihr Einzugsgebiet wird durch grobes Substrat dominiert und sie besitzen nur eine kleinen Fläche („HG1", „VG0"). So kann nicht genügend Oberflächenabfluss entstehen, um Material zu transportieren.

Die **Gruppe 2** („HG2", „HK" und „RB") hat mit ca. 65,8 % im Mittel ein deutlich geringeres Sommeraustragsverhältnis als Gruppe 1. Allerdings treten hier zusätzlich hohe Schwankungen mit einer Standardabweichung von 40,3 % auf. Die hohe Standardabweichung an diesen Testflächen wird durch jeweils einen Wert hervorgerufen. Bei den Messstellen „Hintere Gumpe 2" („HG2") und „Rauschboden" („RB") entsteht dieser Wert durch einen sehr geringen Sommeraustrag im Jahr 2001. In diesem Sommer traten keine hohen Niederschlagsintensitäten auf, die an diesen Testflächen zu hohem Austrag geführt hätten. Der Winteraustrag des Jahres 2000/2001 weicht dagegen nicht sonderlich von den anderen Winteraustragen ab. Die Testfläche „Hoher Kamm" („HK") hat im Winter 2002/2003 einen sehr hohen Austrag zu verzeichnen, der ca. 90 % des Gesamtaustrags im Jahr 2003 ausmacht. Für diesen hohen Wert ist, äquivalent zur Testfläche „SP1" im Lahnenwiesgraben, eine Lawine verantwortlich, die ihr Ablagerungsgebiet im Einzugsgebiet (Schuttkegel) der Sedimentfalle „HK" hatte. Zwar treten im Reintal ganz allgemein sehr häufig Grundlawinen auf, allerdings beschränkt sich die Lawinentätigkeit zumeist auf die Südexpositionen, da die Nordexpositionen zu steile Felswände für die Entstehung von Lawinen aufweisen (HECKMANN 2006). In Ausnahmefällen sind allerdings auch hier Lawinen zu verzeichnen. Aufgrund der Lawinenablagerung war hier genügend Material und genügend Schmelzwasser vorhanden, um an der Messstelle für einen hohen Sedimentaustrag zu sorgen.

Die Testflächen der **Gruppe 3** liegen beide in kleinen Anrissen im Bereich der Schutthalden der Vorderen Blauen Gumpe („VG1", „VG2"). Diese Testflächen zeichnen sich durch zum Teil sehr feines Substrat aus, so dass auch nach geringeren Niederschlägen Austrag zu verzeichnen ist. Da vor allem die Testfläche „VG2" im Bezug auf Einzugsgebietsgröße, Hangneigung, fehlende Vegetationsbedeckung und Korngrößenzusammensetzung mit den Testflächen der Denudationspegel im Lahnenwiesgraben (vgl. Kap. 4.1) vergleichbar ist, ist davon auszugehen, dass hier neben dem fluvialem Austrag durch die Schneeschmelze im Frühjahr auch Frost- und nivale Prozesse wirken, wie sie schon auf den Testflächen im Lahnenwiesgraben beschrieben wurden.

Die **Analysen des sommerlichen und winterlichen Austrags** zeigen, dass zum Teil erhebliche Unterschiede zwischen den einzelnen Testflächen existieren, die sich in erster Linie durch die Lage, Größe und die Beschaffenheit der Einzugsgebiete erklären lassen. Diese Einflussfaktoren entscheiden offenbar darüber, wie hoch die Oberflächenabflussbereitschaft der einzelnen Einzugsgebiete während der Schneeschmelze ist. Es ist davon auszugehen, dass vor allem die Exposition hierbei eine wichtige Rolle spielt, allerdings lässt sich dies aufgrund der geringen Stichprobe nicht statistisch abgesichern. Dazu unterschieden sich die Gebiete der Nord- und Südexpositionen auch in Größe und Höhenlage zu deutlich voneinander.

Daneben hat sich gezeigt, dass der fluviale Austrag durch den Prozess „Lawine" stark beeinflusst werden kann. Neben der höheren Wasserverfügbarkeit durch die Lawinenschneeablagerung (größere Menge an gespeichertem Wasser aufgrund der höheren Dichte des Lawinenschnees im Vergleich zur normalen Schneedecke) liefert eine Grundlawine auch Lockermaterial, das in der Folge weitertransportiert wird und so zu höherem Austrag in derart beeinflussten Einzugsgebieten führt. Diese hier gezeigte direkte Beeinflussung ist auch bei HECKMANN (2006) beschrieben. Andere Autoren beschreiben eine eher mittelbare Beeinflussung des Sedimentaustrags durch Lawinen (ACKROYD 1987) oder durch Schneekriechen oder -rutschen (BUNZA ET AL. 1976, SCHAUER 1999), beispielsweise durch das Zerstören der Vegetationsdecke und die dadurch resultierende Blaikenbildung. Auf solchen Blaiken kommt es in der Folge zu starkem fluvialen Abtrag (BUNZA ET AL. 1976), wodurch zum Teil sehr hohe Abtragsraten auftreten können (STOCKER 1985, KOHL ET AL. 2001).

4.2.2.3.2 Zusammenhang zwischen fluvialer Erosion und Niederschlag

Im folgenden Kapitel wird der **Einfluss des Niederschlags auf die Austragsraten** und die Beschaffenheit des ausgetragenen Materials (Korngröße, Organikgehalt) näher untersucht. Die Analysen erfolgen getrennt für die zwei Untersuchungsgebiete. Ausgehend von einer tabellarischen Übersicht über die Korrlationen zwischen Niederschlag und Austrag, werden anhand von Einzelbeispielen diese Korrelationen interpretiert. Da sich die Testflächen nach ihrer Reaktion auf Niederschlag gut in Gruppen einteilen lassen, die sich gut mit den unter Kap. 4.2.2.2 ermittelten Clustern decken (Cluster zwei wird dabei Cluster drei zugefügt), folgt die Einzelinterpretation dieser Gruppierung.

Aus den in den Tälern ermittelten Niederschlagsdaten, wurde der Wochenniederschlag (Niederschlag für ein Beprobungsintervall), das für den Beprobungsintervall höchste Stundenmaximum (Intensität) und die größte Niederschlagssumme eines Einzelereignisses im Beobachtungszeitraum (Ereignisstärke) ermittelt. Die Niederschlagswerte wurden wie schon die Austragswerte (vgl. Kap 4.2.2.1) auf Normalverteilung überprüft. Die Niederschlagswerte selbst sind normalverteilt.

Lahnenwiesgraben

Die Tabelle 4.10 zeigt die Beziehungen zwischen Austrag und Niederschlag und in Klammern das Signifikanzniveau dieser Beziehungen.

Die erste Gruppe umfasst die Testflächen, die keinen oder nur einen sehr schwachen statistischen Zusammenhang zwischen den Faktoren Niederschlagssumme, maximaler Niederschlagsintensität oder Ereignisstärke erkennen lassen und die mit dem Cluster 4 (Kap. 4.2.2.2) deckungsgleich sind. Zu dieser Gruppe gehören die Testflächen „Bachgraben" („BG"), „Königsstand Rechts" („KR"), „Rutschung" („RU") und „Sperre 1" („SP1"). Diese Testflächen sind alle durch Hangwasser (Hangquellen) gespeist. Die Geländeerfahrung hat gezeigt, dass diese Quellen zwar auf Niederschläge reagieren, dies allerdings nur schwach (keine hohen Abflussspitzen) und deutlich verzögert. Der Niederschlag wird also durch die Untergrundpassage stark gepuffert, so dass nur geringe Abflussschwankungen auftreten. Dies führt zusammen mit den für den Lahnenwiesgraben relativ geringen Hangneigungen insgesamt zu sehr niedrigen Austrägen an diesen Sedimentfallen. Zwar ist beispielsweise bei der Testfläche „RU" ein statistischer Zusammenhang zwischen Austrag und der Niederschlagssumme oder dem Niederschlagsereignis zu verzeichnen, allerdings ist dieser nur schwach ausgebildet. Insgesamt kann festgehalten werden, dass Gerinne, die durch Quellen gespeist werden, nur geringe Austräge aufweisen, und dass diese Austräge bedingt durch die Pufferung des Niederschlags nur sehr geringen Schwankungen unterworfen sind.

Die Testfläche „Kuhkar 1" zeigt ebenfalls keine statistischen Zusammenhänge mit dem Niederschlag. Diese Testfläche weicht, was die naturräumliche Ausstattung anbelangt, allerdings von den oben beschriebenen Testflächen deutlich ab und wird in der nächsten Gruppe behandelt.

Tab. 4.10: Zusammenhänge (Korrelationskoeffizient r) zwischen Niederschlag und dem Sedimentaustrag an den Testflächen im Lahnenwiesgraben. (N.-Summe steht für Niederschlagssumme im Beobachtungszeitraum (zumeist 1 Woche); N.-Intensität steht für maximale Stundenintensität im Beobachtungszeitraum; N.-Ereignis steht für größtes Niederschlagsereignis im Beobachtungszeitraum).

Testfläche	N	Korr. für N.-Summe (Signifikanzniveau)	Korr. für N.-Intensität (Signifikanzniveau)	Korr. für N.-Ereignis (Signifikanzniveau)
Cluster 1				
HB	52	*,334 (0,05)*	,502 (0,01)	,160 (n.s.)
KK1	46	,247 (n.s.)	,200 (n.s.)	,004 (n.s.)
KK2	44	,302 (n.s.)	,589 (0,01)	,170 (n.s.)
KK3	33	,088 (n.s.)	*,361 (0,05)*	neg.Korr.
RK	40	,106 (n.s.)	,477 (0,01)	neg.Korr.
Cluster 2				
BL	103	,132 (n.s.)	,379 (0,01)	,356 (0,01)
HG	99	,287 (0,01)	,076 (n.s.)	,505 (0,01)
KL	88	,363 (0,01)	,207 (n.s.)	,528 (0,01)
KM	89	,370 (0,01)	neg. Korr.	,476 (0,01)
MO	95	,434 (0,01)	,307 (0,01)	,478 (0,01)
SG1	94	,433 (0,01)	,315 (0,01)	,455 (0,01)
SG2	91	,349 (0,01)	*,237 (0,05)*	,410 (0,01)
SP2	81	,440 (0,01)	,373 (0,01)	,288 (0,01)
SP3	96	,417 (0,01)	,303 (0,01)	,336 (0,01)
Cluster 3				
FW	91	,329 (0,01)	,119 (n.s.)	neg.Korr.
Cluster 4				
BG	103	,043 (n.s.)	,057 (n.s.)	neg. Korr
KR	87	,164 (n.s.)	,044 (n.s.)	,178 (n.s.)
RU	96	*,217 (0,05)*	,066 (n.s.)	*,208 (0,05)*
SP1	91	*,228 (0,05)*	,146 (n.s.)	,092 (n.s.)

Die zweite Gruppe umfasst die Testflächen des Clusters 1. Zu diesen Testflächen, die besonders auf hohe Niederschlagsintensitäten reagieren, zählen „HB", „KK2",

„KK 3" und „RK". Wie bereits erwähnt, haben alle diese Sedimentfallen in ihrem Einzugsgebiet sehr grobes Oberflächensubstrat, so dass Oberflächenabfluss nur nach hohe Niederschlagsintensitäten entsteht. Dies zeigt sich auch bei der Betrachtung der Zusammenhänge zwischen dem Niederschlag und dem Austrag in Tabelle 4.10. Dort wird deutlich, dass der in den beschriebenen Sedimentfallen gemessene Austrag in erster Linie mit der maximalen Niederschlagsintensität im Beobachtungszeitraum korreliert. Trotz der statistisch signifikanten Zusammenhänge der Austräge mit der maximalen Niederschlagsintensität zeigt Abbildung 4.49 stellvertretend für die restlichen Testflächen dieser Gruppe eine deutliche Streuung der Werte.

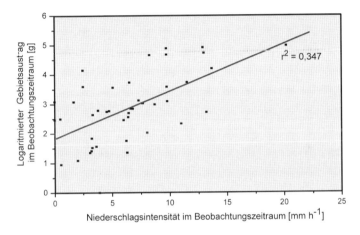

Abb. 4.49: Zusammenhang zwischen maximaler Niederschlagsintensität und logarithmiertem Sedimentaustrag im Beobachtungszeitraum für die Testfläche „Kuhkar 2" („KK2"). Ereignisse, die zu einer Überlastung der Sedimentfalle geführt haben (3 Ereignisse), wurden nicht berücksichtigt.

Diese Streuung hat ihre Ursache nur in einem geringen Maße in der Vorsättigung des Bodens zu Beginn des Niederschlagsereignisses und damit in dem Maße, mit dem der Niederschlag oberflächenabflusswirksam wird, da eine multivariate Betrachtung (multivariate Regression mit dem 72 h Vorregen nach dem Einschlussverfahren unter SPSS) nur zu einer leicht verbesserten Korrelation führt (beispielsweise bei der Testfläche „KK2" zu einem r² von 0,355 im Vergleich zu einem r² von 0,347 ohne die Berücksichtigung des Vorregens). Die Streuung der Werte kann alleine damit also nicht erklärt werden.
Da der eigentliche Austrag bei allen hier beschriebenen Testflächen in erster Linie durch linearen Abfluss in den Gerinnen entsteht, beeinflussen natürlich auch Ereig-

nisse den Sedimentaustrag, die vom Niederschlag unabhängig sind. Dies können beispielsweise nachbrechende Uferböschungen sein, die episodisch zu einem hohen Materialeintrag führen, wie es an der Testfläche „KL" und an der Testfläche „Kuhkar" (Denudationspegel, vgl. Kap. 4.1) beobachtet werden konnte (vgl. auch BECHT 1995).

Alle Sedimentfallen in dieser Gruppe reagieren ähnlich auf hohe Niederschlagsintensitäten, allerdings mit abweichender Güte. So ist die Beziehung zwischen Niederschlagsintensität und Sedimentaustrag an der Sedimentfalle „KK3" nicht so signifikant wie bei den anderen Testflächen dieser Gruppe. Der Grund hierfür liegt sicherlich darin, dass es durch das große Niederschlagsereignis im Juni 2002 zu einer Veränderung im Einzugsgebiet dieser Messstelle kam. Während die Sedimentfalle vor diesem Ereignis nur Material aus dem Gerinne knapp oberhalb erhielt, wurde durch das Murereignis am 21.6.2002 die im Lockermaterial angelegte Karschwelle durchschnitten und damit das Einzugsgebiet deutlich erweitert.

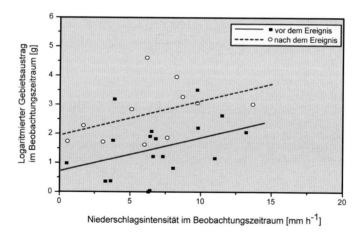

Abb. 4.50: Zusammenhang zwischen maximaler Niederschlagsintensität und logarithmiertem Sedimentaustrag im Beobachtungszeitraum für die Testfläche „Kuhkar 3" („KK3"). Die Trendlinien zeigen den Zusammenhang vor und nach dem Ereignis vom 21.6.2002. Auch hier wurden Ereignisse, die zu einer Überlastung der Sedimentfalle geführt haben (3 Ereignisse), nicht berücksichtigt.

Durch die Vergrößerung des Einzugsgebiets brachten in der Folge gleiche Niederschlagsintensitäten nach diesem Termin mehr Austrag, als dies vor dem Ereignis der Fall gewesen war. Abbildung 4.50 zeigt den Zusammenhang des Austrags mit der maximalen Niederschlagsintensität im Beobachtungszeitraum vor und nach dem Murereignis. Es wird deutlich, dass der Gradient des Zusammenhangs nahezu gleich bleibt, der Austrag aber deutlich zugenommen hat. Veränderung im Sedimenthaushalt von Einzugsgebieten in der Folge von Extremereignissen konnte im Laufe der Untersuchungen mehrfach sowohl im Reintal als auch im Lahnenwiesgraben beobachtet werden. Dieser Aspekt wird in Kapitel 4.2.2.5 aufgegriffen.

Deutlich abweichend von den oben beschriebenen Testflächen zeigt sich die Messstelle „KK1". Hier ließ sich kein Zusammenhang zwischen Austrag und dem Parameter Niederschlag beobachten. Dieser Umstand überrascht, da sich die Sedimentfalle in direkter Nachbarschaft zu den Sedimentfallen „KK2" und „KK3" befindet und die naturräumliche Ausstattung der Sedimentfallenzugsgebiete (Untergrund, Hangneigung, Vegetation) in etwa gleich ist. Als Erklärung hierfür lassen sich zwei Gründe anführen. Zum Einen liegt die Messtelle in einer Rinne im direkten Einflussbereich von Felswänden. Das Steinschlagmaterial aus den Felswänden wird bei seinem Sturz hangabwärts häufig in die Rinnen abgelenkt und bleibt dort liegen oder stürzt noch weiter das Gerinne entlang (WICHMANN 2006). Die Rinnen fungieren also als eine Art Auffangbecken für Sturzmaterial, das dann bei entsprechendem Abfluss in den Rinnen weitertransportiert werden kann. Ein Teil des Sturzmaterials landet aber auch direkt in der Sedimentfalle, ohne dass fluvialer Transport zwischengeschaltet ist. Zum anderen ist vor allem die Rinne, in der die Sedimentfalle „KK2" eingebaut wurde, im Lockermaterial angelegt und wurde im Laufe der Untersuchungen durch Starkregenereignisse und daraus resultierende Murgänge stark eingetieft. Diese Tieferlegung führte zu einer Versteilung der Gerinneeinhänge, so dass hier häufig Material durch Uferanbrüche äquivalent zur Sedimentfalle „KL" in die Rinne gelangt. Dies kann, wie schon an der Messstelle „KL" zu einer kurzzeitigen Erhöhung des Austrags durch den direkten Eintrag über Sturzprozesse und auch während niedriger Abflüssen führen, was den nicht vorhandenen Zusammenhang zwischen Niederschlag und Austrag erklärt.

Die dritte Gruppe umfasst die Testflächen, die im wesentlichen durch den Cluster 4 abgedeckt sind. Hierzu zählen die Sedimentfallen „Blattgraben", „Forstweg", „Herrentischgraben", „Königsstand Links", „Königsstand Mitte", „Moor", „Sulzgraben 1", „Sulzgraben 2", „Sperre 2" und „Sperre 3". Allerdings muss man diese Gruppe noch einmal aufteilen. Ein Teil („FW", „HG", „KL", „KM", „SG2") weist erhöhten Austrag in erster Linie nach hohen Niederschlagssummen und hohen Ereignisstärken auf (vgl. Tab. 4.10 und Abb. 4.51). Die für die Austräge verantwortlichen Abflüsse in den Gerinnen entstehen also nur nach länger anhaltenden Niederschlägen. Geringe Intensitäten und Summen genügen bei den meisten Testflächen zumeist nicht, um ausreichend Abfluss zu produzieren. Der Grund für dieses Verhalten liegt an der Vegetationsbedeckung dieser Einzugsgebiete. Sie besitzen einen hohen Waldanteil, der zu einer Pufferung des Abflusses führt (vgl. Kap.3.3). Dies geschieht durch Interzeption und die hohe Aufnahmekapazität des Waldbodens und der zugehörigen Deckschicht. So zeigten Beregnungsversuche (TOLDRIAN 1974, KARL ET AL. 1985, SCHWARZ 1985), dass Oberflächenabfluss unter Wald nur in Ausnahmefällen auftritt. In der vorliegenden Studie haben sich diese Ergebnisse durch eine punktuelle Messung bestätigt. In der Nähe des Einzugsgebiets der Sedimentfalle „HG" wurde mit einer Rinne (vgl. Abb. 3.15) der Oberflächenabfluss gemessen (vgl. BECHT 1995). Hier konnte nur nach sehr lang anhaltenden Niederschlägen und nach der Schneeschmelze Oberflächenabfluss verzeichnet werden. Wald und der Waldboden mit seiner Deckschicht beugen also der Entstehung hoher Abflussspitzen vor oder dämpfen diese deutlich ab. So wird dem Wald in zahlreichen Studien das Potenzial zur Hochwasserminderung zugesprochen (vgl. HEGG 2006, KOEHLER 1992, MARKART ET AL. 2006, SOKOLLEK 1983).

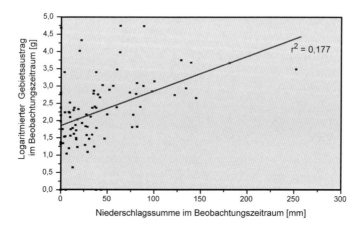

Abb. 4.51: Sehr schwacher Zusammenhang zwischen Niederschlagssumme und logarithmiertem Sedimentaustrag im Beobachtungszeitraum für die Testfläche „Sulzgraben 2" („SG2").

Der zweite Teil der Testflächen („MO", „SG1", „SP2", „SP3") dieser Gruppe reagiert sowohl auf hohe Niederschlagssummen (Abb. 4.52) und hohe Ereignisstärken als auch abgemindert auf hohe Niederschlagsintensitäten (vgl. Tab. 4.10). Der Grund hierfür liegt vermutlich darin, dass der Anteil von Wald an deren sedimentliefernder

Fläche deutlich geringer ist, als dies bei den zuvor genannten Testflächen der Fall war. Die Messstellen „MO" und „SP3" erhalten ihr Wasser aus Quellen (vernässter Bereich) knapp oberhalb. Diese Quellen reagieren offenbar nicht nur auf die hohen Niederschlagssummen, sondern auch auf kurze und starke Regenereignisse, was im Gegensatz zur Testfläche „RU" für eine kurze Untergrundpassage des Quellwassers spricht. Die Sedimentfalle „SP2" erhält ihr Wasser ebenfalls durch eine Hangquelle, allerdings befindet sich in ihrer sedimentliefernden Fläche kein Waldanteil. Bei starken Niederschlagsintensitäten kommt zusätzlich zum Quellwasser noch der Oberflächenabfluss zum Tragen, was den Zusammenhang zwischen Austrag und hohen Niederschlagsintensitäten erklärt.

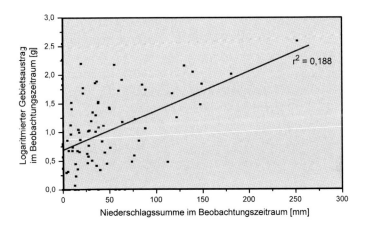

Abb. 4.52: Zusammenhang zwischen Niederschlagssumme und logarithmiertem Sedimentaustrag im Beobachtungszeitraum für die Testfäche „Moor" („MO").

Die Analysen des Sedimentaustrags der Hangeinzugsgebiete und des Niederschlags im gleichen Zeitraum zeigen im Lahnenwiesgraben deutliche Zusammenhänge auf. Die Art und Güte dieser Zusammenhänge ist offenkundig meist eher schwach und stark von den Bedingungen in den Einzugsgebieten abhängig. Die Güte, mit der der Sedimentaustrag durch ein statistisches Modell vorhergesagt werden kann, sinkt mit zunehmender Anzahl der beeinflussenden Faktoren in einem Einzugsgebiet deutlich. So ist die Streuung der Daten im Bereich der Gruppe 1 (Cluster 1) geringer als in den restlichen Gruppen. Da die Sedimentfallen dieser Gruppe in ihrem Einzugsgebiet keine oder kaum Bodenauflage und fast keine Vegetationsbedeckung aufweisen, sind hier weniger Speicher an der Abflussbildung beteiligt. Die Vorsättigung des Bodens spielt dabei im Gegensatz zu den anderen Gruppen eine nicht so dominante Rolle.

Dies lässt sich durch den fehlenden Boden und die dadurch bedingte schlechte Wasserhaltefähigkeit des Substrats erklären, das hier zu einem großen Teil aus groben Material gebildet wird.

Die in der Beziehung Austrag zu maximaler Nierderschlagsintensität vorhandenen Streuungen (vgl. Abb. 4.49) lassen sich also nur unzureichend durch eine Vorsättigung des Bodens erklären. Ein Teil der Streuung kann in den Unsicherheiten bei der Bestimmung der Niederschlagsintensität begründet liegen, denn aufgrund der eingesetzten Niederschlagsmesser konnten nur Stundenintensitäten ermittelt werden. Halbstündige Intensitäten, wie sie BECHT (1995) verwendet, könnten hier vermutlich noch zu leichten Verbesserungen in den Beziehungen führen. Daneben liegen die hier beschriebenen Gebiete zum Teil verhältnismäßig weit von den betriebenen Niederschlagsschreibern entfernt. Bei hohen Intensitäten sind im Untersuchungsgebiet auf kurze Distanzen große Unterschiede bei der Niederschlagsmenge aufgetreten (vgl. Kap.4.2.1.4 und auch BECHT & WETZEL 1994). Es ist also nicht auszuschließen, dass die jeweiligen Niederschlagsintensitäten über- oder unterschätzt wurden und so mit eigenen Unsicherheiten in die statistischen Beziehungen eingehen.

Reintal

Die Tabelle 4.11 zeigt die Beziehungen zwischen Austrag und Niederschlag und die Signifikanzen dieser Beziehungen im Reintal.

Wie unter Kapitel 3 erwähnt, besteht das Oberflächensubstrat im Reintal fast ausschließlich aus grobkörnigem Material, so dass die Entstehung von Oberflächenabfluss bis auf einige wenige Standorte („VG1", „VG2") in erster Linie auf die Gerinne beschränkt ist und auch dort nur nach großen Niederschlagsintensitäten auftritt. Die Einzugsgebiete der Sedimentfallen sind in ihrer naturräumlichen Ausstattung (Vegetation, hydraulische Leitfähigkeit, Hangneigung) und der Zusammensetzung des ausgetragenen Materials mit den Testflächen im Lahnenwiesgraben aus dem Bereich der Kare vergleichbar (vgl. Kap. 4.2.2.2). Insgesamt zeigen sich daher auch die besten statistischen Zusammenhänge fast durchgehend zwischen Austrag und maximaler Niederschlagsintensität, wie dies auch an den Testfächen in den Karen des Lahnenwiesgraben zu beobachten ist. Ähnliche Ergebnisse liefert BECHT (1996) bei seinen Untersuchungen im benachbarten Höllental (ebenfalls Wettersteingebirge), das in der naturräumlichen Ausstattung mit dem Reintal nahezu identisch ist. Bei einem Teil der Testflächen ist dieser statistische Zusammenhang allerdings nicht signifikant. Die besten Korrelationen werden an den Messstellen „MK", „OS", „VG1", „VG2" und „VG3" ermittelt.

Tab. 4.11: Zusammenhänge (Korrelationskoeffizient r) zwischen Niederschlag und dem Sedimentaustrag an den Testflächen im Reintal. (N.-Summe steht für Niederschlagssumme im Beobachtungszeitraum (zumeist 1 Woche); N.-Intensität steht für maximale Stundenintensität im Beobachtungszeitraum; N.-Ereignis steht für größtes Niederschlagsereignis im Beobachtungszeitraum).

Testflächen	N	Korr. für N.-Summe (Signifikanzniveau)	Korr. für N.-Intensität (Signifikanzniveau)	Korr. für N.-Ereignis (Signifikanzniveau)
Hintere Gumpe 1	40	,234 (n.s.)	,140 (n.s.)	,037 (n.s.)
Hintere Gumpe 2	42	*,319 (0,05)*	*,356 (0,05.)*	,186 (n.s.)
Hoher Kamm	35	*,345 (0,05)*	*,341 (0,05)*	,076 (n.s.)
Mauerschartenkopf	43	*,475 (0,01)*	*,431 (0,05.)*	,326 (n.s)
Ochsensitz	32	*,354 (0,05)*	*,429 (0,05)*	,181 (n.s.)
Rauschboden	45	neg. Korr.	neg. Korr.	neg. Korr.
Sieben Sprünge	39	,196 (n.s.)	,308 (n.s.)	,029 (n.s.)
Vordere Gumpe 0	49	,081 (n.s.)	,144 (n.s.)	,022 (n.s.)
Vordere Gumpe 1	47	,265 (n.s.)	*,415 (0,01)*	,071 (n.s.)
Vordere Gumpe 2	42	,146 (n.s.)	*,408 (0,05)*	,178 (n.s.)
Vordere Gumpe 3	48	*,285 (0,05.)*	*,534 (0,01)*	,109 (n.s.)

Die sehr starke und deutlich sichtbare Streuung (vgl. Abb. 4.53) kommt auch hier durch Ereignisse zustande, die, wie oben erwähnt, nicht in direktem Zusammenhang mit dem Niederschlag stehen. Auch die im Lahnenwiesgraben schon angesprochene Unter- oder Überschätzung des Niederschlags (vor allem die der Intensitäten) spielt vermutlich im Reintal eine große Rolle, da nur ein einziger Niederschlagsschreiber im Gebiet betrieben wurde. Die Werte konnten zwar zusätzlich durch Niederschlagsdaten der Wetterstation Zugspitze (DWD) überprüft werden, doch durch den hochalpinen Charakter mit sehr steilen und hohen Felswänden ist gerade bei konvektiven Niederschlägen mit starken räumlichen Unterschieden zu rechnen (vgl. WILHELM

1998, BECHT & WETZEL 1994). Versuche, die mit Radardaten der Station Hohenpeissenberg durchgeführt wurden, bestätigen diese Vermutung. So konnten hier auf engstem Raum große Unterschiede im Niederschlag gezeigt werden (KRAUTBLATTER 2004).

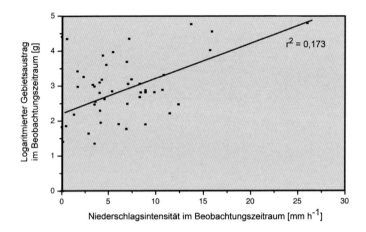

Abb. 4.53: Zusammenhang zwischen maximaler Niederschlagsintensität und logarithmiertem Sedimentaustrag im Beobachtungszeitraum für die Testfläche „Vordere Gumpe 1" („VG1").

Im Reintal können darüber hinaus für die Streuung der Austragswerte wie im Lahnenwiesgraben ebenfalls gravitative Prozesse verantwortlich sein, die Material direkt in die Sedimentfallen eintragen. So liegen beispielsweise die Sedimentfallen „VG1", „VG3" und „HK" im Einflussbereich von Steinschlag aus den angrenzenden Felsflächen. Aber auch der Eintrag des von Gämsen losgetretenen Materials kann nicht ausgeschlossen werden. Dies erklärt vermutlich auch die sehr große Streuung der Werte und die damit verbundene geringe Güte der Beziehung zwischen Austrag und Niederschlagsintensität.

Die im Vergleich zum Lahnenwiesgraben insgesamt deutlich schlechteren und zum Teil nicht signifikanten Zusammenhänge zwischen Niederschlag und Gebietsaustrag im Reintal zeigen über die angesprochenen Probleme hinaus deutlich die Grenzen der angewandten Methode auf (häufige Überlastung der Sedimentfallen in den größeren episodisch wasserführenden Gerinnen). Aus den Beobachtungen im Gelände konnte aber für diese teilweise überlasteten Sedimentfallen ermittelt werden, wie aktiv ein Hangeinzugsgebiet aus fluvialmorphologischer Sicht einzustufen ist. An manchen Messstellen konnte sogar ein Schwellenwert vermutet werden, ab dem in dem Gerinne in jedem Fall mit Materialtransport zu rechnen ist. Am deutlichsten kann dies an der Testfläche „MK" beobachtet werden (Abb. 4.54). Hier konnte während der gesamten Untersuchung nur einmal ein relevanter Austrag gemessen werden, der eindeutig fluvialen Ursprungs war. Dieser erfolgte im Zuge einer sehr hohen Niederschlagsintensität von mindestens 26 mm/h. Da dieser Austrag mit ca. 67 Gramm äußerst gering ist, kann dieses Gerinne als fluvialmorphologisch inaktiv eingestuft werden.

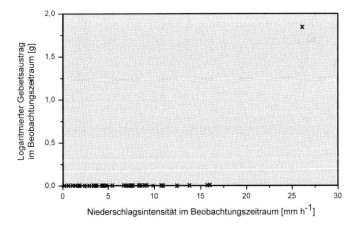

Abb. 4.54: Zusammenhang zwischen maximaler Niederschlagsintensität und logarithmiertem Sedimentaustrag im Beobachtungszeitraum für die Testfläche „Mauerschartenkopf" („MK").

Für die Testflächen „HK" und „VG2" lässt sich ebenfalls ein solcher Grenzwert vermuten. Die hohe Streuung der Werte unterhalb des Grenzwertes (vgl. Abb. 4.55) hat ihren Grund zu einem Teil sicherlich in der unterschiedlichen Vorsättigung der Einzugsgebiete (eine Rolle spielen auch hier wieder nachbrechende Bereiche an den Ufern oder gravitativer Eintrag). So lässt sich an der Sedimentfalle HK der am 23.8.02 mit über 65 000 g (in Abb. Logarithmiert: 4,8) gemessene Austrag aufgrund der relativ geringen Niederschlagsintensität auf den ersten Blick nur schwer erklären. Allerdings ist die Niederschlagssumme in den vorangegangenen zwei Wochen mit etwa 280 mm extrem hoch. So genügten aufgrund der hohen Sättigung des Untergrunds vermutlich in der Folge auch kleinere Intensitäten, um den erhöhten Austrag hervorzurufen. Eine multivariate Analyse unter Berücksichtigung der Parameter Austrag (logarithmiert), Niederschlagsintensität und 72 h Vorregen brachte allerdings auch hier keine signifikante Verbesserung der in Tabelle 4.11 aufgeführten statistischen Zusammenhänge.

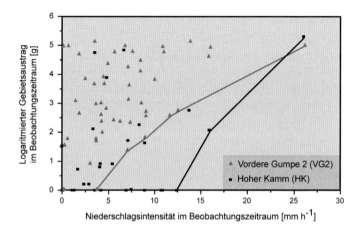

Abb. 4.55: Zusammenhang zwischen maximaler Niederschlagsintensität und logarithmiertem Sedimentaustrag im Beobachtungszeitraum für die Testflächen „Vordere Gumpe 2" („VG2") und „Hoher Kamm" („HK"). Die Linien zeigen an, welche Austragsraten ab einer bestimmten Niederschlagsintensitäten mindestens auftraten.

4.2.2.4 Zusammenhang zwischen Korngrößenzusammensetzung und Niederschlag

Mit zunehmenden Niederschlägen und damit Abflüssen steigt die Transportkapazität in den Gerinnen, so dass immer gröbere Partikel erodiert und transportiert werden können. Diese Gesetzmäßigkeit wird beispielsweise im Hjulström Diagramm deutlich (vgl. ZANKE 1982), dabei steigt der Anteil an gröberem Material (wenn vorhanden) mit steigender Fließgeschwindigkeit. Es war davon auszugehen, dass sich diese Gesetzmäßigkeit in der Korngrößenzusammensetzung des in den Sedimentfallen aufgefangenen Materials erkennen lässt. Im folgenden Kapitel werden daher die Zusammenhänge zwischen Niederschlag und Korngrößenzusammensetzung des ausgetragenen Materials näher dargestellt.

Eine genaue Betrachtung der Beziehungen zwischen dem prozentualen Anteil der jeweiligen Korngröße am ausgetragenen Material und dem Niederschlag brachte keine eindeutige Korrelation. Allerdings konnte für jede Testfläche ein unterer Grenzwert gefunden werden, der den mindestens vorhandenen Anteil der Korngröße Kies (>2mm) am Gesamtaustrag in Abhängigkeit vom Niederschlag darstellt. Für diese Analyse wurde jeweils die Niederschlagsvariable verwendet, mit der sich, wie in Kapitel 4.2.2.3.2 beschrieben, die besten Korrelationen ergaben. Es blieben auch für diese Analyse diejenigen Datensätze unberücksichtigt, bei denen ein Überlaufen der Sedimentfalle nicht ausgeschlossen werden konnte.

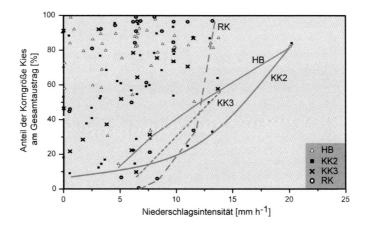

Abb. 4.56: Anteil der Korngröße Kies [>2mm] am Austrag der Testflächen im Beobachtungszeitraum und die maximale Niederschlagsintensität [mm*h^{-1}] in diesem Zeitraum im Lahnenwiesgraben. Die Linien zeigen den Verlauf des mindestens vorhandenen Anteils der Korngröße Kies am Gesamtaustrag. Die Linien für die Testflächen „KK3" und „RK" enden früher, da in diesen Fällen keine Daten über einer Intensität von 13,2 („RK") und 13,68 („KK3") mm*h^{-1} zur Verfügung standen.

Im Fall der Testfläche „KK2" (vgl. Abb. 4.56) liegt der prozentuale Anteil von kiesigem Material im ausgetragenen Sediment bei Niederschlagsintensitäten bis 10 mm*h^{-1} nicht unter etwa 10 bis 20 %. Bei Niederschlägen von mehr als 15 mm*h^{-1} steigt der Mindestanteil an kiesigem Material auf bis nahezu 80 % an. Zwar schwanken die Werte um diesen Grenzwert zum Teil erheblich, aber es ist trotzdem festzuhalten, dass mit steigenden Niederschlagsintensitäten der Anteil an grobem Material im ausgetragenen Sediment deutlich zunimmt. An allen Testflächen, die schon gute Zusammenhänge zwischen Austrag und höchster Niederschlagsintensität im Beobachtungszeitraum zeigten, ist eine solche Grenzlinie erkennbar, die im Aussehen allerdings variiert. So verläuft sie bei der Testfläche „HB" auf einem etwas höheren Niveau, während die Grenze bei den Testflächen „KK3" und „RK" auf einem geringeren Niveau startet (für diese beiden Sedimentfallen liegen keine Werte für die Niederschlagsintensitäten über 15 mm*h^{-1} vor, daher kann ab diesem Niederschlag keine Aussage getroffen werden). Gleich ist allerdings allen Testflächen, dass ab etwa einer Niederschlagsintensität zwischen 5 und 10 mm*h^{-1} der Anteil an kiesigem Material im Austragsmaterial deutlich zunimmt. Dieser Umstand wird sicherlich noch dadurch verstärkt, dass durch die hohen Abflüsse ein Großteil des feineren Materials als Schwebstoff transportiert und so nicht in der Sedimentfalle abgelagert wird.

Der Grund für die hohe Streuung oberhalb der Grenze ist sicherlich darin zu suchen, dass durch vorhergehende Niederschläge der Gerinnespeicher gegebenenfalls schon zum Teil entleert wurde. Wie in Kapitel 4.1 deutlich wurde, scheint sich der Speicher Gerinne sukzessive zu füllen (durch beispielsweise Frostprozesse, Steinschlag oder Lawinen), bevor er durch größere Ereignisse wieder leergespült wird. Durch mehrere kleine Ereignisse kann sich also der Anteil an feinem Material im Gerinnespeicher sukzessive verringern, was dann zwangsläufig zu geringeren Feinkornanteilen bei einem Starkregenereignis führt. Bei Großereignissen mit schon teilentleertem Gerinnespeicher ist also der Feinkornanteil geringer als dies bei einem Großereignis der Fall ist, vor dem noch keine Entleerung erfolgt war. Dieser Umstand ist allerdings messtechnisch nur äußerst schwer zu erfassen und damit auch nur schwer nachzuweisen.

Die Testflächen, deren Austragswerte in erster Linie mit der Ereignisstärke des Niederschlags korrelieren, zeigen ebenfalls eine Grenzlinie, die einen Anstieg des Grobmaterialanteiles ab einer gewissen Größe des Niederschlagsereignisses aufweist. Diese Grenzlinie tritt allerdings nicht bei allen Testflächen dieser Gruppe deutlich auf. Die Abbildung 4.57 zeigt Beispiele für ein deutliches Auftreten dieser Grenzlinie für die Korngröße Kies (>2mm) bei steigenden Niederschlagsstärken. Die vier dort vorgestellten Testflächen weisen alle einen deutlichen Anstieg des Anteils der Korngröße Kies am Gesamtaustrag ab einer Ereignisstärke von etwa 25 mm auf. Dabei unterscheidet sich die Steigung der Grenzlinien. Auch hier ist festzuhalten, dass der prozentuale Anteil von Grobmaterial im Austragsmaterial mit steigendem Niederschlag (hier Ereignisstärke) deutlich zunimmt. Auch in diesem Fall kommt es oberhalb der Grenzlinien zu deutlichen Schwankungen, die wiederum durch das oben beschriebene Phänomen erklärt werden können.

Quantifizierung 145

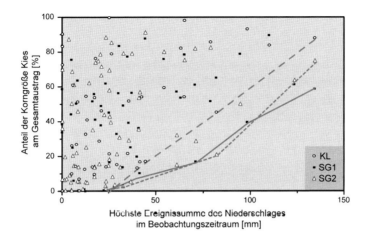

Abb. 4.57: Anteil der Korngröße Kies [>2mm] am Austrag der einzelnen Testflächen im Beobachtungszeitraum und die in diesem Zeitraum maximale Ereignisstärke [mm] im Lahnenwiesgraben. Die Linien zeigen den Verlauf des mindestens vorhandenen Anteils der Korngröße Kies am Gesamtaustrag im Beobachtungszeitraum.

Neben den Testflächen mit Abhängigkeiten von Niederschlagsintensität und Ereignisstärke traten auch zwischen der Niederschlagssumme im Beobachtungszeitraum und Austrag Abhängigkeiten auf. Diese Testflächen zeigen ebenfalls einen Grenzwert, ab dem der Grobmaterialanteil deutlich zunimmt.

Ein Teil der Testflächen zeigte allerdings keine erkennbare Reaktion der Korngrößenzusammensetzung auf den Niederschlag. Dies trifft auf die Sedimentfallen zu, an denen auch keine Beziehungen zwischen Austrag und Niederschlag erkennbar waren. Hierzu zählen die Sedimentfallen „BG", „FW", „KR", „MO", „RU" und „SP1", die durch eine Quelle gespeist sind und deren Abflusskurve dadurch teilweise gedämpft wird. Daneben weisen deren Einzugsgebiete keine so großen Hangneigungen, nur eine geringe Fläche und einen nur geringen Anteil an verfügbarem Grobmaterial auf. Insgesamt zeigen diese Sedimentfallen daher auch einen deutlich geringeren Grobmaterialanteil (langjähriger Mittelwert der Korngrößen >2 mm für diese Testfläche: 14,4 %) als dies bei den übrigen Sedimentfallen der Fall ist (im Mittel 48,6 %).

Für die Testflächen im Reintal ließ sich ebenfalls ein solcher Zusammenhang erkennen. In Abbildung 4.58 zeigt sich deutlich, dass der mindestens vorhanden Anteil der Fraktion Kies am Austragsmaterial deutlich höher liegt als dies an den Testflächen im Lahnenwiesgraben der Fall war. Auch ist eine Zunahme des mindestens vorhandenen Anteils dieser Korngröße zu sehen.

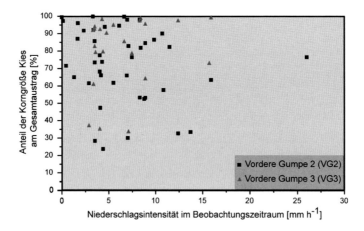

Abb. 4.58: Anteil der Korngröße Kies [>2mm] am Austrag der einzelnen Testflächen im Beobachtungszeitraum im Reintal und der in diesem Zeitraum maximalen Niederschlagsintensität [mm*h^{-1}].

Für den Zusammenhang zwischen Korngröße und Niederschlag können folgende Ergebnisse zusammengefasst werden:

Der Anteil der einzelnen Korngrößen am Gesamtaustrag weist deutliche Schwankungen auf, die eine Abhängigkeit vom Niederschlag (Intensität, Ereignisstärke oder Niederschlagssumme im Beobachtungszeitraum) zeigen. Zwar konnten keine statistischen Beziehungen zwischen der Materialsortierung und dem Niederschlag festgestellt werden, aber es deutet sich eine Grenzlinie für den Mindestanteil an Grobmaterial (Korngrößen >2mm) an.

Die Werte oberhalb der Grenzlinie schwanken deutlich, was als Ursache vermutlich die zeitliche Variabilität der Sedimentverfügbarkeit in den Gerinnen hat. Einige Testflächen zeigen keine erkennbaren Zusammenhänge zwischen Niederschlag und Korngrößenzusammensetzung (diese Testflächen zeigten auch keine Korrelationen zwischen Niederschlag und Austragsmenge), was vermutlich an den hydrologischen Bedingungen in den Einzugsgebieten liegt.

4.2.2.5 Beeinflussung des fluvialen Sedimentaustrags durch Extremereignisse

In Kapitel 4.1 wurde beschrieben, dass Extremereignisse nicht nur für große Austragsraten verantwortlich sind, sondern dass sie auch das Erosionsverhalten von angrenzenden Hängen deutlich beeinflussen. So konnte nicht nur die starke Erosionsleistung durch einen Murgang selbst nachgewiesen werden, sondern auch die in der Folge deutlich erhöhten fluvialen Erosionsraten auf dem tributären Hang.
Im Folgenden werden die während der Untersuchungen ermittelten Interaktionen zwischen der fluvialen Erosion und anderen geomorphologischen Prozessen zusammenfassend aufgeführt.

Das durch Extremereignisse in das Gerinne eingebrachte Sediment führte dort in der Folge zu einem erhöhten Sedimentaufkommen und damit auch zu erhöhten Austragsraten. Während des SEDAG Projekts kam es zu mehreren derartigen Veränderungen im Sedimenthaushalt, die sowohl die Erosion an Hängen (HECKMANN ET. AL im Druck), als auch den Transport in Gerinnen betrafen (HAAS ET AL. 2004, HECKMANN ET AL. 2006, MORCHE ET AL. 2007). Neben den bei HAAS ET AL. (2004) beschriebenen Veränderungen im Austragsverhalten der Testflächen „HG" und „KM", konnte an einer weiterer Testfläche („HGN") eine starke Veränderung im Erosionsgeschehen festgestellt werden. Im Laufe der Untersuchungen wurde versucht, die Messungen zum fluvialen Sedimentaustrag aus Hängen noch durch Messungen in etwas größeren Gerinnen zu ergänzen. Daher wurden im „Roten Graben" („RG") und im „Herrentischgraben" („HGN") zusätzliche Sedimentfallen installiert (vgl. Abb. 4.35). Da in diesen Bächen im Vorlauf schon kontinuierlich der Wasserstand durch Pegelmessanlagen erfasst wurde, waren die deutlich höheren Abflüsse im Gegensatz zu den oben beschriebenen kleineren Gerinnen bekannt. Aus diesem Grund wurden hier etwas größere Plastikwannen installiert (150l Fassungsvermögen). Im Laufe der Untersuchungen haben sich diese Sedimentfallen trotzdem als zu klein dimensioniert erwiesen, so dass die kontinuierliche Bestimmung des Austrags an diesen Sedimentfallen nicht möglich war. Diese Testflächen wurden daher für die oben durchgeführten statistischen Analysen nicht verwendet. Trotz dieser Einschränkungen haben die Messungen an der Sedimentfalle „HGN" interessante Ergebnisse erbracht, die im Folgenden kurz beschrieben werden sollen.

Die Sedimentfalle wurde im großen Herrentischgraben nach dem Murereignis im Juni 2002 eingebaut. Während eines starken Gewitters war es zu einem Niederschlag von etwa 70 mm/50 min gekommen. Aus diesem extrem hohe Niederschlag resultierten starke Murgängen vor allem im Bereich des großen Herrentischgrabens, einem Nachbargerinne des kleineren Herrentischgrabens (Testfläche „HG"), im Brünstlegraben und im Gerinne des Königsstand (Testfläche „KM") (HAAS ET AL. 2004, WICHMANN 2006). Diese Murereignisse haben sowohl im Bereich der Gerinnesohle als auch im Bereich der Gerinneeinhänge starke Veränderungen hervorgerufen. Zu diesen Veränderungen gehörte unter anderem die starke Gerinneeintiefung und die damit einhergehende Versteilung der Uferböschungen. Durch die Übersteilung der Ufer kam es in der Folge des Ereignisses immer wieder zu Nachbrüchen, wodurch beständig Material im Gerinne für den fluvialen Transport zur Verfügung stand und zu zwischenzeitlich erhöhten Austragsraten führte. Diese Veränderung im Sedimentaustrag konnte an allen drei durch Sedimentfallen beprobten Bächen festgestellt werden. Allerdings unterschieden sich die Reaktionen auf das Extremereignis sowohl in der Intensität als auch in der Dauer der Beeinflussung.

In der Folge des Murgangs im großen Herrentischgraben war die Sedimentfalle gerade anfangs zumeist überlastet (das heißt die Sedimentfalle war schon vor der Leerung mit Material gefüllt), so dass hier nur Minimumwerte erfasst wurden. Allerdings wurde im Laufe der Untersuchung der Sedimentaustrag an dieser Testfläche deutlich geringer, und es kam immer seltener zu einer Überlastung der Sedimentfalle, was auf eine Beruhigung des Systems hindeutet.

Abbildung 4.59 zeigt das Verhalten der Testfläche „HGN" im Verlauf der Untersuchung. Zum Vergleich sind in der Grafik mit den Testflächen „RG" und „SG1" zwei weitere Sedimentfallen eingetragen, die nicht durch Murgänge betroffen waren. Es wird deutlich, dass die Austräge an der Testfläche „HGN" ab August 2003 deutlich geringer werden. Dass dies nicht die Folge geringerer Niederschläge und damit Abflüsse sondern einer geringeren Verfügbarkeit an Material ist, zeigt das Verhalten der zwei Referenzmessstellen, die im Vergleich sogar eher leicht ansteigende Austräge aufweisen. Aufgrund der Größe des Gerinnes ist der Sedimenttransport bei starken Niederschlägen allerdings immer noch sehr hoch, so dass die Sedimentfalle schließlich durch ein starkes Ereignis im Sommer 2004 zerstört wurde. Da für den Sommer 2005 die Beendigung der Untersuchungen geplant war, und kein geeigneter Standort für einen Wiedereinbau im Umfeld des Standorts der alten Sedimentfalle gefunden werden konnte, wurden die Messungen nach der Zerstörung 2004 beendet.

Quantifizierung

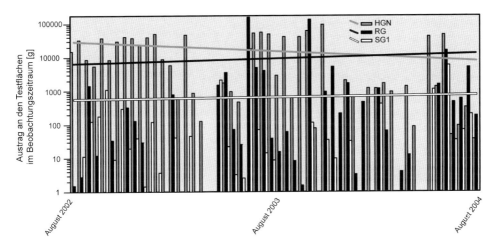

Abb. 4.59: Sedimentaustrag [logarithmierte Skala] im Beobachtungszeitraum (zumeist 1 Woche) an den Testflächen „Herrentischgraben Neu", „Roter Graben" und „Sulzgraben 1" zwischen August 2002 und August 2004. Die Linien sind Trendlinien und damit ein Indikator für eine Zunahme oder eine Abnahme des Austrags zwischen August 2002 und August 2004.

Die Analyse macht deutlich, dass sich das Gerinne langsam wieder auf einen Gleichgewichtszustand einpendeln wird. Ob der Zustand vor dem Ereignis im Jahr 2004 schon wieder erreicht ist, kann nicht ermittelt werden, da aus dem Zeitraum vor dem Murereignis im Jahr 2002 keine Daten vorliegen. Allerdings ist der im August 2004 ausgelöste hohe Geschiebetrieb (in Teilen des Gerinnes vermutlich murartig), der die Zerstörung der Messanlage und des eingebauten Pegels zur Folge hatte, ein Indiz dafür, dass sich das Gerinne noch in einer Phase starker Dynamik befindet. Auch das Niederschlagsereignis im August 2005 zeigte hohe Sedimentausträge (vermutlich ebenfalls murartig; vgl. Abb. 6.2 in Kapitel 6).

Anders als im großen Herrentischgraben war im unmittelbar daneben liegenden Gerinne vor und nach dem Ereignis eine Sedimentfalle („HG") kontinuierlich installiert. Diese wurde zwar durch das Ereignis selbst zerstört, aber danach wieder eingebaut. Erste Analysen im Jahr 2004 zeigten, dass die Testfläche mit einer Zunahme des Austrags bei veränderter Sedimentbeschaffenheit (Korngröße, Gehalt an organischer Substanz) auf die Veränderungen in ihrem Einzugsgebiet reagiert hatte (HAAS ET AL. 2004). Bis zum Ende der Untersuchungen befand sich die Testfläche weiterhin in einer Phase erhöhten Sedimentaustrags im Vergleich zu der Zeit vor dem Ereignis.

Ein weiterer Standort, der durch besagtes Ereignis stark beeinflusst wurde, ist die Testfläche „KM" („Königsstand Mitte"). Hier wurde ebenfalls durch einen Murgang die Messeinrichtung zerstört und anschließend wieder eingebaut. In diesem Gerinne konnte keine Veränderung des fluvialen Sedimentaustrags nach Ereignissen gemessen werden, allerdings hat sich seit dem Jahr 2002 die Disposition für Murgänge erhöht (aufgerissene Sohle, teilweise Verklausung, hoher Lockermaterialanteil im gesamten Korngrößenspektrum, was sich günstig auf die Entstehung von Murgängen auswirkt; vgl. HAGG & BECHT 2000). Insgesamt konnten noch zwei weitere, wenngleich kleinere Murgänge beobachtet werden. Diese führten immer wieder zur Zerstörung der Messstelle.

Kleinere Beeinflussungen in den Gerinnen mit Sedimentfallen wurden zum Teil schon beschrieben und sollen hier nur noch kurz aufgegriffen werden. Dies betrifft die Testfläche „KL" (Nachbrechen des Gerinneeinhangs), die Testfläche „SP1" und „SP2" (Grundlawinen) und die Testfläche „KK3" (Vergrößerung des Einzugsgebiets).

Im Reintal konnte die Beeinflussung des fluvialen Erosionsgeschehens durch andere Prozesse wohl am deutlichsten beobachtet werden. Hier kam es durch das schon in Kapitel 3 angesprochene Niederschlagsereignis im Jahr 2005 zu einer völlig veränderten Situation im Bereich der Schutthalde an der Vorderen Blauen Gumpe. Ein nahezu inaktiver Bereich wurde durch starke laterale Unterschneidung durch die Partnach höchst aktiv. Dies führte in der Folge zu sehr hohen fluvialen Erosionsraten an diesem Standort. Einen guten Überblick über das Ereignis und die daraus resultierende Beeinflussung der geomorphologischen Situation geben die Arbeiten von HECKMANN ET AL. (2006), HECKMANN ET AL. (2008) und MORCHE ET AL. (2007).

Die Ergebnisse zeigen, dass gerade Extremereignisse mit hohen Magnituden und geringen Frequenzen einen sehr großen Einfluss auf das Prozessgeschehen haben und nicht nur selbst große Mengen an Material transportieren, sondern auch die zukünftigen Sedimentausträge beeinflussen können. So hat das Murereignis im Juni 2002 mit einem Austrag von etwa 300 Tonnen den mittleren jährlichen fluvialen Austrag an diesem Standort (Testfläche „HG") um das 1500-fache übertroffen (HAAS ET AL. 2004). Um diese wichtigen Ereignisse zu erfassen, sind Untersuchungen über längere Zeiträume erforderlich, was im Rahmen des SEDAG Projekts möglich war.

4.2.2.6 Räumliche Varianz der fluvialen Erosion im Lahnenwiesgraben – Zusammenhang zwischen Sedimentaustrag, Materialzusammensetzung und Größe und naturräumlicher Ausstattung der Einzugsgebiete

Da die fluviale Erosion neben der gezeigten Abhängigkeit von den hygrischen Bedingungen in existierenden Untersuchungen auch eine hohe Abhängigkeit von der naturräumlichen Ausstattung aufweist (vgl. Becht 1995, Liener 2000, Wetzel 1992), sollen in den folgenden Kapiteln die Abhängigkeiten des fluvialen Sedimentaustrags aus Kleineinzugsgebieten von den naturräumlichen Rahmenbedingungen näher untersucht werden. Ziel ist die Identifikation derjenigen Faktoren, die einen deutlichen Einfluss auf die Größe des Sedimentaustrags besitzen. Die Faktoren werden anschließend genutzt, um entsprechende Regeln abzuleiten und damit den Austrag zu regionalisieren. Wie aus Kapitel 3 hervorgeht, zeichnet sich das Reintal durch weitgehend fehlende Bodenentwicklung und Vegetation aus. Daher können für diese beiden Faktoren im Reintal keine statistischen Analysen durchgeführt werden. Bei einem Teil der Sedimentfallen muss aufgrund der schon angesprochenen Überlastung bei größeren Ereignissen, auf eine statistische Auswertung verzichtet werden.

4.2.2.6.1 Einzugsgebietsgröße

Lahnenwiesgraben

Zwischen dem Austrag und der Größe des hydrologischen Einzugsgebiets existiert kein signifikanter statistischer Zusammenhang. Dies ist zu erwarten, da der Abfluss eines Gerinnes und die mit diesem eng verknüpfte fluviale Erosion nicht alleine durch die Größe seines hydrologischen Einzugsgebiets gesteuert wird, sondern auch durch die in diesem herrschenden naturräumlichen Bedingungen.

Als weitere Einflussgröße wird daher die sedimentliefernde Fläche, die nach dem in Kapitel 4.2.1.3 beschriebenen Verfahren berechnet wird, untersucht. Dafür kommen in einem **ersten Schritt** die im *SAGA Modul* „DF Dispo Channel" (WICHMANN 2006) voreingestellten und die bei WICHMANN (2006) eingesetzten Grenzwerte ohne eine Gewichtung zum Einsatz. Zwischen der logarithmierten sedimentliefernden Fläche (m²) und dem logarithmierten mittleren jährlichen Geschiebeaustrag (g) ergibt sich ein auf dem 0,05% Niveau signifikanter statistischer Zusammenhang von r = 0,523 (r² = 0,274).

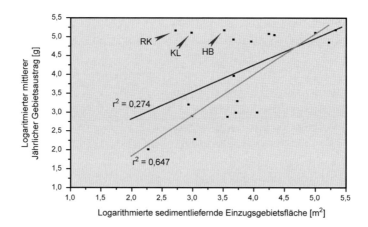

Abb. 4.60: Beziehung zwischen der logarithmierten sedimentliefernden Fläche und dem logarithmierten mittleren jährlichen Austrag von Testflächen im Lahnenwiesgraben. Der Wert der Testfläche „KL" wurde als Ausreißer identifiziert und nicht weiter berücksichtigt. Die beiden Regressionsgeraden wurden mit (durchgezogene Linie) und ohne (gerissene Linie) die Testflächen „RK" und „HB" berechnet (s. Text).

Die starke Streuung der Werte und der daraus resultierende leichte, aber nicht sehr ausgeprägte statistische Zusammenhang (vgl. Abb. 4.60) hat seinen Ursprung in der Berechnung der sedimentliefernden Fläche. Die sedimentliefernde Fläche wurde in diesem ersten Schritt einzig aus dem Geländemodell abgeleitet, wobei eine Berücksichtigung beispielsweise der Vegetation unterblieb. Die Streuung der Daten bestätigt dabei bisherige Untersuchungen (vgl. z.B. WETZEL 1992, BECHT 1995, LIENER 2000), dass der Sedimentaustrag aus einem Einzugsgebiet ein Produkt mehrerer Faktoren ist und nicht eindimensional gesehen werden kann. Es erscheint also sinnvoll neben den topographischen Gegebenheiten auch die naturräumliche Ausstattung bei der Ableitung der sedimentliefernden Fläche in Betracht zu ziehen.

In Abbildung 4.60 wird deutlich, dass Einzugsgebiete existieren, die trotz kleiner sedimentliefernder Fläche sehr hohe Austragswerte besitzen. Dies sind neben dem Testflächen „Königsstand Links" („KL"), vor allem Testflächen, die sich durch sehr hohe Hangneigungen und vor allem durch das Fehlen von Vegetation auszeichnen („RK", „HB"). An der Testflächen „KL" wurden, ausgelöst durch eine kleine Rutschung an einem Gerinneeinhang in unmittelbarer Nähe zur Sedimentfalle, temporär höhere Austräge gemessen, die die Bilanz nachhaltig beeinflussen. Zwar spiegelt dies die in Kapitel 4.1 festgestellte Interaktion zwischen verschiedenen Prozessen wieder, dennoch hat dieses Ereignis einen zu großen Einfluss auf die Sedimentbilanz der Testflächen im Messzeitraum, als dass deren mittlerer jährlicher Austrag sinnvollen Eingang in die weiteren statistischen Analysen finden kann. Die Testfläche „KL" wird daher als Sonderfall in der statistischen Analyse nicht weiter berücksichtigt.

Lässt man zudem die Testflächen „HB" und „RK" aufgrund ihrer besonderen naturräumlichen Ausstattung (siehe oben) unberücksichtigt, so ergibt sich ein deutlich verbesserter Zusammenhang zwischen Austrag und sedimentliefernder Fläche von r = 0,805 (r^2 = 0,627) auf dem 0,01% Signifikanzniveau. Man kann deshalb davon ausgehen, dass der statistische Zusammenhang durch die Einbeziehung weiterer Faktoren (etwa der Vegetationsbedeckung) noch verbessert werden kann.
Dies könnte mit einer veränderten Prozedur zur Bestimmung der sedimentliefernden Fläche, durch beispielsweise Veränderung der Grenzwerte oder verstärkte Berücksichtigung der naturräumlichen Ausstattung, erfolgen (vgl. Kap.4.2.1.3). Dies wird in den folgenden Abschnitten im Rahmen einer Sensitivitätsanalyse untersucht.

Im Rahmen der Geländearbeiten konnte beobachtet werden, dass für die Sedimentlieferung in ein Hanggerinne vor allem die gerinnenahen und hier vor allem die steilen Bereiche von besonderer Relevanz sind. Durch die Beobachtungen im Gelände erschien der Grenzwert Entfernung vom Gerinne für die Ableitung der geschieberelevanten Fläche, wie er von HEINIMANN ET AL. (1998) verwendet wurde, als etwas zu groß. Daher wird in einem **zweiten Schritt** versucht, die Grenzwerte für die ungewichtete Ableitung der sedimentliefernden Fläche zu variieren. Dadurch lässt sich die Ausdehnung der sedimentliefernden Fläche deutlich verändern. Die Flächenausdehnung reagiert dabei auf die Veränderung des Neigungsgrenzwertes sensitiver als auf die des Grenzwertes der maximalen Distanz zum Gerinne. So ergibt sich bei einem Neigungsgrenzwert von 25° bei der Veränderung der maximalen Distanz zum Gerinne zwischen 50 und 100 m kaum eine Veränderung in der Größe der jeweiligen sedimentliefernden Fläche.

Für die Ableitung der sedimentliefernde Fläche werden die Grenzwerte 25° und 100 m Entfernung vom Gerinne verwendet, da die Ausdehnung der so ermittelten sedimentliefernden Fläche gut mit der Geländeerfahrung übereinstimmt. Anschließend werden die mit diesen Werten abgeleiteten sedimentliefernden Flächen (logarithmiert) mit den jeweiligen Austrägen (logarithmiert) in Beziehung gesetzt. Die Korrelation ergibt einen deutlich besseren Zusammenhang zwischen Größe der sedimentliefernden Fläche und dem Austrag mit einem Korrelationskoeffizienten von r = 0,806 (r^2 = 0,627) (0,01% Signifikanzniveau), zumal die Testflächen „HB" und „RK" bei dieser Analyse berücksichtigt bleiben (die Testfläche „KL" bleibt als Ausreißer weiterhin unberücksichtigt).

Da die in einem Einzugsgebiet wirkenden Prozesse (Materiallieferung) und die Vegetation als besonders einflussreich auf den Geschiebeaustrag angesehen werden, ist davon auszugehen, dass eine Einbeziehung dieser Faktoren die Streuung in den Werten verkleinert. Daher wird in einem **dritten Schritt** versucht, die naturräumliche Situation im sedimentliefernden Teil der Einzugsgebiete über die bloße Betrachtung der Hangneigung und der Distanz zum Gerinne hinaus noch differenzierter zu betrachten. Zu diesem Zweck wird die Relevanz der einzelnen Rasterzellen als Materiallieferant für das Gerinne in der Berechnung der sedimentliefernden Fläche mit berücksichtigt (WICHMANN 2006). Die sedimentliefernde Fläche wird dabei weiter mit den schon beschriebenen veränderten Grenzwerten abgeleitet (Distanz vom Gerinne max. 100 m, Hangneigung nicht kleiner als 25°). Hinzu kommt nun, dass jede Rasterzelle hinsichtlich der potenziellen Materialverfügbarkeit mit Werten zwischen 0 und 1 gewichtet wird. Jede Rasterzelle geht daher mit einem Wert, der zwischen ihrer gesamten Fläche oder Null liegt in die Summierung der sedimentliefernden Fläche ein. Die Ableitung der gewichteten sedimentliefernden Fläche erfolgt unter Verwendung der in Tabelle 4.7 angegebenen Gewichte. Als Datengrundlage steht die Vegetationskartierung von WICHMANN (2006), eine Hangneigungskarte (abgeleitet aus DHM) und Karten für den modellierten Prozessraum von Rutschungen und Sturzprozessen zur Verfügung (vgl. WICHMANN 2006). Abbildung 4.61 zeigt den Zusammenhang der auf diese Weise abgeleiteten sedimentliefernden Fläche und dem Austrag.

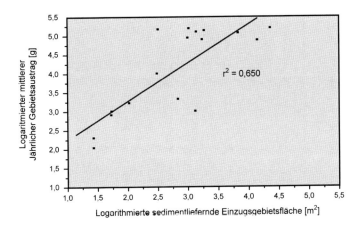

Abb. 4.61: Beziehung zwischen logarithmierter und gewichteter (alle Gewichte aus Tabelle 4.7) sedimentliefernder Fläche und dem logarithmierten mittleren jährlichen Austrag an Testflächen im Lahnenwiesgraben.

Sensitivitätsanalysen zeigen, dass vor allem die Gewichtung der Vegetationsbedeckung eine deutliche Verbesserung der Beziehung ermöglicht, wohingegen für die restlichen in Tabelle 4.7 aufgeführten Gewichte keine Einflussnahme nachgewiesen werden kann. So kann unter bloßer Berücksichtigung der Vegetation (über die Gewichte vegetationsbedeckt 0,2 und vegetationsfrei 1,0) in einem **vierten Schritt** ein Korrelationskoeffizient von $r = 0,856$ ($r^2 = 0,734$) erreicht werden. Wie Abbildung 4.62 zeigt, ist die Güte der Beziehung und damit auch der Anteil der erklärten Varianz der Werte nochmals deutlich verbessert.

Die statistischen Analysen zeigen, dass die Größe der sedimentliefernden Fläche (berechnet über die Grenzwerte 25° Neigung, 100m Entfernung zum Gerinne, Grobmaterialtransport im Gerinne nur über 3,5° und unter Berücksichtigung der Vegetation über die Gewichte vegetationsfrei 1,0 und vegetationsbedeckt 0,2) offenbar großen Einfluss auf den Geschiebeaustrag aus Hanggerinnen hat. Im Folgenden wird dieses Ergebnis durch Analysen im Reintal überprüft.

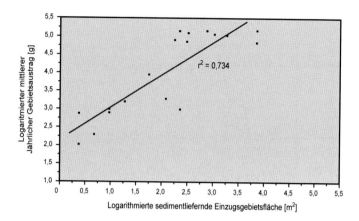

Abb. 4.62: Beziehung zwischen logarithmierter sedimentliefernder Fläche (nur Vegetation wurde über Gewichte eingerechnet; s.Text) und dem logarithmierten mittleren jährlichen Austrag von Testflächen im Lahnenwiesgraben.

Reintal

Auch im Reintal konnte kein statistischer Zusammenhang zwischen dem Sedimentaustrag und der Größe des hydrologischen Einzugsgebiets festgestellt werden. Da sich die hydrologische Situation durch die starke Verkarstung im Reintal als noch komplexer als im Lahnenwiesgraben darstellt (vgl. Kap. 3.4.2), war dies zu erwarten.

Aufgrund der guten Ergebnisse im Lahnenwiesgraben wurde auch im Reintal die sedimentliefernde Fläche bestimmt. Für die Ableitung wurden dieselben Grenzwerte wie im Lahnenwiesgraben verwendet (100 m, 25°). Aufgrund des sehr groben Substrats und der hohen Infiltrationskapazität wurde aber der Grenzwert für die Akkumulation von Grobmaterial entlang der Gerinne auf 15° gesetzt werden. Dies lässt sich wie folgt interpretieren: unter einem Grenzwert von 15° Gerinneneigung versickert in dem lockeren Substrat so viel Wasser, dass die Transportkapazität nicht ausreicht, um Grobmaterial weiter zu verlagern. Der Grenzwert wurde anhand der Testflächen „MK" und „VG0" geeicht. In den beiden Gerinnen wurde im Untersuchungszeitraum selbst bei extrem hohen Niederschlägen nur in einem Fall fluvialer Transport beobachtet (vgl. Abb. 4.54).

Als problematisch für die statistische Überprüfung der Relevanz der sedimentliefernden Fläche muss allerdings die Überlastung von einem Teil der Sedimentfallen bei größeren Ereignissen genannt werden. Da für diese Messstellen eine quantitative Überprüfung über die Jahresmittelwerte nicht möglich war, wurden die Analysen ohne die Austragswerte dieser Testflächen durchgeführt. Es wurden somit nur diejenigen Testflächen in die Analysen einbezogen, bei denen eine Überlastung nicht oder nur in Ausnahmefällen auftrat.

Der statistische Zusammenhang zwischen der sedimentliefernden Fläche und dem mittleren jährlichen Austrag ist mit einem r von 0,712 (r^2 = 0,507) allerdings aufgrund des geringen n von nur 7 Testflächen nicht signifikant. Das Einbeziehen der Vegetationsbedeckung über eine Gewichtung analog zum Lahnenwiesgraben führte im Reintal zu keiner deutlichen Veränderung der Beziehung. Dies war zu erwarten, da die Einzugsgebiete der Sedimentfallen nahezu vegetationsfrei sind.

WICHMANN (2006) gewichtete darüber hinaus vegetationsfreie Felsflächen geringer als vegetationsfreie Lockermaterialstandorte, um die geringere Materialverfügbarkeit auf Felsflächen zu berücksichtigen. Eine Differenzierung der Flächen erfolgt über einen Grenzwert der Hangneigung (40°, vgl. Tab. 4.7). Im Reintal hat sich durch Steinschlaguntersuchungen gezeigt, dass durch sekundären Steinschlag (Abspülung von auf Felssimsen zwischendeponiertem Material) sehr viel Material aus den Felsflächen bereitgestellt werden kann (vgl. KRAUTBLATTER 2004, KRAUTBLATTER & MOSER 2005). Dies macht die Simse in den Felswänden zu einem großen Schuttlieferanten. Da keine Karte existiert, in der Lockermaterialstandorte in den Felswänden von nacktem Fels getrennt werden, wird von einer Verwendung dieses Parameters für die Gewichtung abgesehen. Aus Gründen der Konsistenz und um die Ergebnisse vergleichen zu können, werden im Reintal die selben Gewichte wie im Lahnenwiesgraben (vegetationsbedeckt 0,2 und vegetationsfrei 1,0) verwendet.

Die statistischen Beziehungen zwischen sedimentliefernder Fläche und mittlerem jährlichen Austrag sind in beiden Untersuchungsgebieten nahezu identisch (vgl. Abb. 4.63). Dies trifft auch auf die Lage der Punkte im Diagramm zu. Einzig das Einzugsgebiet der Sedimentfalle „VG2" weicht stark ab. Es liegt in einem seitlichen Einhang eines großen Muranrisses/Feilenanbruchs und ist durch eine sehr hohe Hangneigung gekennzeichnet. Auf dieser Fläche findet anders als bei den übrigen Testflächen in erster Linie hangaquatischer Abtrag statt. Durch diese besondere Lage wirken daher dort, anders als in den übrigen Testgebieten, äquivalent zu den im Kapitel 4.1 vorgestellten Flächen mitunter auch andere Prozesse. Aus diesem Grund wurde die Testflächen bei der Berechnung der Ausgleichsgeraden nicht berücksichtigt. Wie Abbildung 4.62 zeigt, hat im Reintal die sediementliefernde Fläche eine vergleichbare Bedeutung für den Austrag wie im Lahnenwiesgraben.

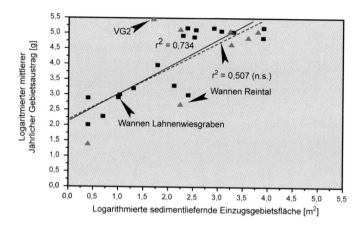

Abb. 4.63: Beziehung zwischen logarithmierter sedimentliefernder Fläche (Vegetation wurde über Gewichte eingerechnet; s.Text) und den logarithmierten mittleren jährlichen Austrägen von den Testflächen im Lahnenwiesgraben und im Reintal (gerissene Linie und Dreiecke). Als Grenzwerte für die Ableitung der sedimentliefernden Fläche wurden folgende Werte verwendet: max. Distanz zum Gerinne 100m, Hangneigung 25°, Gerinnetransport nicht unter 3,5° (Lahnenwiesgraben), 15° (Reintal).

4.2.2.6.2 Hangneigung

In zahlreichen Arbeiten zur fluvialen Erosion wird auch die Hangneigung eines Einzugsgebietes als eine wichtiger Einflussfaktor für Bodenerosion beschrieben (FAO 1965, GERITS ET AL. 1990) und auch BECHT (1994) zeigte deren Bedeutung für den Austrag aus Hangeinzugsgebieten.

Auch in der oben beschriebenen Ableitung der sedimentliefernden Fläche zeigte sich die Hangneigung bereits als wichtiger Parameter. Daher soll der Einfluss der mittleren Hangneigung des Einzugsgebiets auf den Austrag, für den BECHT (1994) bezogen auf das hydrologische Einzugsgebiet einen Korrelationskoeffizienten von bis zu 0,71 angibt, im folgenden näher dargestellt werden.
Für die Testflächen wurde die mittlere Hangneigung der in Kapitel 4.2.2.6.1 abgeleiteten sedimentliefernden Flächen (ohne Gewichte mit den Grenzwerten 100m und 25°) bestimmt. Dazu wurde die aus dem DHM abgeleitete Hangneigung mit dem

Rasterdatensatz der sedimentliefernden Flächen verschnitten und anschließend die mittlere Hangneigung der den einzelnen Sedimentfallen zugehörigen sedimentliefernden Flächen ermittelt. Dabei zeigt sich ein breites Spektrum an Werten für die einzelnen Flächen im Lahnenwiesgraben (18,9° bis 43,5°, vgl. Tab. 4.12) und Reintal (34,4° bis 88,2°, hoher Anteil an fast senkrechten Felsbereichen). Die mittleren Hangneigungen sind sowohl im Lahnenwiesgraben als auch im Reintal normalverteilt.

Tab. 4.12: Mittlere Hangneigung der sedimentliefernden Flächen im Lahnenwiesgraben.

Testfläche	Mittlere Hangneigung [°]	Standardfehler
BG	32,1	0,021
BL	27,5	0,025
FW	19,5	0,022
HB	36,1	0,077
HG	37,8	0,027
KK1	37,8	0,048
KK2	34,4	0,024
KK3	36,1	0,016
KL	23,9	0,094
KM	43,5	0,024
KR	25,2	0,029
MO	18,9	0,018
RK	42,4	0,152
RU	32,7	0,008
SG1	23,5	0,021
SG2	37,2	0,026
SP1	35,5	0,230
SP2	33,8	0,039
SP3	24,6	0,016

Die Analyse der Beziehung zwischen Austrag an den einzelnen Testflächen und der mittleren Hangneigung der jeweiligen sedimentliefernden Flächen des Lahnenwiesgraben ergab einen positiven Zusammenhang von $r = 0,705$ ($r^2 = 0,498$) auf dem 0,01% Signifikanzniveau. Dies zeigt deutlich, dass der fluviale Austrag aus Hangeinzugsgebieten mit steigender Hangneigung zunimmt. Dieser Zusammenhang kann noch deutlich verbessert werden, wenn die Testfläche Königsstand Links (KL) weiterhin als Ausreißer interpretiert bei der statistischen Analyse nicht berücksichtigt wird. Hierdurch ergibt sich ein statistischer Zusammenhang von r = 0,864 (r^2 = 0,748, Abb. 4.64). Der Versuch die Größe der sedimentliefernden Fläche und die mittlere Hangneigung in einer multivariaten Korrelation zu kombinieren, brachte keine signifikante Verbesserung des Ergebnisses. Dies gilt auch für die in den folgenden Kapiteln vorgestellten Parameter.

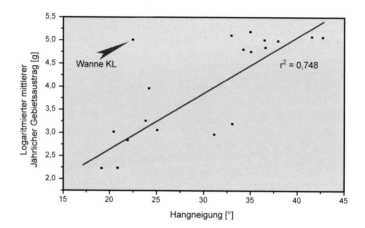

Abb. 4.64: Beziehung zwischen mittlerer Hangneigung der sedimentliefernden Fläche und dem mittleren jährlichen Austrag (logarithmiert) von Testflächen im Lahnenwiesgraben. Der markierte Wert der Testfläche „KL" wurde als Ausreißer angesehen und bei der Berechnung der Regressionsgerade nicht berücksichtigt.

Für das Reintal konnte kein signifikanter Zusammenhang zwischen Austrag und mittlerer Hangneigung der sedimentliefernden Fläche festgestellt werden. Dies liegt vermutlich an der verhältnismäßig geringen Stichprobe.

4.2.2.6.3 Gerinnelänge (Fließlänge) und Gerinneneigung

Mit zunehmender Gerinnelänge nimmt zum einen die Größe des hydrologischen Einzugsgebietes eines Gerinnes zu, zum Anderen nimmt die Fläche zu, die für Gerinneerosion oder Lateralerosion zur Verfügung steht. Es war also davon auszugehen, dass neben der sedimentliefernden Einzugsgebietsfläche auch die Länge des Gerinnes für die Höhe der Austräge eine wichtige Einflussgröße darstellt. Daneben ist bekannt, dass mit steigender Gerinneneigung der Sedimenttransport zunimmt, da dann auch bei geringeren Abflüssen größere Partikel transportiert werden können (vgl. LAM LAU & ENGEL 1999). Daher ist die Hangneigung neben Reibungsparametern auch in allen bestehenden Geschiebetransportformeln berücksichtigt (SMART & JÄGGI 1983).

Die Gerinnelänge wurde aus dem DHM abgeleitet. Hierfür wurde ein Gerinnenetz nach dem unter Kapitel 4.2.1.3 beschriebenen Verfahren berechnet und für jede Testfläche die Gerinnefläche durch Aufsummieren der Gerinnerasterzellen bestimmt. Diese Gerinneflächen wurden durch die Gerinnebreite (Rasterbreite 5m) dividiert. Die so ermittelte Gerinnelänge wurde durch punktuelle Kartierungen der Gerinnestartpunkte im Gelände validiert. Teilweise war das abgeleitete Gerinne deutlich länger als in der Realität (vgl. Kap. 4.2.1.3) und so wurden in diesen Fällen die Gerinne manuell so stark verkürzt, dass sie der Realität entsprechen. Im Lahnenwiesgraben besteht ein statistischer Zusammenhang zwischen der logarithmierten Gerinnelänge und dem logarithmierten Austrag mit einem Korrelationskoeffizienten von r = 0,577 (r^2 = 0,333) auf dem 0,01% Signifikanzniveau.

Als Eingangsdatensatz für die statistischen Analysen zwischen Austrag und Gerinneneigung wurde die mittlere Neigung des gesamten Gerinnes der jeweiligen Testflächen verwendet. Die Beziehung zwischen dem logarithmierten Austrag und der mittleren Hangneigung im Gerinne liegt im Lahnenwiesgraben mit r = 0,730 (r^2 = 0,533, Signifikanzniveau 0,01%) auf einem ähnlich hohen Niveau wie im Fall der mittleren Hangneigung der sedimentliefernden Fläche.

Sowohl für die Gerinnelänge als auch für die Gerinneneigung konnte im Reintal kein statistisch signifikanter Zusammenhang (r = 0,648; nicht signifikant wegen der geringen Stichprobe) mit dem Austrag ermittelt werden. Wenn wiederum die Testfläche „VG2" bei der Analyse unberücksichtigt bleibt (im Gegensatz zu den anderen Testflächen kein deutlich ausgebildetes Gerinne), erhält man allerdings einen signifikanten statistischen Zusammenhang (r = 0,831, 0,05% Signifikanzniveau). Die Abbildung 4.65 zeigt sowohl die Daten aus dem Reintal, als auch die aus dem Lahnenwiesgraben in einem Streudiagramm. Die Grafik zeigt, dass die Testflächen (eine Ausnahme bildet die Testfläche „VG2") aus dem Reintal und dem Lahnenwiesgraben vergleichbare Austräge und Gerinnelängen aufweisen.

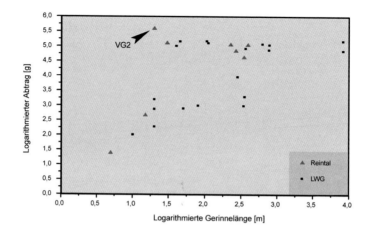

Abb. 4.65: Streudiagramm mit dem logarithmiertem mittlerem jährlichen Austrag [g] und der logarithmierten Gerinnelänge [m] der Gerinne mit Sedimentfallen im Reintal und Lahnenwiesgraben.

4.2.2.6.4 Vegetationsbedeckung

Die Einbeziehung der Vegetationsbedeckung in die Berechnung der sedimentliefernden Flächen zeigte bereits deren großen Einfluss. Darüber hinaus wird versucht Zusammenhänge zwischen dem Austrag und der im sedimentliefernden Einzugsgebiet auftretenden Vegetationsklassen zu ermitteln. Dafür wurde die sedimentliefernde Fläche ohne Gewichtung der Vegetation abgeleitet (Grenzwerte: Distanz zum Gerinne 100 m, Hangneigung 25°, Weitertransport nicht unter 3,5°) und der prozentuale Anteil der Vegetationsklassen an den jeweiligen Flächen berechnet. Mit den prozentualen Anteilen der einzelnen Vegetationsklassen und den Sedimentspenden (bezogen auf die sedimentliefernde Fläche kg*ha^{-1}*a^{-1}, da mit Prozentanteilen der einzelnen Vegetationseinheiten im jeweiligen Einzugsgebiet gerechnet wurde; dies gilt auch für die Faktoren Lithologie, geotechnische Eigenschaften und Boden in den Kapiteln 4.2.2.6.5 und 4.2.2.6.6) wurde die folgende statistische Analyse durchgeführt.

Zwischen dem auf die sedimentliefernde Fläche normierten Austrag und dem Anteil der vegetationsfreien Fläche ergaben die Analysen einen statistisch signifikanten Zusammenhang (r = 0,463, Signifikanzniveau 0,05 %). Dieser Zusammenhang zeigt, dass der Austrag ansteigt, je vegetationsfreier die Fläche ist, was auch BECHT (1995) und LIENER (2000) für die hydrologischen Einzugsgebiete ihrer Testflächen in alpinen Einzugsgebiete beschreiben. Allerdings zeigt das Ergebnis auch, dass die Vegetation im Vergleich zu den Faktoren Hangneigung und Größe der sedimentliefernden Fläche eine deutlich geringere Rolle spielt. Der Grund hierfür könnte zum Teil darin liegen, dass auf den Testflächen mehrere Vegetationsklassen vorkommen. So heben sich Effekte der einen Vegetationsklasse durch Effekte einer anderen Vegetationsklasse wieder auf. So ist beispielsweise eine vegetationsfreie Fläche in direktem Anschluss an ein Gerinne von deutlich höherer Relevanz für den Materialeintrag, als dies bei einer vegetationsfreien Fläche der Fall ist, die zwar im Einzugsgebiet der Sedimentfalle liegt, sich aber deutlich weiter entfernt vom Gerinne befindet. Insgesamt ist somit der geringe signifikante statistische Zusammenhang zwischen Austrag und Vegetation zu erklären.

4.2.2.6.5 Lithologie und geotechnische Eigenschaften

Ein Zusammenhang zwischen dem auf die sedimentliefernde Fläche normierten Austrag und einer bestimmten Lithologie ist nicht erkennbar. Im Lahnenwiesgraben existiert zwar ein schwacher und nicht signifikanter Zusammenhang zwischen dem Austrag und der Ausprägung Hauptdolomit. Dies erscheint angesichts des zu starker Schuttproduktion neigenden Gesteins auch logisch, doch lässt sich dies nur schwer statistisch überprüfen, da diese Gesteinsart auf den Testflächen des Lahnenwiesgraben deutlich überrepräsentiert und damit zu ungleich verteilt ist. Es ist also davon auszugehen, dass im Untersuchungsgebiet Lahnenwiesgraben die Lithologie anderen Faktoren gegenüber in ihrer Bedeutung zurücksteht. Dass ein deutlicher Zusammenhang zwischen der Lithologie und dem Austrag nicht existiert, könnte sich dadurch erklären, dass unabhängig von der Lithologie ausreichend Lockermaterial für die fluviale Erosion zur Verfügung steht, so dass diese nicht als steuerndes Element auftritt.

Da im Reintal nur der Wettersteinkalk vertreten ist, wurden dort keine statistischen Analysen hinsichtlich der Lithologie durchgeführt.

Als weiterer Datensatz für eine Analyse stand im Lahnenwiesgraben eine geotechnische Karte von KELLER (in Vorb.) zur Verfügung. Diese Karte weißt insgesamt acht geotechnische Klassen auf, wovon sechs in den Testflächen vertreten sind. Bei der Analyse der Daten wurde ein signifikanter statistischer Zusammenhang (r = 0,572,

Signifikanzniveau: 0,05) zwischen dem prozentualen Auftreten der Klasse „Anstehendes Gestein" und dem auf die sedimentliefernde Fläche normierten Austrag festgestellt. Außer einem nicht signifikanten und schwach ausgeprägten Zusammenhang ($r = -0,378$) zwischen normiertem Austrag und dem Parameter Hangschutt konnten keine weiteren Abhängigkeiten festgestellt werden. Besonders der Zusammenhang zwischen Austrag und prozentualem Flächenanteil der Klasse „Anstehendes Gestein" erscheint plausibel. Anstehendes Gestein befördert den Oberflächenabfluss bei gleichzeitiger Verfügbarkeit von Lockermaterial in Speichern in den Felswänden (Material in Simsen; vgl. Kap. 4.2.2.3.1.1). Der schwache negative Zusammenhang zwischen Austrag und der Klasse Hangschutt war ebenfalls zu erwarten, da das grobe Material deutlich die Bildung von Oberflächenabfluss hemmt oder sogar gänzlich verhindert. Dieser Umstand lässt sich sowohl aus der Geländeerfahrung im Lahnenwiesgraben, als auch aus den Erkenntnissen im Reintal bestätigen.

Im Reintal war eine geotechnische Karte nicht verfügbar, daher wurden in diesem Tal auch keine statistischen Analysen mit diesem Faktor durchgeführt.

4.2.2.6.6 Boden

Die statistische Analyse hinsichtlich des normierten mittleren jährlichen Sedimentaustrages und dem prozentualen Auftreten von Bodentypen in den einzelnen Einzugsgebieten der vorliegenden Studie zeigte keine deutlichen statistischen Zusammenhänge. Einzig ein schwacher Zusammenhang des Austrages mit dem Bodentyp Rohboden war zu verzeichnen. Da Bereiche mit hoher Lockermaterialverfügbarkeit (Kare) in diese Klasse fallen, überrascht der schwache Zusammenhang. Weil allerdings auch auf Hangschuttflächen dieser Bodentyp häufig zu finden ist, ist die schwache Ausprägung des Zusammenhangs wiederum erklärbar. Eine bessere Differenzierung der Bodenkarte (z.B. Hinzunahme der Klasse „ohne Bodenauflage") war aufgrund der Unwegsamkeit des Geländes in vielen Bereichen nicht durchführbar. Somit konnten die Unsicherheiten in der Beziehung zwischen Austrag und den Anteilen der Bodentypen an den Einzugsgebieten nicht beseitigt werden.

Als wichtigster Grund für das Fehlen eines statistischen Zusammenhangs zwischen Sedimentaustrag und vorherrschendem Bodentyp ist sicherlich, äquivalent zum Faktor Vegetation, darin zu sehen, dass in den meisten Einzugsgebieten mehrere Bodentypen nebeneinander auftreten. So ist davon auszugehen, dass mitunter die positiven

Auswirkungen eines Bodentyps auf den Oberflächenabfluss und damit auf den Bodenabtrag durch das Auftreten eines Bodentyps, der sich negativ auf den Oberflächenabfluss auswirkt, abgeschwächt oder ganz aufgehoben werden.

4.2.2.7 Zusammenfassung der Ergebnisse der Messungen des Sedimentaustrags aus Hangeinzugsgebieten

Die Auswertungen in Kapitel 4.2 haben gezeigt, dass der Sedimentaustrag aus Hangeinzugsgebieten sowohl räumlich als auch zeitlich äußerst variabel ist.

Die zeitliche Variabilität kann teilweise durch die sich verändernden hygrischen Bedingungen (Niederschlag) erklärt werden, wobei die einzelnen Testflächen sehr unterschiedlich auf Niederschlag reagieren. Während Einzugsgebiete mit geringer Vegetationsbedeckung in erster Linie nach starken Niederschlagsintensitäten erhöhte Austräge aufweisen, reagieren Testflächen mit einem hohen Waldanteil erst auf langanhaltende Niederschläge. Gerinne hingegen, die durch Quellen gespeist werden, zeigen nahezu keine Reaktionen auf den Niederschlag. Diese nicht so deutliche positive Abhängigkeit des Austrags vom Niederschlag hat zum einen ihre Ursache in den in den Niederschlagsdaten enthaltenen Unsicherheiten, zum anderen in nur schwer ermittelbaren Ereignissen in den Einzugsgebieten selbst (beispielsweise Steinschlageintrag oder Einstürze von Gerinneeinhängen). Darüber hinaus stecken gewisse Unsicherheiten in der Erfassung der hydrologischen Situation in den Einzugsgebieten (beispielsweise Vorfeuchte des Bodens vor einem Niederschlag). Die Bodenfeuchte kann bei so komplexer Topographie allerdings kaum mit ausreichender Genauigkeit ermittelt werden und die Hilfsvariable „Vorregen" (Niederschlag der letzten 72 h), die in einer multivariaten statistischen Analyse mit der Niederschlagsintensität berücksichtigt wurde, brachte kein befriedigendes Ergebnis.

Die Ergebnisse zeigen weiter, **dass der Austrag aus Hangeinzugsgebieten (sowohl der wöchentliche als auch der jährliche) stark von der naturräumlichen Ausstattung der Einzugsgebiete beeinflusst wird**. Als für den wöchentlichen Austrag relevant wurden die Substratbeschaffenheit und die Vegetationsbedeckung bereits genannt.

Als besonders beeinflussend für den mittleren jährlichen Austrag haben sich die Größe der sedimentliefernden Fläche, die mittlere Hangneigung und der Grad der Vegetationsbedeckung erwiesen. Die Größe der regelbasiert abgeleiteten sedimentliefernden Fläche steuert die Materialverfügbarkeit in den zugehörigen Gerinnen und berücksichtigt über die Vegetation zu einem Teil auch die hydrologische Situation. Der Versuch die Beziehung zwischen der Größe der sedimentliefernden Fläche und des Austrags durch Berücksichtigung der Parameter mittlere Hangneigung und Vegetationsbedeckung noch zu verbessern, brachte keinen Erfolg. **Daher bildet die Beziehung zwischen Austrag und Größe der sedimentliefernden Fläche alleine die Grundlage für einen Modellierungsansatz, der im Kapitel fünf näher erläutert wird.**

Über die Abhängigkeit des Austrags von der naturräumlichen Ausstattung der Einzugsgebiete und über die hygrischen Bedingungen hinaus haben die Ergebnisse außerdem deutlich gemacht, **dass der fluviale Austrag stark von anderen Prozessen beeinflusst wird** (Muren, Lawinen und kleine Rutschungen). Diese Beeinflussung ist schwer zu erfassen und noch viel schwerer vorherzusagen, so dass der Warnung von BECHT (1995), Austragsdaten über längere Zeiträume zu extrapolieren, aufgrund der Ergebnisse dieser Arbeit und der Arbeiten im SEDAG Projekt (HAAS ET AL. 2004, HECKMANN ET AL. 2008, MORCHE ET. AL. 2007) zugestimmt werden muss.

5 Modellierung des fluvialen Austragspotenzials aus Hangeinzugsgebieten

Für die Regionalisierung von geomorphologischen Prozessen existieren eine Vielzahl Modelle. Diese Modelle dienen unter anderem dazu, das Auftreten eines Prozesses zeitlich und räumlich vorherzusagen. Die generelle Anfälligkeit einer Fläche für das Auftreten eines geomorphologischen Prozesses wird in der Literatur als Disposition bezeichnet (vgl. HEGG 1997, KIENHOLZ 1995). Für die Bestimmung der Disposition existieren unterschiedliche Arten von Modellkonzeptionen. Ein Teil dieser Modellkonzepte wurde mit GIS Funktionalitäten umgesetzt (CARRARA & GUZZETTI 1995). Die Modellkonzeptionen können in drei Klassen unterteilt werden:

- Regelbasierte Modelle oder Expertensysteme
- statistische Modelle
- physikalische Modelle.

Einen guten Überblick über die unterschiedlichen Modellansätze zur Bestimmung der Disposition von im Hochgebirge wirkenden geomorphologischen Prozessen, wie Muren, Steinschlag oder Lawinen, geben HECKMANN (2006) und WICHMANN (2006). In diesen Arbeiten werden darüber hinaus weiterentwickelte Dispositionsmodelle für Muren, Steinschlag und Lawinen vorgestellt.

Da der fluviale Abtrag (Bodenerosion) ein weltweit vielbeachtetes Problem darstellt, existieren für die Regionalisierung von fluvialen Abtragsraten viele Modelle. SCHÜTT (2006) und V. WERNER (1995) geben über deren Vielfalt und JETTEN ET AL. (1999) sowie JETTEN ET AL. (2003) über deren Aussagegenauigkeit einen guten Überblick. Da sich Bodenerosion auf den Ertrag landwirtschaftlicher Flächen auswirkt (vgl. SCHMIDT 2003), konzentriert sich die Forschung aber in erster Linie auf agrarisch genutzte Gebiete. Diese Räume zeichnen sich durch deutlich geringere Hangneigungen, mächtigere Bodenauflagen, Vegetationsbedeckung und zumeist auch durch andere klimatische Bedingungen aus. Dies unterscheidet sie somit deutlich vom Untersuchungsraum des SEDAG Projekts. Eine einfache Übertragung der empirischen Modelle, die auf Messungen in eher flachem Gelände basieren, erschien auch aufgrund der eigenen Ergebnisse des Einsatzes der USLE in Kapitel 4.1 nicht sinnvoll. Zudem ist dieses am häufigsten eingesetzte Modell nur in der Lage, Erosion zu simulieren, während es Akkumulation unberücksichtigt lässt (FOSTER 1991 in WILSON & LORANG 2000). Dies führt zu Problemen beim Einsatz in größeren Einzugsgebieten

(DE ROO 1998). Während dieser Aspekt auf den in Kapitel 4.1 beschriebenen Flächen (auf lange Sicht nur Erosion) keine Rolle spielt, ist dies auf Einzugsgebietsebene äußerst problematisch, da hier in aller Regel das Material auch mittel- bis längerfristig zwischengelagert wird. Diese Einschätzung trifft auch auf eine Vielzahl weiterer Modelle zu (z.B. *ANSWERS* oder *RUSLE*), die ebenfalls auf Faktoren der USLE zurückgreifen (V. WERNER 1995). Auch diese Modelle sind deshalb nicht für die Vorhersage des fluvialen Prozessgeschehens im Gebirge geeignet.

Neben empirischen Modellen existieren physikalische Modelle, wie etwa die Modelle Erosion 2D und 3D (MICHAEL 2000, SCHMIDT 1991, V. WERNER 1995), die sich aufgrund ihrer physikalischen Grundlage gut auf andere Räume übertragen lassen. Dies trifft durchaus auch auf den in dieser Arbeit untersuchten Raum zu, allerdings benötigen diese Modelle eine große Anzahl an Eingangsdaten. Diese sind nur schwer und dann nur mit sehr hohem zeitlichen Aufwand flächenhaft zu erheben (beispielsweise Oberflächenrauhigkeiten), was gerade für alpine Einzugsgebiete besonders gilt. Ein Einsatz dieser Modelle erschien daher ebenfalls nicht sinnvoll.

Ziel war es deshalb, ein eigenes Modell zu entwickeln, das in der Lage ist, den Geschiebeaustrag aus alpinen Hangeinzugsgebieten (und damit die Disposition von Hanggerinnen für fluvialen Austrag) mit einer geringen Anzahl an Eingangsparametern abzuschätzen. Diese Eingangsparameter sollten leicht zu ermitteln sein, also dem Titel von WAINWRIGHT & MULLIGAN (2004) folgen: „.... *Finding Simplicity in Complexity*".

Als Grundlage für die Modellentwicklung dienten die in Kapitel 4.2 erarbeiteten empirischen Ergebnisse. Im Folgenden wird das Modell beschrieben und die Ergebnisse der Modellierung im Lahnenwiesgraben diskutiert. Das im Lahnenwiesgraben entwickelte Modell wird auch im Reintal eingesetzt, um die Übertragbarkeit zu prüfen. Die Ergebnisse der Modellierung können so mit den in diesem Tal erhobenen Messdaten validiert werden.

5.1 Modellkonzept

Die vorgestellte Modellierung des fluvialen Geschiebepotentials von Hanggerinnen hat ihre Grundlage in den Auswertungen des gemessenen Gebietsaustrag aus Hangeinzugsgebieten in Kapitel 4.2.2.6 dieser Arbeit und in der regelhaften Ausweisung einer sedimentliefernden Fläche durch eine GIS-Analyse. Dabei wird über die regelhafte Ableitung der sedimentliefernden Fläche in einem ersten Schritt eine **Dispositionskarte für Sedimentverfügbarkeit** im Gerinne erstellt (vgl. Kap. 4.2.2.6). Mit dieser Dispositionskarte und den gemessenen Geschiebeaustragsraten werden dann statistische Analysen durchgeführt, die dann verwendet werden können den Geschiebeaustrag zu **regionalisieren**. Das Modell kann damit also den **statistischen Modellen** zugeordnet werden, das Daten verwendet, die regelbasiert abgeleitet werden.

Um die sedimentliefernde Fläche nach dem Ansatz von HEINIMANN ET AL. (1998) zu berechnen, wird das unter Kapitel 4.2 schon beschriebene SAGA Modul „*DF Dispo Channel*" unter Veränderung der bei WICHMANN (2006) beschriebenen Grenzwerte eingesetzt. Aus einem DHM und einer Vegetationskarte können alle benötigten Eingangsdatensätze abgeleitet werden.

Aus dem DHM wird ein **Gerinnenetz** extrahiert. Hierfür kam das SAGA Modul *Channel Network* (CONRAD 2001) zum Einsatz. Dieses Modul benötigt als Eingangsdatensatz neben einem DHM eine Karte mit den Ausgangspunkten der Gerinne (*channel heads*). Diese werden im LWG über den im Kapitel 4.2.1.3 beschriebenen CIT – Index (MONTGOMERY & DIETRICH 1989, MONTGOMERY & FOUFOULA-GEORGIOU 1993) detektiert, wobei die in diesem Kapitel beschriebenen Grenzwerte zur Ausweisung verwendet werden. Im Reintal werden die Gerinne über einen Grenzwert der Einzugsgebietsgröße ermittelt. Die auf diese Weise abgeleiteten Gerinnenetze sollten noch visuell überprüft und notfalls manuell korrigiert werden, da an einigen Stellen, beispielsweise durch Verkarstung, Fehler entstehen können. An einigen Stellen im Lahnenwiesgraben mussten solche manuellen Korrekturen am abgeleiteten Gerinnenetz durchgeführt werden (vgl. Kap.4.2.1.3).

Aus dem abgeleiteten Gerinnenetz und dem DHM wird dann über die Grenzwerte Hangneigung und Entfernung vom Gerinne die **sedimentliefernde Fläche** abgeleitet. Um das Geschiebepotenzial jeder Rasterzelle noch skalieren zu können, bietet das Modell die Möglichkeit, über eine **Gewichtung** auch nur einen Teil der Fläche als geschieberelevant zu definieren. Für das Modell wurde nach den Ergebnissen aus Kapitel 4.2.2.6 mittels einer Reklassifizierung der Vegetationskarte ein Rasterdatensatz mit Gewichten entsprechend den Werten aus Tabelle 5.1 erstellt. Diese gewichteten Flächenanteile werden dann durch das Modell hangabwärts aufsummiert. Dies erfolgt, so lange ein Grenzwert von 3.5° Gerinneneigung nicht unterschritten wird.

Aus diesen Berechnungen wird dann eine Dispositionskarte für das **Geschiebepotenzial** erstellt.

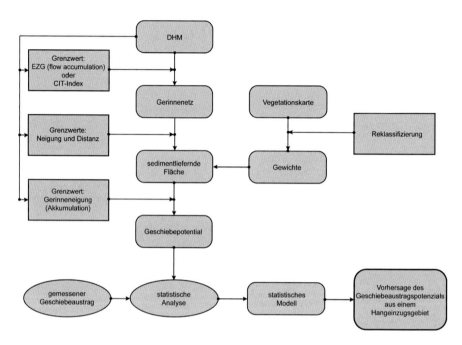

Abb. 5.1: Schematische Darstellung der Vorgehensweise zur Bestimmung des potenziellen Geschiebeaustrags aus Hangeinzugsgebieten.

Tab. 5.1: Gewichte der Vegetationsklassen für die Berechnung der sedimentliefernden Fläche.

Vegetationsklasse	Gewicht
vegetationsfrei	1,0
lückenhafte Vegetation/Pioniervegetation	1,0
Grasbewuchs	0,2
Krummholz	0,2
Sträucher/Büsche/Jungwuchs	0,2
Mischwald	0,2
Nadelwald	0,2

Aus dem Geschiebepotenzial und den gemessenen Austragsraten an den Wannen wurde über eine **statistische Analyse** die in Kapitel 4.2.2.6 beschriebene univariate Beziehung ermittelt, mit der das **Geschiebeaustragspotential** jeder Gerinnezelle vorhergesagt werden kann:

$$Y_{LWG} = 0{,}885\ A_g + 2{,}13 \quad \text{für den LWG} \tag{5.1}$$

mit Y_{LWG} = logarithmierter Austrag (g)
A_g = logarithmierte sedimentliefernde Fläche

Die Ergebnisse der Modellierung und damit der Regionalisierung des Geschiebeaustrags aus Hangeinzugsgebieten für den Lahnenwiesgraben und das Reintal werden im folgenden Kapitel ausführlich beschrieben. Neben den Ergebnissen der Modellierung enthält das Kapitel auch Ausführungen über die Stärken und Schwächen des eingesetzten Modells.

5.2 Ergebnisse der Modellierung für den Lahnenwiesgraben

Abbildung 5.2 zeigt das nach dem oben beschriebenen Verfahren abgeleitete Geschiebeaustragspotenzial im Lahnenwiesgraben. Die Höhe des Geschiebepotenzials einer Rasterzelle wird durch unterschiedliche Farbtöne dargestellt. Dabei entspricht „weiß" einem sehr geringen und „schwarz" einem sehr großen Geschiebepotenzial (bei einem Wertebereich von 2 bis 5,9 für den logarithmierten Austrag in g*a^{-1}). Werte unterhalb wurden als vernachlässigbar eingestuft und sind daher nicht abgebildet. Unter anderem weil die Werte durch Messung nur bis zu einem mittleren jährlichen Austrag von 5,5 (Gramm logarithmiert) vorlagen, erschien eine Skala mit absoluten Werten in den folgenden Abbildungen unangebracht. Im Text werden die modellierten Werte allerdings genannt und erfolgt jeweils eine Einschätzung, ob es sich um realistische Vorhersagen handelt. In Klammern werden zusätzlich die Geschiebespenden angegeben, die sich auf die jeweiligen hydrologischen Einzugsgebiete beziehen (vgl. BECHT 1995, BEYLICH 1999). Zwar hat die Geländeerfahrung gezeigt, dass die hydrologischen Einzugsgebiete der Sedimentfallen nicht in ihrer Gänze sedimentliefernd sind, allerdings werden in bisherigen Arbeiten Feststoffspenden immer auf das hydrologische Einzugsgebiet bezogen, so dass dieses Vorgehen auch in vorliegender Arbeit angewendet wird.

Da sich die Messungen in der vorliegenden Untersuchung auf Hanggerinne beschränken, können Aussagen über den Transport im Hauptgerinne nicht getroffen werden. Dennoch sind die Werte auch im Hauptgerinne dargestellt, da sich dort einige, mit den Geländebefunden übereinstimmende Akkumulationsbereiche zeigen (beispielsweise die große Griesstrecke im Ostteil des Einzugsgebietes).

Die Karte macht deutlich, dass das Geschiebepotenzial mit steigender Einzugsgebietsgröße zunimmt. Gerade in den steilen Hanggerinnen nahe der Wasserscheide ist zu beobachten, dass in erster Linie der Grenzwert „Entfernung vom Gerinne" die sedimentliefernde Fläche begrenzt, während dies in den flacheren Bereichen zumeist die Hangneigung übernimmt. Diese Ergebnisse stimmen gut mit den Geländeerfahrungen überein, da die fluviale Erosion in flacheren Bereichen in erster Linie linear in den Gerinne erfolgt. In steilen Bereichen wirken sich der hangaquatische Abtrag oder andere Prozesse von den angrenzenden Hängen stärker aus. Der Unterschied zeigt sich besonders bei der Betrachtung der sehr steilen Gerinne mit großer sedimentliefernder Fläche im Kramermassiv und den Gerinneabschnitten in eher flacheren Gebieten des Lahnenwiesgrabens.

Deutlich sichtbar sind die hohen modellierten Austragsraten der Gerinne im Südostteil des Einzugsgebiets (im Bereich des Kramermassivs), deren höher gelegene Einzugsgebietsflächen durch Lockermaterial (Moräne, Hangschutt in den Karen) gekennzeichnet sind. Diese Gerinne zeigten während des Untersuchungszeitraums visuell eine sehr hohe Dynamik, da nach Niederschlägen oder während der Schneeschmelze häufig hohe Abflüsse auftraten. Das modellierte hohe Geschiebepotenzial, das an der Mündung dieser Gerinne in den Lahnenwiesgraben (Pfeil Nr. 1 in Abb. 5.2) mit bis zu einer Tonne (23 $kg*ha^{-1}*a^{-1}$) Geschiebematerial modelliert wird, erscheint daher realistisch.
In den Gerinnen des Kramermassives konnten im Verlauf der Untersuchungen zahlreiche Murgänge beobachtet werden. Dies spricht ebenfalls für die hohe Materialverfügbarkeit und das hohe Austragspotenzial in diesen Bereichen. Auch in den größeren Gerinnen im Nordteil des Lahnenwiesgrabens werden sehr hohe Austragsraten modelliert. Dies trifft vor allem auf die Gerinne zu, in deren Verlauf tributäre vegetationsfreie und sehr steile Flächen liegen (z.B. Brünstlegraben, Herrentischgraben).

Modellierung

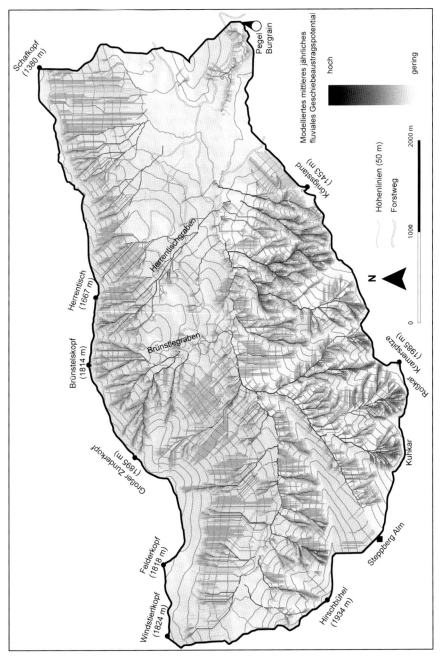

Abb. 5.2: Modelliertes mittleres jährliches fluviales Geschiebeaustragspotenzial der Hanggerinne des Lahnenwiesgraben.

Da in großen Gerinnen nur lückenhaft Daten erhoben werden konnten, kann die Validierung des Modells hier ausschließlich qualitativ erfolgen. Für die Gerinne, in denen über längere Zeit der Materialaustrag bei zeitweiliger Überlastung der Sedimentfallen erfasst wurde, kann allerdings zumindest ein Mindestwert des Austrags ermittelt werden. Die Modellierung zeigt beispielsweise für die Wanne „HGN" einen hohen potenziellen Geschiebeaustrag von über 300 kg*a^{-1} (7 kg*ha^{-1}*a^{-1}). Der gemessene jährliche Mindestaustrag lag in den Jahren 2002 und 2003 bei über 400 kg/a (9 kg*ha^{-1}*a^{-1}). Der Gebietsaustrag wird durch das Modell also gut abgeschätzt. Da die Größe der sedimentliefernden Fläche im Detail nur schwer auf der Karte des Untersuchungsgebiets zu erkennen ist, werden im Folgenden einige Fallbeispiele im Detail diskutiert.

Im Kramermassiv (Abb. 5.3) werden aufgrund der hohen Materialverfügbarkeit und der Steilheit des Geländes schon nach kurzen Lauflängen sehr hohe potenzielle Austragsraten in den Gerinnen erreicht. Dies deckt sich für beide Bereiche sehr gut mit der Geländeerfahrung, da hier eine extrem hohe Dynamik beobachtet werden kann. Im dargestellten Ausschnitt zeigt sich darüber hinaus deutlich, dass die sedimentliefernden Flächen in den Karen gut aufgelöst sind. In den steilen Bereichen des Kuhkars sind große Flächen um die Gerinne geschieberelevant, während im etwas flacheren Gelände des Karbodens die Erosion nur noch linear in der Tiefenlinie erfolgt. Für das Kuhkar wird Durchtransport über die Karschwelle hinaus simuliert (Pfeil Nr.1). Dies entspricht mittlerweile der Realität, da bei dem Mureignis im Jahr 2002 die Karschwelle durchschnitten wurde (vgl. Kap. 4.2.2.3.2). Im Roßkar dagegen werden die Akkumulationsbereiche auf den Verflachungen, wie beispielsweise dem Karboden gut abgebildet (Pfeil Nr. 2).

In der Abbildung 5.3 ist allerdings auch erkennbar, dass das Geländemodell mit der Auflösung von 5 Metern offenbar einige Gerinne nicht aufzulösen vermag (Pfeil Nr. 4), die dann auch nicht vollständig in die Berechnung der geschieberelevanten Fläche eingehen. Versuche, diese Gerinne über einen veränderten CIT-Index (vgl. Kap. 4.2.1.3) zu bestimmen, brachte keinen Erfolg, da durch eine Verringerung dieses Grenzwertes völlig unrealistische Gerinnenetze abgebildet wurden. Das bedeutet, dass die Qualität des Modells mit einer Verbesserung der Genauigkeit des DHMs vermutlich noch gesteigert werden könnte. Insgesamt trifft das im Lahnenwiesgraben aber nur für sehr wenige kleine Gerinne in der Nähe der Wasserscheide zu. Erkennbar ist darüber hinaus auch, dass im Roßkar die Karschwelle überwunden wird (Pfeil Nr. 3), was nicht der Wirklichkeit entspricht. Hier ist im Geländemodell eine Tiefenlinie aufgelöst, die in der Realität aber nicht aktiv ist. Dies hat ihre Ursache

Modellierung 175

vermutlich in der Berechnung des Höhenmodells, das hydrologisch korrigiert wurde, indem die Senken und Flachstellen eliminiert wurden (vgl. WICHMANN 2006)

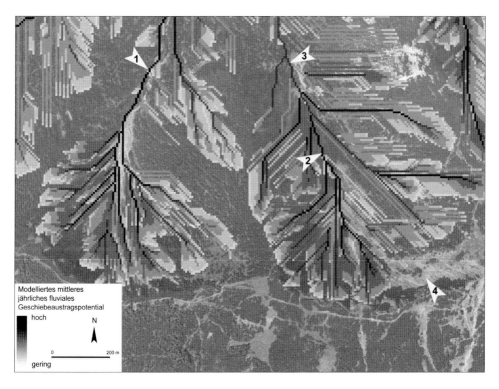

Abb. 5.3: Modelliertes mittleres jährliches fluviales Geschiebeaustragspotenzial der Gerinne im Kuh- und Roßkar. (Orthophoto im Hintergrund: © BLVA, Az.: VM 1-DLZ-LB-0628).

5.3 Ergebnisse der Modellierung für das Reintal und Validierung des Modellergebnisses

Die Modellierung des Geschiebeaustragspotentials aus Hanggerinnen wurde im Reintal nach dem gleichen Vorgehen wie im Lahnenwiesgraben durchgeführt. Dafür wurden die gleichen Einstellungen für die Ableitung der sedimentliefernden Fläche verwendet. Das Geschiebepotential wurde dann ebenfalls nach der Formel 5.1 berechnet, allerdings wurde im Reintal der Grenzwert für Weitertransport von Material im Gerinne auf 15° eingestellt (vgl. Kap. 4.2.2.6.1). Dies geschah, um dem gröberem Material Rechnung zu tragen. Die Erhöhung des Grenzwertes wurde aufgrund der Geländeerfahrung und der durchgeführten Infiltrationsmessungen gewählt (vgl. Kap.3.4.2). So konnte in einigen Gerinnen im Bereich der Schutthalden beobachtet werden, dass Material aufgrund des Oberflächensubstrats auch bei höheren Hangneigungen nicht weitertransportiert wird, da das Wasser hier im groben Untergrund leicht versickert.

Die Modellierung des mittleren potenziellen Geschiebeaustrags aus Hangeinzugsgebieten im Reintal zeigt besonders für Gerinne mit Anschluss an die großen Materialdepots der Kare ein sehr hohes Austragspotenzial (vgl. Abb. 5.4). Das Geschiebepotenzial dieser Gerinne wird zum Teil mit deutlich über einer Tonne Austrag im Jahr modelliert, was einer Geschiebespende von 13 kg*ha^{-1}*a^{-1} entspricht. Auch wenn diese Werte nicht mit Messdaten validiert werden können, erscheint ein Austrag in dieser Größenordnung aufgrund der beobachteten hohen Dynamik dieser Gerinne nach stärkeren Abflüssen als durchaus realistisch.

Ein gutes Beispiel ist das Gerinne, das zu einem Großteil für die Verfüllung der Vorderen Blauen Gumpe verantwortlich ist (Abb. 5.6, Pfeil Nr.1 und Abb.5.7, Pfeil Nr.3). Für dieses Gerinne werden aufgrund der sehr großen und zum Großteil vegetationsfreien sedimentliefernden Fläche im oberen Einzugsgebiet, Austragsraten von über 2 Tonnen (26 kg*ha^{-1}*a^{-1}) im Jahresmittel berechnet, was bezogen auf die Fläche gut mit den oben genannten 23 kg*ha^{-1}*a^{-1} in einem vergleichbaren Einzugsgebieten im Lahnenwiesgraben übereinstimmt. Das Material gelangt, da es im tief eingeschnittenen aber insgesamt relativ flachen Gerinneabschnitt auf dem Kegel abgelagert wird, nicht fluvial bis in die Vordere Blaue Gumpe. Allerdings steht es dort für Murgänge, die es bis in die Gumpe weitertransportieren, zur Verfügung. Auch in den größeren Gerinnen, die nicht durch Wannen beprobt wurden, aber den Wanderweg zur Reintalangerhütte kreuzen, konnte eine hohe Dynamik beobachtet werden, da hier der Weg häufig erosiv zerschnitten wurde. Die Modellierung eines hohen Geschiebeaustragspotentials aus diesen Gerinne ist somit als vollkommen zutreffend einzuschätzen.

Neben dieser qualitativen Validierung der Modellergebnisse können allerdings zusätzlich Werte der in den größeren Gerinnen installierten Wannen hinzugezogen werden, um auf diese Weise das Modell quantitativ zu überprüfen.

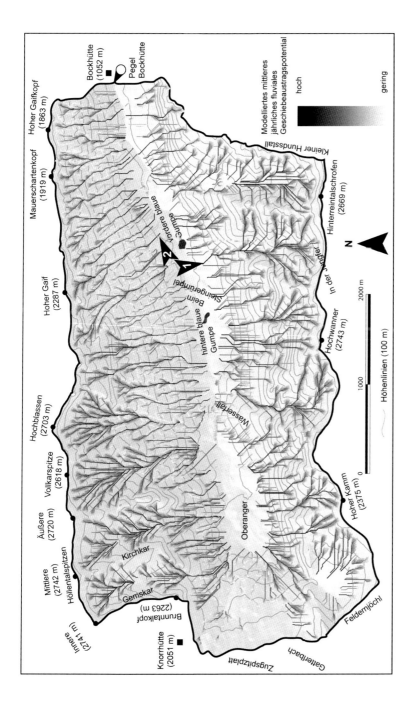

Abb. 5.4: Modelliertes mittleres jährliches fluviales Geschiebeaustragspotenzial der Hanggerinne des Reintals.

Abbildung 5.5 zeigt die gemessenen und die modellierten Austragsraten an den Wannen „VG0", „VG1", „VG3", „HG1", „HG2", „HK" und „MK". Das Modell sagt die Austragsraten sehr gut voraus. Die statistische Auswertung zeigt zwischen gemessenen und modellierten Austragsraten ein Bestimmtheitsmaß von $r^2 = 0{,}852$. Auch wenn das Modell die Austräge größerer Gerinne leicht unterschätzt, stimmen die Werte gut mit den gemessenen Daten überein. Das Modell lässt sich also, mit einer leichten Anpassung (Grenzwert für Gerinneweitertransport auf 15°), gut auf das Reintal übertragen. Dies liegt sicherlich daran, dass sich beide Täler klimatisch nur geringfügig unterscheiden und dass in beiden Gebieten ausreichend Lockermaterial für die fluviale Erosion respektive den fluvialen Transport zur Verfügung steht.

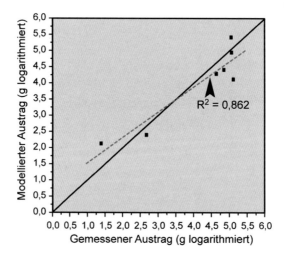

Abb. 5.5: Vergleich zwischen gemessenem und durch das im Lahnenwiesgraben entwickelte Modell vorhergesagtem mittlerem jährlichen fluvialem Geschiebeaustrag an den Testflächen im Reintal.

Äquivalent zur Validierung im Lahnenwiesgraben stehen darüber hinaus auch hier Minimumwerte für Wannen zur Verfügung, die häufig überlastet waren. So erscheint beispielsweise der sehr hohe modellierte Austrag von etwa einer Tonne pro Jahr (54 kg*ha^{-1}*a^{-1}) an der Wanne Rauschboden (Abb. 5.4, Pfeil Nr. 2) sehr realistisch, da in der Summe für kleinere Ereignisse schon Austragsraten zwischen 50 und 100 kg*a^{-1} (2 bis 4 kg*ha^{-1}*a^{-1}) ermittelt wurden und diese Wanne während der Untersuchungen häufig überlastet war.

Modellierung 179

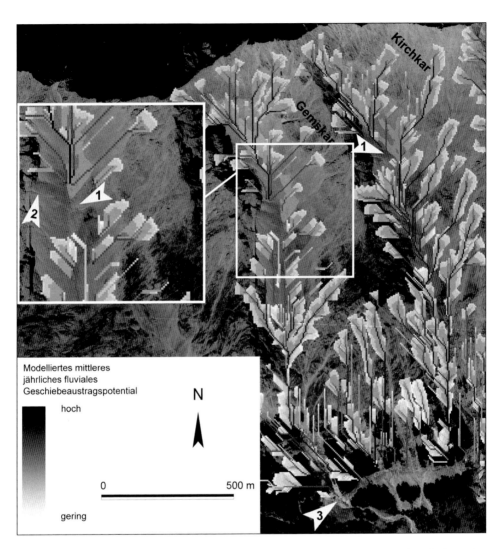

Abb. 5.6: Modelliertes mittleres jährliches fluviales Geschiebeaustragspotenzial der Gerinnen im Gems- (mit der Wanne „OS"; Pfeil Nr.3) und Kirchkar. Deutlich sichtbar sind die modellierten Akkumulationsbereiche im oberen Bereich der Kare (Pfeile Nr.1) und ein Beispiel für ein nicht im Höhenmodell aufgelöstes Gerinne (Pfeil Nr. 2). (Orthophoto im Hintergrund: © BLVA, Az.: VM 1-DLZ-LB-0628).

Neben der Kontrolle des Modells durch gemessene Austragsraten und beobachtete Dynamik in den Gerinnen, können wie schon im Lahnenwiesgraben auch modellierte Akkumulationbereiche überprüft werden. In Abbildung 5.6 ist deutlich sichtbar, dass aufgrund des Grenzwerts von 15°, unter dem kein Weitertransport des Materials mehr simuliert wird, an Stellen Akkumulation vorhergesagt wird, die im Luftbild deutlich als Ablagerungsraum identifiziert werden können. Erkennbar ist dies zum Beispiel im oberen hydrologischen Einzugsgebiet der Wanne Ochsensitz (Abb. 5.6, Pfeil Nr.3). Im etwas flacheren Bereichen des Gemskares (Pfeil Nr.1) und auch im benachbarten Kirchkar (Pfeil Nr.3) wird an diesen Stellen Akkumulation simuliert. Hier hat sehr grobes Material (vermutlich Felssturzmaterial) zu einer Verflachung im Kar geführt, im Luftbild sind daher in diesem Bereich keine fluvialen Gerinne erkennbar. Der obere Bereich der Kare ist demnach vom restlichen Einzugsgebiet entkoppelt. Diesen, auch im Luftbild deutlich erkennbaren Zustand, bildet das Modell gut ab.

Daneben zeigt Abbildung 5.6 (Pfeil Nr.2) allerdings auch, dass wie schon im Lahnenwiesgraben einige kleine Hanggerinne in diesem Bereich nicht abgebildet werden, an denen aber eine fluviale Dynamik deutlich sichtbar ist. Dieses Problem liegt vermutlich auch hier an der Ungenauigkeit des Höhenmodells, das solche kleinen Hanggerinne nur unzulänglich wiedergibt.

In Abbildung 5.7 ist zu erkennen, dass der fluviale Transport von Material aus den steilen Felsbereichen sehr gut abgebildet wird. Auch die Akkumulation des Materials auf den Kegeln in kurzer Entfernung von den Felswänden entspricht den Gegebenheiten im Gelände (Pfeil 2 und 4 in Abb. 5.7). Die Wahl eines im Vergllich zum Lahnenwiesgraben deutlich höheren Grenzwerts für die Simulation von Transport im Gerinne hat sich für das Reintal als zutreffend erwiesen, da während der Untersuchungen an nahezu allen Gerinnen kein Transport von Geschiebematerial bis zur Partnach beobachtet werden konnte. Die Pfeile in Abbildung 5.7 zeigen Akkumulationsbereiche (Nr.2 und 3) auf den Halden und einem Schwemmfächer (Nr.4). Diese stimmen sehr gut mit der Realität überein. Fluvialer Transport findet sowohl auf den Halden als auch in den Rinnen im Westteil des Bildes nicht statt. Die im Luftbild erkennbaren Fließstrukturen sind Zeugnis von Murgängen

Für die Rinnen auf der Halde an der Vorderen Blauen Gumpe (Abb.5.7, Pfeile Nr. 1,5,6) wird allerdings fluvialer Austrag simuliert, obwohl hier aufgrund des sehr groben Substrates kaum fluvialer Transport festgestellt werden konnte. Da das Modell den Weitertransport von Material im Gerinne nur über die Hangneigung steuert und die Beschaffenheit des Untergrunds vernachlässigt, wird auf den sehr steilen Teilen der Halden mitunter fluvialer Transport simuliert, obwohl hier kein fluvialer Transport zu verzeichnen war. Zwar wird über diese Rinnen Material in das Hauptgerinne geliefert, dies geschah während der Untersuchungen aber bis zum Jahr 2005 ausschließlich über Muren (vgl. BECHT ET AL. 2005). An dieser Lokalität scheint der gewählte Grenzwert für Weitertransport also nicht zutreffend und das Modell den Geschiebeeintrag in das Hauptgerinne somit zu überschätzen.

Dem Problem dieser zu großen Transportweiten auf dem groben Substrat der Halden könnte durch die Verwendung eines zusätzlichen, räumlich variablen Grenzwerts begegnet werden. Als Kriterium bietet sich beispielsweise die Infiltrationskapazität an. Dieses Vorgehen müsste dafür in weiteren Untersuchungen erprobt werden.

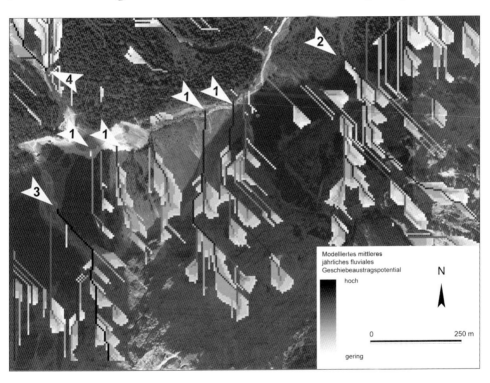

Abb. 5.7:   Modelliertes mittleres jährliches fluviales Geschiebeaustragspotenzial der Gerinne im Bereich der Vorderen Blauen Gumpe. Deutlich sichtbar sind die Rinnen auf den Schutthalden (Pfeile Nr.1, 5 und 6), an denen fälschlicherweise fluvialer Transport bis ins Hauptgerinne simuliert wird. Die Pfeile Nr. 2, 3 und 4 zeigen Akkumulationsbereiche auf den Halden. (Orthophoto im Hintergrund: © BLVA, Az.: VM 1-DLZ-LB-0628).

5.4 Berechnung des Geschiebeeintrags durch Hanggerinne in den Lahnenwiesgraben und die Partnach (Reintal)

Das Modell bietet nicht nur die Möglichkeit, den mittleren jährlichen Geschiebeaustrag der einzelnen Hanggerinne zu modellieren, sondern auch die Lieferung der Hanggerinne in die Vorfluter abzuschätzen und so die Sedimentkaskade Hang - Hauptgerinne zu untersuchen. Zu diesem Zweck werden die Einträge aller Hanggerinne (letztes Hanggerinnepixel) in das Hauptgerinne aufsummiert. Als Hauptgerinne wurde der Lahnenwiesgraben vom Pegel Burgrain bis zum Steppbergeck (Zusammenfluss von Steppberggraben und Sulzgraben) definiert (vgl. Abb. 3.2 in Kapitel 3; die Länge beträgt ca. 5 500 m). Für den Lahnenwiesgraben ergibt sich durch das Modell ein potenzieller jährlicher fluvialer Geschiebeeintrag in das Hauptgerinne von 228 $t*a^{-1}$.

Wenn der Geschiebeaustrag aus dem Gesamteinzugsgebiet aufgrund von Messungen bekannt ist (Pegel Burgrain; vgl. Kap.3), kann abgeschätzt werden, ob mehr Sediment abgeführt wird als von den Hängen geliefert wird. Dies erlaubt Schlüsse über die fluvialmorphologische Aktivität im Hauptgerinne (vgl. BECHT 1994). Liegt der Gebietsaustrag etwa unter dem Eintrag von den Hängen, so wird Material im Hauptgerinne zwischendeponiert. Ist der Gebietsaustrag dagegen größer als der Eintrag von den Hängen, kommt es zu einem Einschneiden des Hauptbaches (Kerbtalbildung).

SCHMIDT & MORCHE (2006) geben für den Lahnenwiesgraben am Pegel Burgrain einen Geschiebeaustrag (durch Messungen in den Jahren 2001-2003 und *rating curves* ermittelt) zwischen 460 $t*a^{-1}$ (70 $kg*d^{-1}*km^{-2}$) und 2260 $t*a^{-1}$ (344 $kg*d^{-1}*km^{-2}$) an. Der Mittelwert liegt bei 1650 $t*a^{-1}$ (252 $kg*d^{-1}*km^{-2}$). Wenn man den modellierten Geschiebeeintrag in das Hauptgerinne von 228 $t*a^{-1}$ dem mittleren Geschiebeaustrag von 1650 $t*a^{-1}$ (berechnet aus den Werten von SCHMIDT & MORCHE 2006) gegenüberstellt, so deutet dies auf verstärkte Eintiefung des Lahnenwiesgrabens hin. Dies deckt sich gut mit den Erkenntnissen von BECHT (1995), nach dem in den Nördlichen Kalkalpen der Gebietsaustrag der Hauptgerinne über dem Eintrag von den Hängen in das Hauptgerinne liegt und es dort rezent zu Kerbtalbildung kommt. Das Verhältnis zwischen Gebietsaustrag und Eintrag von den Hängen kann sich durch Murgänge, Lawinen oder Rutschungen allerdings episodisch deutlich verändern. Genaue Werte für den Eintrag von beispielsweise Muren in das Hauptgerinne bei dem Starkregenereignis im Jahr 2002 liegen zwar nicht vor, aber wie schon in Kapitel 4.2.2.1 gezeigt wurde, können durch Murgänge große Mengen an Material transportiert werden. In diesem Fall hat eine Mure Material von 300 t Gewicht auf einem Forstweg weit oberhalb des Hauptgerinne deponiert (vgl. Abb. 4.23 und HAAS ET AL. 2004).

Der Vergleich der modellierten Geschiebeeinträge aus den Hanggerinnen mit den durch die Arbeitsgruppe Halle berechneten Austragsdaten am Pegel Burgrain ist allerdings nicht unproblematisch. Entlang des Hauptgerinnes existieren einige künstliche Sedimentspeicher vor Querbauwerken. Zu den größten dieser künstlichen Sedimentfallen gehört dabei die Griesstrecke im Ostteil des Einzugsgebietes (vgl. Abb. 3.2 in Kap. 3). Da dieser Speicher regelmäßig geleert wird (anthropogene Entnahme und Abtransport von Material) wird hier im Normalfall der Weitertransport des Geschiebematerials verhindert. Während der Untersuchungen konnte nur nach dem Hochwasserereignis im Juni 2002 ein Weitertransport von Geschiebematerial über diese Sperre hinweg beobachtet werden. Die Sperre trennt somit das obere Einzugsgebiet des LWG vom Unterlauf ab (nach der Griesstrecke beginnt die Klamm). Die von SCHMIDT & MORCHE (2006) ermittelten Werte für den Geschiebeaustrag beziehen sich daher im eigentlichen Sinne nur auf die Strecke Gries bis Pegel Burgrain. Die Einzugsgebietsgröße beträgt für diesen Abschnitt etwa 0,6 km², wobei das Einzugsgebiet des Baches der die Reschbergwiesen entwässert nicht hinzugezählt wurde. Ein Transport von Geschiebe (aufgrund der geringen Neigung des Baches über eine längere Laufstrecke) im Verlauf der Untersuchungen konnte dort nie beobachtet werden. Bezieht man den Austrag, den SCHMIDT & MORCHE (2006) ermittelten, nur auf diesen Teilabschnitt, so ergibt sich daraus ein jährlicher mittlerer Geschiebeaustrag von etwa 55 $t*a^{-1}$. Stellt man diesem Wert den modellierten fluvialen Eintrag von den Hängen mit im Mittel etwa 4 $t*a^{-1}$ gegenüber, dann zeigt sich, dass ein Großteil des Gebietsaustrags aus dem Gerinne selbst stammen muss. Es ist daher davon auszugehen, dass sich in diesem Abschnitt das Hauptgerinne noch weiter einschneiden wird und die Klammbildung damit noch nicht abgeschlossen ist.

Der modellierte Austrag aus den Hanggerinnen im Reintal ist äußerst gering. Durch den gewählten Grenzwert für den Gerinnetransport verlieren fast alle Hanggerinne ihr Geschiebematerial bevor sie das Hauptgerinne erreichen. Dies stimmt nach den Erfahrungen im Gelände gut mit den realen Bedingungen überein. Ein Vergleich der modellierten Einträge in das Hauptgerinne (Partnach) und der gemessenen Austräge der SEDAG Arbeitsgruppe Halle am Pegel „Bockhütte" ist allerdings äußerst problematisch, da hier durch natürliche Sperren (Bergstürze) große Sedimentspeicher existieren, die das Geschiebe zurückhalten. Aus diesem Grund wurde für den Vergleich zwischen Eintrag aus den Hanggerinnen und Gebietsaustrag nur die Strecke zwischen Vorderer Blauer Gumpe und Pegel „Bockhütte" berechnet. Der insgesamt modellierte fluviale Geschiebeeintrag in das Hauptgerinne beträgt auf dieser Strecke 0,7 t*a^{-1} und ist damit bedeutend geringer als der Geschiebeeintrag in den Lahnenwiesgraben. Dies bestätigt die Geländeerfahrung im Hinblick auf die fluviale Dynamik auf den Hängen in diesem Tal und wird auch durch den geringeren Geschiebeaustrag gestützt, den SCHMIDT & MORCHE (2006) mit 31 t*a^{-1} (20 kg*d^{-1}*km^{-2}) am Pegel Bockhütte angeben. Für diesen Abschnitt der Partnach bedeuten diese Werte, dass es wie schon im Lahnenwiesgraben zu verstärkter Gerinneerosion und damit Eintiefung kommt. Dies deckt sich wiederum gut mit den Ergebnissen von BECHT (1995) für die nördlichen Kalkalpen und auch mit den Untersuchungen zur rezenten Dynamik im benachbarten Höllental, in dem BECHT (1996) ebenfalls eine Einschneidung vermutet (in diesem Fall des Hammersbaches in das Höllentalgries). Einschränkend muss allerdings im Reintal äquivalent zum Lahnenwiesgraben angemerkt werden, dass durch Muren große Mengen an Material in die Partnach eingetragen wurden. Dieser Eintrag kann das Verhältnis zwischen eingetragenem Material von den Hängen und ausgetragenen Material am Gebietsausgang deutlich verändern.

5.5 Zusammenfassung der Modellergebnisse

Die Modellierung des potenziellen Geschiebeaustrags hat sowohl im Lahnenwiesgraben als auch im Reintal zu guten Ergebnissen geführt. Durch die positive Validierung des im Lahnenwiesgraben entwickelten Modells mit den Daten des Reintals und **aufgrund des geringen Bedarfs an Eingangsdatensätzen kann dem Modell eine gute Übertragbarkeit zugesprochen werden**.

Für die Ableitung der sedimentliefernden Fläche genügt ein (hochaufgelöstes) DHM und eine Vegetationskarte. Die Vegetationskarte kann durch bloße Luftbildkartierung erstellt werden, da im Minimum nur zwischen vegetationsfreien und vegetationsbedeckten Flächen unterschieden werden muss. Wenn zudem noch Felsflächen durch eine entsprechende Gewichtung berücksichtigt werden sollen (beispielsweise in Gebieten, die anders als im Reintal keine Schuttdepots in den Felswänden aufweisen), dann müssen diese ebenfalls kartiert werden. Trotz der einfachen Handhabung des Modells, sollte der Anwender eine genaue Kenntnis des Einzugsgebiets haben, um beispielsweise die abgeleiteten Gerinne überprüfen zu können. Außerdem muss der Grenzwert für den Transport im Gerinne aus der Geländeerfahrung heraus kalibriert werden. Die Wahl des Grenzwertes sollte daher vor der Übertragung des Modells auf andere Täler in weiteren Untersuchungen überprüft werden.

Die Diskussion der Ergebnisse hat gezeigt, dass das Modell eine gewisse **Abhängigkeit von der Qualität des DHMs** aufweist. Dies hat sich vor allem an den kleinen Rinnen im oberen Einzugsgebiet der größeren Hanggerinne gezeigt. Die Auswirkungen dieser Fehler auf die Einschätzung des Austragspotenzials der größeren Gerinne können aber als gering gelten.

Abgesehen von den Ungenauigkeiten bei kleineren Hanggerinnen hat sich in den Analysen der Modellergebnisse gezeigt, **dass besonders geschieberelevante Gerinne innerhalb eines Wildbacheinzugsgebiets gut detektiert werden können**. Für die größeren Gerinne lagen allerdings keine Messdaten vor und daher konnte der für diese Gerinne modellierte Austrag nur qualitativ validiert werden. Da diese als Materiallieferant maßgeblichen Einfluss auf das Gefährdungspotenzial eines Wildbaches haben, kommt ihrer Ausweisung eine hohe Bedeutung zu. In zukünftigen Untersuchungen sollten daher die Austragsraten dieser größeren Hanggerinne erfasst werden, um das Modell weiter verbessern zu können.

Über die Betrachtung der einzelnen Hanggerinne hinaus **ermöglicht das Modell die fluvialmorphologische Aktivität eines Tales abzuschätzen**. Hierfür muss allerdings der Geschiebeaustrag aus dem Einzugsgebiet bekannt sein. Die Ergebnisse haben gezeigt, dass sowohl im Lahnenwiesgraben als auch im Reintal von einer deutlichen Eintiefung des jeweiligen Hauptbachs ausgegangen werden kann. Dies passt gut zu den Ergebnissen von BECHT (1995), der für die Nördlichen Kalkalpen von einer Zerschneidung der Formen der letzten Eiszeit ausgeht.

Ob das Modell zur Vorhersage des potenziellen Geschiebeaustrags aus Hangeinzugsgebieten auf andere Täler übertragbar ist, muss trotz der guten Übereinstimmung der Vorhersagen im Reintal und Lahnenwiesgraben aber noch eingehender untersucht werden. Unter anderem **müsste die Übertragbarkeit des Modells auf andere klimatische Räume geprüft werden**. Es ist davon auszugehen, dass das Modell an die in anderen Regionen herrschenden hygrischen Bedingungen angepasst werden muss (etwa die Zentralalpen, vgl. BECHT 1995).
Zusätzlich könnte die Gewichtung der sedimentliefernden Fläche verfeinert werden. Im Lahnenwiesgraben und Reintal erfolgte diese nur über die Vegetation, wobei in diesem Faktor sowohl die hydrologischen Bedingungen als auch die unter-

schiedliche Materialverfügbarkeit enthalten sind. So ist es vorstellbar, dass in zentralalpinen Einzugsgebieten mit Felsbereichen, die anders als im Reintal keine Lockermaterialspeicher enthalten, besser auf die Verwendung eines Gewichtes für Felsflächen reagieren. Bei WICHMANN (2006) werden solche Flächen mit einem Gewicht von 0,2 versehen, um der geringeren Materialverfügbarkeit Rechnung zu tragen. Auch die Veränderung der Gewichtung, je nach dem Auftreten einzelner Prozesse, könnte in anderen Einzugsgebieten von Bedeutung sein. In Flyschgebieten wäre dies beispielsweise für Rutschungen vorstellbar.

Wie schon in anderen Untersuchungen hat sich auch in vorliegender Studie vor allem die Vegetation als ein wichtiger Faktor für das Auftreten und die Intensität des fluvialen Austrags erwiesen (vgl. Kap. 4.2.2.6.4). Aus diesem Grund wurde dieser Faktor auch über eine Gewichtung in das Modell implementiert. Da das Modell auf den Einsatz dieser Gewichtung reagiert, bietet sich die Möglichkeit, die Auswirkungen einer Veränderung in der Vegetationsbedeckung eines Einzugsgebiets zu simulieren. Dadurch könnte die damit verbundene Veränderung der Materialverfügbarkeit im Hauptgerinne abgeschätzt werden. Im folgenden Kapitel soll daher versucht werden, Veränderungen des potenziellen Geschiebeaustrags bei einer Änderung der Vegetationsbedeckung im Lahnenwiesgraben vorherzusagen.

6 Anwendungsmöglichkeiten des Modells (Fallstudien)

Das in Kapitel fünf vorgestellte Modell bietet die Möglichkeit besonders geschieberelevante Hanggerinne für einen Wildbach auszuweisen. Da diese Ausweisung auch den Faktor Vegetationsbedeckung berücksichtigt, ist das Modell in der Lage, Szenarien zu berechnen, in denen eine veränderte Vegetationsbedeckung simuliert wird. Dies ermöglicht es die Auswirkungen einer solchen Veränderung auf den Geschiebeaustrag aus den Hanggerinnen abzuschätzen.

Die Veränderung der Vegetationsbedeckung in alpinen Gebieten und deren Effekte sind Gegenstand zahlreicher Untersuchungen. Diese hatten zum Ergebnis, dass sich sowohl ein anthropogener als auch ein durch die Natur herbeigeführter Wandel spürbar auf Hochgebirgsräume auswirkt. So reagiert das hydrologische System mit höheren Abflüssen auf Entwaldung, Schädigungen durch intensive Beweidung (SCHAUER 1999, 2000) und Skitourismus, aber auch auf Sturmschäden oder etwa Waldbrände (NISHIMUNE ET AL. 2003), was erhöhte Erosionsraten nach sich zieht. Umgekehrt können wiederum Aufforstungsmaßnahmen Abfluss und Erosion entgegenwirken (REY 2000, KOHL ET AL. 2004).

Die in den angesprochenen Arbeiten ermittelten Auswirkungen werden im Folgenden modellhaft dargestellt. Dafür wird in zwei Teileinzugsgebieten des Lahnenwiesgrabens ein *„Worst Case-Szenarium"* berechnet, in dem der Lahnenwiesgraben als vegetationsfrei simuliert wird. Die Ergebnisse dieser Modellierung werden dann den Ergebnissen der Modellierung des **Ist-Zustands gegenübergestellt**. Die jeweiligen Abbildungen zeigen den Grad der Veränderung des potenziellen fluvialen Geschiebeaustrags der einzelnen Gerinne.
Anschließend werden die Auswirkungen der Vegetationsveränderung auf die Geschiebelieferung der Hanggerinne und damit auf die Geschiebeverfügbarkeit im Hauptgerinne aufgezeigt. Diese Aufsummierung der Geschiebeeinträge aus den Hanggerinnen erfolgt sowohl für das *„Worst Case Szenarium"* als auch für ein *„Best Case Szenarium"* (komplette Vegetationsbedeckung des Lahnenwiesgrabens).

Einschränkend muss erwähnt werden, dass die sedimentliefernde Fläche nach den Regeln in Kapitel 4.2.2.3.1 durchgeführt wird. Bei der Modellierung der Szenarien wird also nicht berücksichtigt, dass sich durch eine Veränderung in der Vegetationsbedeckung die Ausdehnung der sedimentliefernden Fläche (etwa durch eine Erweiterung des Gerinnenetzes) und damit auch die Bedingungen für die Wahl der Grenzwerte zur Ableitung der sedimentliefernden Fläche verändern könnten.

6.1 Fallstudie Kuhkar

Die Fallstudie Kuhkar wurde ausgewählt, weil hier zum einen einige Wannen installiert waren und zum anderen weil SCHAUER (1999, 2000) hier eine starke Veränderung in der Vegetationsbedeckung durch Viehverbiss und Viehtritt in Folge intensiver Schafbeweidung aufzeigte. Diese Schädigung der Vegetation ließ in der Folge erhöhte Erosion erkennen (SCHAUER 1999, 2000).

Die Berechnung der sedimentliefernden Fläche erfolgt nur unter Verwendung der Grenzwerte Distanz zum Gerinne und Hangneigung. Für den Weitertransport von Material wurde ein Grenzwert von 3,5° gewählt, darunter erfolgt Akkumulation. Eine Gewichtung über die Vegetation erfolgt nicht, so dass alle Flächen komplett in die Größe der sedimentliefernden Fläche eingehen (dies entspricht der Gewichtung vegetationsfrei (1,0) im Gewichtungsdatensatz Vegetation). Das Austragspotenzial wird mit dem in Kapitel 5.1 beschriebenen statistischen Modell ($y = 0{,}885\, A_g + 2{,}13$; Formel 5.1) berechnet.

Die Abbildung 6.1 zeigt die modellierte Veränderung des potenziellen Geschiebeaustrags nach der vollständigen Entfernung der Vegetation im Kuhkar. Deutlich sichtbar ist, dass von der Veränderung in erster Linie der Ostteil des Kuhkars, der rezent die größte Vegetationsbedeckung aufweist, betroffen ist. Hier sind die Veränderungen erwartungsgemäß besonders hoch. So steigen die Werte an der Wanne „KK2" von 110 000 $g*a^{-1}$ auf 280 000 $g*a^{-1}$, und die Werte an der Wanne „KK3" von 426 000 $g*a^{-1}$ auf 645 000 $g*a^{-1}$ an. An der Wanne „KK1", die in ihrem Einzugsgebiet rezent nur eine sehr geringe Vegetationsbedeckung aufweist, verändern sich die Werte kaum. Insgesamt zeigt das Modell aber für das Kuhkar eine deutliche Erhöhung des Austragspotenzial und damit eine deutliche Erhöhung der fluvialmorphologischen Aktivität in diesem Bereich. Dies deckt sich gut mit den Einschätzungen von SCHAUER (2000), der in diesem Gebiet aufgrund intensiver Beweidung durch Schafe eine Erhöhung der Erosion prognostiziert.

Praktische Anwendungsmöglichkeiten 189

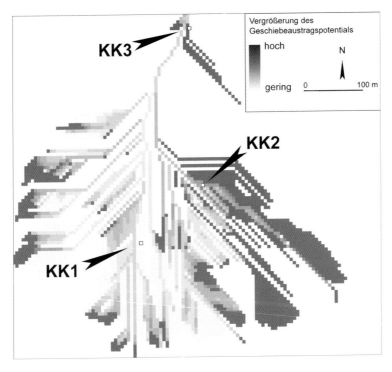

Abb. 6.1: Simulierte Veränderung des mittleren jährlichen fluvialen Geschiebeaustragspotenzials im Kuhkar nach Verringerung der Vegetationsbedeckung. Die Grauwertskala bezieht sich auf eine Veränderung des Geschiebeaustragspotenzials zwischen 0% und 100%.

6.2 Fallstudie Herrentischgraben

In der Fallstudie Herrentischgraben wird die Veränderung des Materialaustrags aus zwei größeren Gerinnen im Nordteil des Lahnenwiesgrabens modelliert. In beiden Gerinnen waren während der Untersuchungen Wannen installiert („HGN", „HG"). Die Einzugsgebiete der Gerinne weisen aktuell eine sehr dichte Vegetationsbedeckung auf, die nur relativ geringe Austräge zulässt.

Vor allem das Größere der beiden Gerinne ist von großer Bedeutung im Hinblick auf das Gefährdungspotenzial des Hauptbaches (Lahnenwiesgraben), da es direkten Anschluss an den Lahnenwiesgraben hat. Beide Hanggerinne haben während des Unwetters im Juni 2002 ihre hohe Dynamik unter Beweis gestellt, da in beiden Murgänge auftraten (vgl. HAAS ET AL. 2004, WICHMANN 2006; Abb.4.30). Der größere der beiden Murgänge lieferte während des Ereignisses sehr viel Material in den Hauptbach (erkennbar an Ablagerungsresten im Lahnenwiesgraben; vgl. WICHMANN 2006).

Von der hohen Dynamik zeugen auch zahlreiche Querverbauungen, die als Reaktion auf die Murgänge installiert wurden (in den Jahren 2002 bis 2005) und die zum Teil bereits wieder verfüllt sind (vgl. Abb. 6.2). Das in Abbildung 6.2 erkennbare Querbauwerk ist knapp oberhalb der Mündung des Herrentischgrabens in den Lahnenwiesgraben eingebaut. Während des Augusthochwassers (2005) kam es erneut zu Murgängen und starker Materialverlagerung im Gerinne. In der Sperre wurde dabei etwa 100 m³ (etwa 210 Tonnen) Material akkumuliert (das Becken der Sperre wurde nach deren Fertigstellung im April 2005 und damit vor dem Augusthochwasser, vermessen).

Abb. 6.2: In den Herrentischgraben eingebaute Querverbauung, die während des Augusthochwassers 2005 komplett durch einen Murgang verfüllt wurde (Fotos: F. Haas).

Aufgrund der rezent starken Vegetationsbedeckung war davon auszugehen, dass sich eine vollständige Entfernung der Vegetation noch deutlicher auf das Geschiebeaustragspotenzial auswirken würde als im Kuhkar. Abbildung 6.3 bestätigt diese Vermutung. So steigen an beiden Wannen die Austräge deutlich an. An der Wanne „HG" vervierfachen sich die fluvialen Austräge von 25 000 g*a^{-1} auf über 100 000 g*a^{-1}. An der Wanne „HGN" wird eine Steigerung des Austrags von 230 000 g*a^{-1} auf über 700 000 g*a^{-1} modelliert, was nahezu einer Verdreifachung entspricht. Diese

Erhöhung des Austragspotenzials ist dann auch im weiteren Verlauf an der Mündung in den Lahnenwiesgraben zu verzeichnen.

Bei einer Abnahme der Vegetationsbedeckung ist im Lahnenwiesgraben also insgesamt von einer starken Steigerung des Geschiebeaustrags aus den Hanggerinnen auszugehen. Dies sollte in der Folge auch im Bereich des Hauptgerinnes zu einer deutlich erhöhten Materialverfügbarkeit führen.

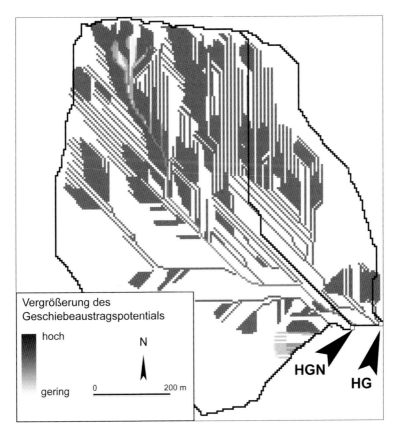

Abb. 6.3: Simulierte Veränderung des mittleren jährlichen fluvialen Geschiebepotentials im Bereich des Herrentischgrabens (eingezeichnet sind die Sedimentfallen „HGN" und „HG" mit den zugehörigen hydrologischen Einzugsgebieten). Die Grauwertskala bezieht sich auf eine Veränderung des Geschiebeaustragspotentials zwischen 0% und 100%. Die weiße Linie begrenzt das hydrologische Einzugsgebiet.

6.3 Fallstudie Geschiebeeintrag Hauptgerinne

Um die Auswirkungen einer veränderten Vegetationsbedeckung im Untersuchungsgebiet auch hinsichtlich der Geschiebeverfügbarkeit im Hauptgerinne zu untersuchen, wurden wiederum die modellierten fluvialen Geschiebeeinträge der einmündenden Hanggerinne entlang des Hauptgerinnes aufsummiert (vgl. Kap 5.2). Es wurde sowohl ein „*Worst Case Szenarium*" (alle Flächen im Untersuchungsgebiet sind vegetationsfrei) als auch ein „*Best Case Szenarium*" (alle Flächen im Untersuchungsgebiet sind vegetationsbedeckt) gerechnet. Auch bei dieser Auswertung bleibt unberücksichtigt, dass sich Ausdehnung der sedimentliefernden Fläche (beispielsweise durch eine Vergrößerung des Gerinnenetzes) noch deutlich verändern könnte. Die unten angegebenen Werte sind daher als Minimumwerte anzusehen.

Für das „*Best Case Szenarium*" ergibt sich ein fluvialer Geschiebeeintrag in den Lahnenwiesgraben von 142 t*a^{-1} und damit eine Verringerung des Eintrags um etwa 40 % im Vergleich zum Ist-Zustand (228 t*a^{-1}; vgl. Kap. 5.2). Für das „*Worst Case Szenarium*" ergibt sich ein potenzieller Geschiebeeintrag in das Hauptgerinne von 680 t*a^{-1}. Der Eintrag durch fluvialen Transport würde sich also, ohne Berücksichtigung anderer Prozesse wie Muren oder Rutschungen, bei kompletter Entfernung der Vegetation im Untersuchungsgebiet etwa um das dreifache des Ist-Zustand erhöhen.

6.4 Zusammenfassung der Anwendungsmöglichkeiten des Modells

Die Untersuchung hat gezeigt, dass das Modell in der Lage ist, die **Auswirkungen einer veränderten Vegetationsbedeckung** zu simulieren. So steigen die modellierten potenziellen Austragsraten bei Entfernung der kompletten Vegetation in Einzugsgebieten mit rezent dichter Vegetation stark an, was auch die Geschiebeverfügbarkeit im Hauptgerinne stark erhöht.

Das Modell bietet neben der Vorhersage der Auswirkungen einer Abnahme der Vegetationsbedeckung auch die Möglichkeit, **positive Veränderungen zu modellieren**. So könnten beispielsweise die Auswirkungen von Aufforstungs- oder Bepflanzungsmaßnahmen auf die Geschiebemateriallieferung der Hanggerinne und damit auf die Materialverfügbarkeit im Hauptgerinne abgeschätzt werden. Auch hier können diejenigen Flächen detektiert werden, die für den Geschiebeaustrag besonders relevant sind (abgeleitete sedimentliefernde Fläche).

Allerdings muss bei der Interpretation der Ergebnisse die **Einschränkung** berücksichtigt werden, dass eine Veränderung in der Vegetationsbedeckung sich auch auf die Ausdehnung der sedimentliefernden Fläche (beispielsweise durch Veränderung der Gerinnedichte) auswirken könnte. Dies würde den Einsatz von anderen Grenzwerten zu deren Ableitung erforderlich machen.

7 Schlussbetrachtung und Ausblick

Die folgende Schlussbetrachtung soll die Ergebnisse der vorliegenden Arbeit kurz zusammenfassend diskutieren und dadurch mögliche Aspekte für zukünftige Forschungsarbeiten aufzeigen. Diese werden dann in einem kurzen Ausblick zusammengeführt.

7.1 Schlussbetrachtung

Hauptziel der vorliegenden Arbeit war es, die **fluvialen Prozesse** an Hängen alpiner Einzugsgebiete durch Messungen an Testflächen zu quantifizieren und anschließend zu regionalisieren. Daneben sollten die **Interaktionen** zwischen den einzelnen im Gebirge wirkenden Prozessen untersucht werden. Hierbei richtete sich der Fokus vor allem auf diejenigen Zusammenhänge, die mit den fluvialen Hangprozessen direkt in Verbindung stehen. Durch die Wahl einer großen Zahl von Testflächen mit unterschiedlicher naturräumlicher Ausstattung in zwei unterschiedlichen Untersuchungsgebieten wurden diejenigen Faktoren ermittelt, die einen großen Einfluss auf den **hangaquatischen Abtrag** und die **fluviale Erosion** besitzen. Durch statistische Auswertungen der gemessenen Austragsraten (fluviale Erosion) und der naturräumlichen Ausstattung der einzelnen Testgebiete wurden Erkenntnisse gewonnen, die eine **Regionalisierung** der fluvialen Erosion auf die gesamten Einzugsgebiete erlauben. Auf diesem Weg wurde eine Methode entwickelt, um das fluviale Geschiebeaustragspotenzial von Hanggerinnen eines Untersuchungsgebietes vorherzusagen.

Quantifizierung des hangaquatischen Abtrags

Um den hangaquatischen Abtrag zu erfassen, wurden Denudationspegel eingesetzt, die im Laufe der Untersuchungen durch ein neues Verfahren ergänzt wurden. Bei dieser neuen Methode erfolgte durch Laserscanning (virtuelle Denudationspegel) eine sehr detaillierte räumliche Aufnahme des hangaquatischen Abtrags an vegetationsfreien Hängen. Die Ergebnisse haben gezeigt, dass die Erfassung des hangaquatischen Abtrags durch **herkömmliche Denudationspegel** im Hochgebirge nicht unproblematisch ist. In sehr schlecht sortierten Substraten unterschätzte die Methode die Abtragsraten mitunter deutlich, da gröbere Steine und Blöcke nicht erfasst werden konnten. Hier stellt die vorgestellte neue Methode der **virtuellen Denudationspegel** eine gute Alternative dar, da durch diese auch grobe Blöcke mit berücksichtigt werden können. Zusätzlich können weitere Bereiche, beispielsweise die Rinnen auf diesen Hängen, mit aufgenommen werden. Dies ist durch herkömmliche Denudationspegel nur eingeschränkt möglich, da in einer Rinne eingebrachte Pegel ein deutliches Hindernis darstellen würden. Einschränkend muss erwähnt werden, dass die neue Methode erst zum Ende der Untersuchung eingesetzt werden konnte, so dass noch keine langfristigen Daten zur Verfügung stehen. Die ersten Ergebnisse zeigen aber deutliche Vorteile gegenüber den herkömmlichen Denudationspegeln. Die Genauigkeit und die Aufnahmegeschwindigkeit sollte durch den Einsatz leistungsfähiger Laserscanner in der Zukunft noch zunehmen.

Die **Quantifizierung des hangaquatischen Abtrags** von den untersuchten Hängen erbrachte für die herkömmlichen und virtuellen Denudationspegel sehr hohe Werte von bis zu 2,5 cm Abtrag im Jahr, was einer Spende von solchen Flächen von bis zu 500 $t*ha^{-1}*a^{-1}$ entspricht. Die hohen Werte erklären sich dadurch, dass auf extrem steilen und vegetationsfreien Moränenhängen im Hochgebirge neben der Erosion durch Regentropfen und des hangaquatischen Abtrags offenbar auch noch Frost- und nivale Prozesse erosiv wirksam sind.

Die Auswertungen zeigten zudem eine Abhängigkeit des Abtrags von der Hangneigung, die allerdings keinem linearen Zusammenhang folgt. So wurden die höchsten Abtragsraten bei einer Hangneigung von 55° gemessen, wohingegen unter und über dieser Neigung geringere Abtragsraten zu verzeichnen waren. Dieser Wert liegt deutlich über den 35°, die CLARKE & RENDELL (2006) im Mediterranraum ermittelten. Der deutliche Unterschied lässt sich durch die Substratunterschiede und die im Hochgebirge zusätzlich zur fluvialen Erosion wirkenden Frostprozesse erklären. Dieser Umstand verhindert die Übertragung von den Austrag beeinflussenden Faktoren zwischen unterschiedlichen klimatischen Räumen.

Quantifizierung der fluvialen Erosion

Die fluviale Erosion (gemessen als Geschiebeaustrag aus Hangeinzugsgebieten) wurde durch Sedimentfallen gemessen, die in Hanggerinne eingebracht wurden. Die Quantifizierung des Geschiebeaustrags aus Hangeinzugsgebieten und die anschließenden statistischen Untersuchungen haben deutlich die **Abhängigkeit des Austrags vom Niederschlag** aufgezeigt, allerdings in unterschiedlichen Ausprägungen: So zeigen Sedimentfallen mit einem hohen Anteil an Vegetation in ihrem Einzugsgebiete eine deutliche Reaktion auf hohe Ereignissummen, während Testflächen mit einer geringen Vegetationsbedeckung nur nach hohen Niederschlagsintensitäten mit erhöhtem Austrag reagieren. Dies konnte für die Einzugsgebiete mit Waldbedeckung zum Teil mit der in zahlreichen Studien beschriebenen Regulierung des Wasserhaushaltes durch die Vegetation erklärt werden. In vegetationsfreien Einzugsgebieten dagegen entsteht erosiv wirksamer Oberflächenabfluss aufgrund der hohen Infiltrationskapazitäten offenbar erst nach hohen Niederschlagsintensitäten.

Außerdem haben die Messungen ergeben, dass die **Korngrößenzusammensetzung** des ausgetragenen Materials während unterschiedlicher Niederschlagsintensitäten oder Niederschlagssummen und damit Abflüsse einer deutlichen Schwankung unterworfen ist. Zwar konnte keine statistisch signifikante Beziehung zwischen dem Anteil einer Korngröße und beispielsweise der **Niederschlagsintensität** ermittelt werden, dennoch konnten Grenzwerte ermittelt werden, die den, bei einem bestimmten Niederschlag mindestens enthaltenen, Anteil an grobem Material aufzeigen.

Als problematisch bei der Erfassung des Austrags aus Hanggerinnen zeigte sich allerdings, dass durch die Wannen nicht immer der gesamte **Feststoffaustrag,** der sich aus Geschiebematerial und Schwebstoffmaterial zusammensetzt, ermittelt werden konnte. Es ist bei einem Großteil der Wannen davon auszugehen, dass der Schwebstoffanteil unterrepräsentiert ist. Aus diesem Grund können mit den Daten der vorliegenden Untersuchung nur Aussagen zum Geschiebetransport getroffen werden. Die Messungen zum Gebietsaustrag der SEDAG Arbeitsgruppe Halle (SCHMIDT & MORCHE 2006), die am Pegel Burgrain den Gesamtaustrag aus dem Lahnenwiesgraben ermittelte, ergaben stark schwankende Anteile des Geschiebeaustrags am Gesamtaustrag für die Jahre 2001 bis 2003. Da dieses Verhältnis im gesamten Untersuchungsgebiet in Abhängigkeit von den sehr unterschiedlichen lithologischen Bedingungen und den damit verbundenen Unterschieden in der Beschaffenheit des Oberflächensubstrats stark schwankt, wird so eine Abschätzung des Gesamtaustrags aus den Austragsdaten der vorliegenden Messungen verhindert.
Um zusätzlich zur Beeinflussung des Austrags durch den Niederschlag die Rolle der **naturräumlichen Ausstattung** der einzelnen Einzugsgebiete zu ermitteln, wurden statistische Analysen mit dem mittleren jährlichen Geschiebeaustrag durchgeführt. Hierbei wurde der gemessene Austrag mit den einzelnen Einzugsgebietsparametern korreliert. Die Ergebnisse dieser Analysen machen deutlich, dass der Austrag offenbar vor allem über die Größe des sedimentliefernden Einzugsgebietes, über die

Hangneigung und über den Grad der Vegetationsbedeckung gesteuert wird. Die Ableitung der sedimentliefernden Fläche erfolgte über einen regelbasierten Ansatz, der die Distanz zum Gerinne, die Hangneigung und den Grad der Vegetationsbedeckung berücksichtigt. Eine Abhängigkeit vom Bodentyp, der Lithologie oder der Größe des hydrologischen Einzugsgebiets konnte dagegen nicht festgestellt werden.

Über die Ergebnisse der Quantifizierung des fluvialen Abtrags hinaus zeigen die Auswertungen, dass sowohl der hangaquatische Abtrag als auch die fluviale Erosion (fluvialer Austrag aus Hangeinzugsgebieten) von **anderen geomorphologischen Prozessen** deutlich beeinflusst wird. Zu diesen beeinflussenden Prozessen zählen vor allem Murgänge, Lawinen und Rutschungen. Es zeigte sich, dass diese nicht nur selbst zu hohen Abtrags- und Austragsraten führten, sondern darüber hinaus die Raten sowohl des hangaquatischen Abtrags als auch des fluvialen Geschiebeaustrags deutlich steigern und damit massiv beeinflussen.

Modellierung

Da die Anzahl der Testflächen zur Messung des hangaquatischen Abtrags nicht ausreichen, um beispielsweise über statistische Zusammenhänge diese zu regionalisieren, wurde ein schon existierendes Bodenerosionsmodell auf seine Verwendbarkeit in alpinen Einzugsgebieten hin getestet. Aufgrund der leichten Einsetzbarkeit und dem geringen Bedarf an Eingangsdaten fiel die Wahl auf die **USLE**. Diese wurde zwar für deutlich geringere Hangneigungen entwickelt, allerdings stand ein Test in einem hochalpinen Tal noch aus. Der Vergleich der modellierten mit den gemessenen Abtragsraten zeigt deutlich, dass das Modell die Wirklichkeit deutlich unterschätzt. Ob diese Unterschätzung aus der Steilheit der Testflächen resultiert oder ob die Besonderheiten des Abtrags auf alpinen Hängen zu dieser Überschätzung führen (in den Gebieten, in denen die USLE entwickelt wurde, spielen Frostprozesse oder gravitative Prozesse vor allem aufgrund der Hangneigung vermutlich keine oder eine nur untergeordnete Rolle) oder ob es eine Kombination aus beiden war, konnte nicht abschließend geklärt werden. Hierzu wären weitere Messungen und daran anschließende Modellläufe in hochalpinen Gebieten nötig.

Die Messungen zur fluvialen Erosion in Hanggerinnen fanden im Gegensatz zu den Messungen zum hangaquatischen Abtrag an einer größeren Zahl von Testflächen statt. Dadurch konnten statistische Analysen durchgeführt werden, die einen deutlichen Zusammenhang zwischen sedimentlieferndem Gebiet und dem Austrag zeigen. Ausgehend von dieser statistischen Beziehung konnte so im Lahnenwiesgraben ein eigenes **statistisches Modell** entwickelt werden, das das mittlere jährliche Geschiebeaustragspotenzial eines Hanggerinnes vor allem aufgrund der Größe seines sedimentliefernden Gebiets, also seiner Disposition für Geschiebelieferung, vorhersagen kann.

Das Modell wurde sowohl qualitativ als auch quantitativ validiert. Die **qualitative Validierung** erfolgte über Gerinne, in denen Wannen installiert waren, die aber häufig überlastet waren, so dass nur ein Minimalwert für den Geschiebeaustrag ermittelt werden konnte. Dieser Wert konnte zwar nicht in den statistischen Analysen berücksichtigt werden, allerdings diente er als Minimalwert zur qualitativen Überprüfung der modellierten Austräge. Daneben erfolgte die qualitative Validierung über die während der Geländebeobachtung gewonnenen Eindrücke der fluvialen Dynamik in den einzelnen Hanggerinnen.

Für die **quantitative Validierung** wurde das Modell mit den für den Lahnenwiesgraben ermittelten Parameterwerten auf das Reintal übertragen, wobei der Grenzwert für den Gerinnetransport aufgrund des gröberen Oberflächensubstrats im Reintal von 3,5° auf 15° erhöht wurde. Die modellierten Werte konnten dann mit den gemessenen Daten verglichen werden. Diese Analyse zeigt eine gute Übereinstimmung zwischen modellierten und gemessenen Geschiebeaustragsraten mit einem Bestimmtheitsmaß von $r^2 = 0{,}852$. Da einige Wannen häufig überlastet waren, konnten zur Überprüfung des Modells für das Reintal zwar nur Daten von sieben der insgesamt elf Sedimentfallen herangezogen werden, dennoch zeigt der gute Zusammenhang zwischen modelliertem und gemessenem Austrag an diesen sieben Wannen die gute Übertragbarkeit des Modells. Die Daten der überlasteten Wannen konnten im Reintal dann äquivalent zum Vorgehen im Lahnenwiesgraben für die qualitative Validierung verwendet werden.

Die für alle Hanggerinne in den Untersuchungsgebieten ermittelten potenziellen Geschiebeaustragsraten wurden in einem weiteren Schritt dazu verwendet, die **jährliche Geschiebelieferung** durch fluviale Erosion aus den Hanggerinnen in die Hauptgerinne abzuschätzen, womit Rückschlüsse auf die rezente Dynamik in den Tälern gezogen werden können. Hierfür wurden die potenziellen Geschiebeaustragsraten der einmündenden Hanggerinne entlang der Hauptgerinne aufsummiert. Die so ermittelten Werte für den Geschiebeeintrag von den Hängen in den Lahnenwiesgraben und die Partnach wurde dem durch die Arbeitsgruppe Halle gemessenen

Geschiebeaustrag am Gebietsausgang gegenübergestellt. Für beide Täler konnte ein deutliches Übergewicht des Gebietsaustrags gegenüber dem fluvialen Eintrag von den Hängen ermittelt werden. Dies entspricht den Ergebnissen von BECHT (1995) in Tälern der Nördlichen Kalkalpen, in denen er durch seine Messungen ein Zerschneiden der glazial geschaffenen Formen und damit rezent eine **Kerbtalbildung** ermittelte.

Neben der Vorhersage des potenziellen mittleren jährlichen Geschiebeaustrags aus Hanggerinnen bietet das Modell auch die Möglichkeit, fluviale **Akkumulationsbereiche** zu detektieren. Durch die Überlagerung eines Luftbildes mit der Karte des modellierten Geschiebeaustragspotenzials, konnten die durch das Modell abgebildeten Akkumulationsbereiche visuell überprüft werden. Es ergab sich eine gute Übereinstimmung, wobei in einigen Teilbereichen fluvialer Geschiebetransport modelliert wurde, obwohl dort eher Akkumulation zu erwarten wäre. Diese Fehler könnten in einer Weiterentwicklung des Modells durch eine Berücksichtigung des Untergrunds über eine variable Wahl des Grenzwerts für den Gerinnetransport, eventuell in Abhängigkeit von der Infiltrationskapazität, minimiert werden.

Anwendung

Da das Modell den Grad der Vegetationsbedeckung als Einflussfaktor auf den fluvialen Austrag berücksichtigt, bot sich über die Betrachtung der aktuellen Gegebenheiten im Einzugsgebiet hinaus die Möglichkeit, **Veränderungen in der Vegetationsbedeckung zu simulieren**. So wurden in Fallstudien sowohl ein *Worst Case* als auch ein *Best Case* Szenario für den Lahnenwiesgraben berechnet. Im ersten Fall wurde die Vegetation völlig entfernt, im zweiten Fall eine völlige Vegetationsbedeckung simuliert. Die Ergebnisse dieser Simulationen wurden anhand zweier Teilbereiche des Lahnenwiesgrabens und anhand des gesamten Geschiebeeintrags aller Hanggerinne in den Lahnenwiesgraben analysiert. Das ***Worst Case* Szenarium** zeigte einen deutlichen Anstieg der Austragsraten sowohl in den beiden Teilbereichen (bis zu einer Verdreifachung des Austrags), als auch im Gesamteintrag von den Hängen in das Hauptgerinne. Das ***Best Case* Szenarium** hingegen zeigt eine Halbierung der Austräge.
Allerdings muss bei der Interpretation der Ergebnisse bedacht werden, dass durch das Modell keine Veränderung in der Ausdehnung der sedimentliefernden Fläche simuliert wird. Durch Veränderungen in der Vegetationsbedeckung könnte in der

Realität die Ausdehnung der sedimentliefernden Fläche zunehmen. Dies würde die Wahl von anderen Grenzwerten zu deren Ableitung erfordern.

Das in der vorliegenden Arbeit vorgestellte Modell hat durch die Validierung mit den Daten im Reintal gezeigt, dass es potenzielle Geschiebeaustragsraten in alpinen Tälern der Nordalpen gut vorhersagen kann. Damit existiert ein nützliches Werkzeug, um die Bedeutung der einzelnen Gerinne als potenzielle Geschiebelieferanten für das Hauptgerinne abschätzen zu können. Außerdem sind mit Einschränkung Vorhersagen zum Austrag bei veränderter Vegetationsbedeckung möglich.

7.2 Ausblick

Mit **virtuellen Denudationspegeln** wurde in der vorliegenden Studie eine neuartige Methode vorgestellt, die es ermöglicht den hangaquatischen Abtrag sehr detailliert zu erfassen. In weiteren Arbeiten könnte diese Methode durch die Verwendung von leistungsfähigeren Laserscannern, noch weiterentwickelt werden. Die so ermittelten Daten könnten dann beispielsweise dazu verwendet werden, bestehende Modelle (beispielsweise USLE) zur Regionalisierung von Bodenabtrag auf Hochgebirgsräume zu übertragen.

Die Modellierung des Geschiebeaustrags aus Hangeinzugsgebieten hat sowohl für den Lahnenwiesgraben als auch für das Reintal gute Ergebnisse geliefert, dennoch sollte das Modell in weiteren Untersuchungen eingehender getestet werden. Vor allem sollte die verwendeten **Grenzwerte** für die Ableitung der sedimentliefernden Fläche überprüft werden. Die Festlegung der Grenzwerte, die in der vorliegenden Untersuchung im Vergleich zur Arbeit von HEINIMANN ET AL. (1998) deutlich verändert wurden, erfolgte aufbauend auf Beobachtungen während der Geländekampagnen und statistischen Analysen. In zukünftigen Untersuchungen könnten diese Grenzwerte durch eine genaue Kartierung der sedimentliefernden Flächen im Gelände überprüft werden und gegebenenfalls korrigiert werden.
Um die Vorhersagegenauigkeit des Modells zu steigern, sollte darüber hinaus in zukünftigen Studien versucht werden, **Geschiebeaustragsdaten auch für größere Hanggerinne** zu ermitteln, damit das Modell auch für die Vorhersage des mittleren jährlichen Geschiebeaustrags größerer Gerinne quantitativ validiert werden kann. Zu diesem Zweck sollten durch wiederholte Vermessung von natürlichen Akkumulati-

onsbereichen oder von künstlich eingebrachten Querbauwerken (vgl. Kap. 6.2) Daten erhoben werden.

In weiteren Studien sollten zudem **Auswirkungen der räumlichen Auflösung des Höhenmodells** untersucht werden (beispielsweise unter Verwendung eines Höhenmodells aus Laserbefliegungen). Es ist zu erwarten, dass sich durch eine Erhöhung der Genauigkeit des DHMs auch die Genauigkeit in der Vorhersage des mittleren jährlichen fluvialen Geschiebeaustragspotenzials erhöht. Dies trifft vor allem auf die in dieser Arbeit angesprochenen kleinen Hanggerinne in der Nähe der Wasserscheiden zu.

Daneben ist davon auszugehen, dass das Modell **fluviale Geschiebeaustragsraten** in anderen klimatischen Regionen und unter anderen lithologischen Bedingungen unter- oder überschätzt. Um diese Unterschiede zu ermitteln, erscheint eine Erprobung des Modells in Tälern mit anderen klimatischen (z.B. Zentralalpen, Südalpen, mediterraner Raum) und anderen lithologischen Bedingungen sinnvoll.

8 Zusammenfassung und Summary

8.1 Zusammenfassung

Die vorliegende Arbeit befasst sich mit fluvialen Hangprozessen in zwei alpinen Einzugsgebieten der nördlichen Kalkalpen. Dabei wurden flächenhafter (hangaquatischer Abtrag) und linienhafter Abtrag (fluviale Erosion) getrennt voneinander untersucht. Hauptziel war es, beide Abtragsformen durch umfangreiche Geländearbeiten zu quantifizieren und im Anschluss mit Hilfe bestehender und neu entwickelter Modelle zu regionalisieren. Daneben sollten die Interaktionen zwischen den fluvialen Prozessen und anderer im Hochgebirge wirkenden Prozesse untersucht werden.

Um den **hangaquatischen Abtrag** zu erfassen, wurden Denudationspegel eingesetzt, die im Laufe der Untersuchungen (2000-2006) durch ein neues Verfahren ergänzt wurden. Bei dieser neuen Methode erfolgte durch Laserscanning (virtuelle Denudationspegel) eine sehr detaillierte räumliche Aufnahme des hangaquatischen Abtrags. Die Quantifizierung des hangaquatischen Abtrags von den untersuchten Hängen erbrachte für die herkömmlichen und virtuellen Denudationspegel sehr hohe Werte von bis zu 2,5 cm Abtrag im Jahr, was einer Spende von solchen Flächen von bis zu 500 $t*ha^{-1}*a^{-1}$ entspricht. Die hohen Werte erklären sich dadurch, dass auf extrem steilen und vegetationsfreien Moränenhängen im Hochgebirge neben der Erosion durch Regentropfen und des hangaquatischen Abtrags offenbar auch noch Frost- und nivale Prozesse erosiv wirksam werden.

Um den hangaquatischen Abtrag zu regionalisieren wurde mit der USLE ein existierendes Modell aus der Bodenerosionsforschung eingesetzt. Der Vergleich der modellierten mit den gemessenen Abtragsraten zeigte deutlich, dass das Modell die Wirklichkeit deutlich unterschätzt. Ob diese Unterschätzung aus der Steilheit der Testflächen resultiert oder ob die Besonderheiten des Abtrags auf alpinen Hängen zu dieser Überschätzung führten (in den Gebieten, in denen die USLE entwickelt wurde, spielen Frostprozesse oder gravitative Prozesse vor allem aufgrund der Hangneigung vermutlich keine oder eine nur untergeordnete Rolle) oder ob es eine Kombination aus beidem war, konnte nicht abschließend geklärt werden. Hierzu wären in der Zukunft weitere Messungen und daran anschließende Modellläufe in hochalpinen Gebieten nötig.

Die **fluviale Erosion** wurde zwischen 2000 und 2006 als fluvialer Geschiebeaustrag durch Sedimentfallen gemessen, die in Hanggerinnen eingebracht wurden. Die Quantifizierung des Geschiebeaustrags aus Hangeinzugsgebieten und die anschließenden statistischen Untersuchungen haben deutlich die Abhängigkeit des Austrags vom Niederschlag aufgezeigt, allerdings in unterschiedlichen Ausprägungen: So zeigen Sedimentfallen mit einem hohen Anteil an Vegetation in ihrem Einzugsgebiet eine deutliche Reaktion auf hohe Ereignissummen, während Testflächen mit einer geringen Vegetationsbedeckung nur nach hohen Niederschlagsintensitäten mit erhöhtem Austrag reagieren.

Um zusätzlich zur Beeinflussung des Austrags durch den Niederschlag die Rolle der naturräumlichen Ausstattung der einzelnen Einzugsgebiete zu ermitteln, wurden statistische Analysen mit dem mittleren jährlichen Geschiebeaustrag durchgeführt. Hierbei wurde der gemessene Austrag mit den einzelnen Einzugsgebietsparametern korreliert. Die Ergebnisse dieser Analysen machten deutlich, dass der Austrag vor allem über die Größe des sedimentliefernden Einzugsgebietes, über die Hangneigung und über den Grad der Vegetationsbedeckung gesteuert wird.

Die Ableitung der sedimentliefernden Fläche erfolgte dabei über einen regelbasierten Ansatz, der die Distanz zum Gerinne, die Hangneigung und den Grad der Vegetationsbedeckung berücksichtigt. Aufbauend auf den Ergebnissen der statistischen Analysen konnte so im Lahnenwiesgraben ein eigenes statistisches Modell entwickelt werden, das das mittlere jährliche Geschiebeaustragspotenzial eines Hanggerinnes vor allem aufgrund der Größe seines sedimentliefernden Gebiets, also seiner Disposition für Geschiebelieferung, vorhersagen kann. Das im Lahnenwiesgraben entwickelte Modell wurde sowohl qualitativ als auch quantitativ mit den im Reintal gemessenen Austrägen validiert. Hierbei zeigte sich eine sehr gute Übertragbarkeit.

Durch Aufsummieren der potenziellen Geschiebeaustragsraten der in die Hauptbäche der beiden Untersuchungsgebiete einmündenden Hanggerinne konnte so der gesamte jährliche Geschiebeeintrag in die jeweiligen Hauptgerinne der Untersuchungsgebiete (Lahnenwiesgraben und Partnach) abgeschätzt werden.

Da das Modell den Grad der Vegetationsbedeckung als Einflussfaktor auf den fluvialen Austrag berücksichtigt, bot sich über die Betrachtung der aktuellen Gegebenheiten im Einzugsgebiet hinaus die Möglichkeit, Veränderungen in der Vegetationsbedeckung zu simulieren. So wurden in Fallstudien sowohl ein *Worst Case* als auch ein *Best Case* Szenario für den Lahnenwiesgraben berechnet. Im ersten Fall wurde die Vegetation völlig entfernt, im zweiten Fall eine völlige Vegetationsbedeckung simuliert. Die Ergebnisse dieser Simulationen wurden anhand zweier Teilbereiche des

Lahnenwiesgrabens und anhand des gesamten Geschiebeeintrags aller Hanggerinne in den Lahnenwiesgraben analysiert.

Über die Ergebnisse der Quantifizierung und der Modellierung der fluvialen Hangprozesse hinaus zeigen die Auswertungen der vorliegenden Arbeit, dass sowohl der hangaquatische Abtrag als auch die fluviale Erosion (fluvialer Austrag aus Hangeinzugsgebieten) von anderen geomorphologischen Prozessen deutlich beeinflusst wird. Zu diesen beeinflussenden Prozessen zählen vor allem Murgänge, Lawinen und Rutschungen. Es zeigte sich, dass diese nicht nur selbst zu hohen Abtrags- und Austragsraten führten, sondern darüber hinaus die Raten sowohl des hangaquatischen Abtrags als auch des fluvialen Geschiebeaustrags deutlich steigern und damit massiv beeinflussen.

8.2 Summary

The presented thesis deals with fluvial processes in two catchments situated in the Northern limestone Alps. The main goals of the investigations were to quantify and model both slope wash and fluvial erosion. In addition to this, the interaction of fluvial processes and other geomorphic processes in high mountain catchments were to be studied.

Slope wash was quantified by conventional erosion pins and a new technique, the so called virtual erosion pins (measured by terrestrial laser scanning) between 2000 and 2006. The Quantification of slope wash on the test areas showed high erosion rates (on both conventional and virtual erosion pins) of 2,5 cm*a^{-1} (500 t*ha*a^{-1}). These very high rates can be explained because of the very steep slopes and the fail of vegetation in the test areas. In addition the slopes in a high mountain environment are affected by frost and nival processes, too.

In order to model slope wash, an existing soil erosion model was tested (USLE). The comparison of measured and modelled erosion rates showed that erosion rates are clearly underestimated by the USLE. If this underestimation is the result of the very steep slopes (USLE was developed on much smoother slopes) or the result of frost or nival effects or a combination of both could not be answered clearly.

Fluvial erosion (bed load discharge) on slopes was measured by means of 28 sediment traps in small channels between 2000 and 2006.

The quantification of the bed load transport in channels and the statistical analysis with these data showed that bed load transport highly depends on precipitation. But it additionally depends on the natural conditions, especially on the vegetation cover in the contributing catchment. So catchments with high vegetation cover (e.g. forest) respond to high amounts of rainfall. In contrast catchments with low vegetation cover respond to high rainfall intensities.

To identify the influences of the natural conditions in the catchments with sediment traps, statistical analyses with the mean annual bed load discharge were carried out. The analyses showed that mean annual discharge of bed load highly depends on the extent of sediment contributing area, steepness of slopes and the degree of vegetation cover. Thereby the sediment contributing area is derived by a rule based approach which includes vegetation cover, distance to channel and slope.

Based on these results a statistical model for the Lahnenwiesgraben catchment was developed to predict mean annual bed load discharge for channels by deriving their sediment contributing area.

This model was transferred to the second catchment (Reintal) and was validated there with the measured bed load discharge. The result was that the model predicted the annual bed load discharge in the second catchment very well.

Using the model it is not only possible to identify channels with very high sediment output but also to calculate the sum of mean annual bed load input to the main channel for both catchments.

Because vegetation cover in the sediment contributing area is an important part of the model, the effect of a change in vegetation cover has been simulated in two case scenarios. In a worst case scenario the whole vegetation cover was "removed" and in a best case scenario the whole catchment was covered by vegetation. The results of these scenarios were analysed on the basis of two subcatchments and on the basis of the bed load input into the main channel of the Lahnenwiesgraben.

Beside the results of the quantification and the modelling of slope wash and fluvial erosion the investigation showed the interaction of geomorphic processes in high mountain areas. So other geomorphic processes like debris flows, avalanches or slope failure can not only interact with fluvial processes but also clearly affect the erosion rates of both slope wash and fluvial erosion.

Literatur

ABELLÁN, A., VILAPLANA, J.M. & J. MARTÍNEZ (2006): Application of a Long-Range Terrestrial Laser Scanner to a detailed rockfall study at Vall de Núria (Eastern Pyrenees, Spain). Engineering Geology 88: 136-148.

ACKROYD, P. (1987): Erosion by Snow Avalance and Implications for Geomorphic Stability, Torlesse Range, New Zealand. Arctic and Alpine Research 19 (1): 65-70.

AHNERT, F. (1996): Einführung in die Geomorphologie, Stuttgart.

AKSOY, H. & M.L. KAVVAS (2005): A review of hillslope and watershed scale erosion and sediment transport models. Catena 64: 247-271.

ARISTIDE, L.M., LUCA, M., GIONATA, A., FRANCESCO, C. & S.C. RENZO (2004): Impact of Sediment Supply On Bed Load Transport In A High-Altitude Alpine Torrent. Proceedings Int. Symposium INTERPRAEVENT 2004 Riva/Trient, Bd. 3: 171-182.

BAHRENBERG, G., GIESE, E., NIPPER, J. (2003): Statistische Methoden in der Geographie, Band 2 Multivariate Statistik, Berlin, Sturrgart.

BAUMGARTNER, A., REICHEL, E., & G. WEBER (1983): Der Wasserhaushalt der Alpen. – 343 S. u. Kartenteil, München

BAYERISCHES LANDESAMT FÜR WASSERWIRTSCHAFT (1997): Jahrbuch. S. 42-43, München.

BAYERISCHES LANDESAMT FÜR WASSERWIRTSCHAFT (2001): Deutsches Gewässerkundliches Jahrbuch. Donaugebiet S.198, München

BAYFORKLIM (1996): Klimaatlas von Bayern, München.

BECHT, M. (1989): Die Schwebstofführung der Gewässer im Lainbach bei Benediktbeuern (Obb.). In: Münchener geographische Abhandlungen Reihe B, Bd. B2, 201 S., München.

BECHT, M. & K.-F. WETZEL (1989): Der Einfluß von Muren, Schneeschmelze und Regenniederschlägen auf die Sedimentbilanz eines randalpinen Wildbachgebietes. Die Erde 120: 189-202.

BECHT, M. & K.-F. WETZEL (1994): Abfluss- und Niederschlagsmessung eines Wildbachsystems. In: Barsch. D, Mäusbacher R., Pörtge K.-H., Schmidt K.-H. (Hrsg): Messung in fluvialen Systemen. Feld- und Labormethoden zur Erfassung des Wasser- und Stoffhaushaltes. Springer, Berlin.

BECHT, M. (1994): Aktuelle Geomorphodynamik in den Alpen. In: Mitteilungen der Geogr. Gesellschaft München Bd.79, 25-50.

BECHT, M. (1995): Untersuchungen zur aktuellen Reliefentwicklung in alpinen Einzugsgebieten– In: Münchener geographische Abhandlungen, Bd. A47, 187 S., München.

BECHT, M. (1996): Abflussverhalten und Gerinneformung im Höllental. Petermanns Geographische Mitteilungen 140: 23-32.

BECHT, M., HECKMANN, T., MITTELSTEN SCHEID, T. & V. WICHMANN (2003): Relief und Prozesse im Alpenraum. In: IfL (Hg.): Deutscher Nationalatlas, Bd. Relief, Boden und Wasser, Heidelberg.

BECHT, M., HAAS, F., HECKMANN, T. & V. WICHMANN (2005): Investigating Sediment Cascades Using Field Measurements and Spatial Modelling. IAHS Publication 291. (Sediment Budgets I; Proceedings of Symposium S1 held during the Seventh IAHS Scientific Assembly at Foz do Iguacu, Brazil, April 2005), S. 206-213.

BENDA, L. & CUNDY, T. (1990): Predicting deposition of debris flows in mountain channels. Canadian Geotechnical Journal 27: 409-417.

BERGKAMP, G., CAMMERAAT, L.H. AND MARTINEZ-FERNANDEZ, J.(1996): Water Movement and Vegetation Patterns on Shrubland and an Abandoned Field in two Desertification – Threatened Areas in Spain. Earth, Surface Processes and Landforms 21: 1073-1090.

BEYLICH, A.A. (1999): Hangdenudation und fluviale Prozesse in einem subarktisch- ozeanisch geprägten, permafrostfreien Periglazialgebiet mit pleistozäner Vergletscherung – Prozessgeomorphologische Untersuchungen im Bergland der Austfirdir (Austdalur, OstIsland), Shaker 1999.

BISCHETTI, G.B., GANDOLFI, C. & M.J. WHELAN (1998): The definition of stream channel head location using digital elevation data. IAHS Publication 264. (Hydrology, Water Resources and Ecology in Headwaters- Proceedings of the Headwater '98 Conference held at Meran/Merano, Italy, April 1998), S. 545-552.

BISHOP, M.P. & J.F. SHRODER (2004): Geographic Information Science and Mountain Geomorphology, Chichester.

BÖHM, P. & G. GEROLD (1995): Pedo-hydrological and sediment responses to simulated rainfall on soils of the Konya Uplands (Turkey). Catena 25: 63-76.

BORTZ, J. (2005): Statistik für Human- und Sozialwissenschaftler, Heidelberg.

BÜHL, A. & ZÖFEL, P. (2002): SPSS11 – Einführung in die moderne Datenanalyse unter Windows, München.

BUNZA, G. (1989): Oberflächenabfluss und Bodenabtrag in der alpinen Grasheide der Hohen Tauern an der Großglockner-Hochalpenstrasse. In: Struktur und Funktion von Graslandökosystemen im Nationalpark hohe Tauern - Österr. Akademie der Wiss., Veröff. des österr. MaB-Programms, Bd. 13: 155-200.

BUNZA, G., SCHAUER, T. (1989) Der Einfluss von Vegetation, Geologie und Nutzung auf den Oberflächenabfluss bei künstlichen Starkregen in Wildbachgebieten der Bayerischen Alpen. Informationsbericht d. Bayer. Landesamtes f. Wasserwirtschaft 2/89, München.

BUNZA, G., DEISENHOFER, H.E., KARL, J., PORZELT, M. AND RIEDL, J. (1985) Beiträge zu Oberflächenabfluß und Stoffabtrag bei künstlichen Starkniederschlägen. I.: Der künstliche Starkniederschlag der transportablen Beregnungsanlage nach Karl und Toldrian. DVWK Schriften 71: 1–35.

BUNZA, G., JÜRGIMG, P., LÖHMANNSRÖBEN, R., SCHAUER, TH., ZIEGLER, R. (1996): Abfluß- und Abtragsprozesse in Wildbacheinzugsgebieten – Grundlagen zum integralen Wildbachschutz. Schriftenreihe des Bayer. Landesamtes für Wasserwirtschft H. 27, München.

BUNZA, G., KARL, J., MANGELSDORF, J. (1976): Geologisch-morphologische Grundlagen der Wildbachkunde. Schriftenreihe der Bayerischen Landesstelle für Gewässerkunde H. 11, München.

CAINE, N. & F.J. SWANSON (1989): Geomorphic coupling of hillslope and channel systems in two small mountain basins. Zeitschrift für Geomorphologie, N.F. 33: 189-203.

CARRARA, A. & F.E. GUZZETTI (1995): Geographical Information Systems in Assessing Natural Hazards. Amsterdam

CARSON, M.A. & M.J. KIRKBY (1972): Hillslope – Form and Process, Cambridge.

CHAPLOT, V. & LE BISSONNAIS, Y. (2000) : Field Measurements of Interrill Erosion under Different Slopes and Plot Sizes. Earth Surface Processes and Landforms 25: 145-153.

CHORLEY, R. & B. KENNEDY (1971): Physical Geography: A Systems Approach, London.

CLARKE, M.L. & RENDELL, H.M. (2000): The impact of the farming practice of remodelling hillslope topography on badland morphology and soil erosion processes. Catena 40: 229-250.

CLARKE, M.L. & RENDELL, H. M. (2006): Process-form relationships in Southern Italian badlands: erosion rates and implications for landform evolution. Earth Surface Processes and Landforms 31: 15-29.

COLLINS, A.L. & WALLING, D.E. (2004): Documenting catchment suspended sediment sources: problems, approaches and prospects. Progress in physical Geography 28(2): 159-196.

CONRAD, O. (2001): SAGA Cannel Network Modul für SAGA Version 2.0.

COUPER, P., STOTT, T. & I. MADDOCK (2002): Insights into river bank erosion processes derived from analysis of negative erosionpin recordings: observations from three recent UK studies. Earth Surface Processes and Landforms 27: 59–79.

DALLA FONTANA, G. & L. MARCHI (1999): Slope Area Relationship and Transport Capacity in the Cannel Network of the Rio Cordon (Dolomites). Quaderni Di Idronomia Montana 19(1): 51-64.

DALLA FONTANA, G. & L. MARCHI (2003): Slope-area relationship and sediment dynamics in two alpine streams. Hydrological Processes 17: 73-87.

DE ROO, A.P.J. (1998): Modelling runoff and sediment transport in catchments using GIS. Hydrological Processes 12: 905-922.

DESCROIX, L. & E. GAUTIER (2002): Water erosion in the southern French alps: climatic and human mechanisms. Catena 50: 53-85.

DESCROIX, L. & J.C. OLIRY (2002): Spatial and temporal factors of erosion by water of black marls in the badlands of the French southern Alps. Hydrological Science Journal 47(2): 227-242.

DE VILLIERS, G.D.T. (1990): Rainfall variations in mountainous regions. IAHS Publication. (Hydrology in Mountainous Regions. I. Hydrological Measurements; the water cycle - Proceedings of two Lousanne Symposia, August 1990), S. 33-41.

DIETRICH, W.E. & T. DUNNE (1978): Sediment budget for small catchment in mountainous terrain. Zeitschrift für Geomorphologie N. F. 29: 191-206.

DIETRICH, W.E. & TH. DUNNE (1993): The Channel Head.- In: Beven, K. & Kirkby, M.J. (Hrsg.): Channel Network Hydrology, Chichester.

DIODATO, N. & M. CECCARELLI (2005): Interpolation processes using multivariate geostatistics for mapping of climatological precipitation mean in the Sannio Mountains (southern Italy). Earth Surface Processes and Landforms 30: 259 – 268.

DURÁN ZUAZO, V.H., FRANCIA MARTÍNEZ, J.R., MARTÍNEZ RAYA, A. (2004): Impact of Vegetative Cover on Runoff and Soil Erosion at Hillslope Scale in Lanjaron, Spain. The Enviromentalist 24: 39-48.

DVWK (1988): Feststofftransport in Fließgewässern – Berechnungsverfahren für die Ingenieurpraxis. DVWK Schriften 87.

ENDERS, G. (HRSG.) (1996): Bayerischer Klimaforschungsverbund, BayFORKLIM - Klimaatlas von Bayern. München

EVANS, M. & J. WARBURTON (2005): Sediment budget for an eroding peat-moorland catchment in northern England. Earth Surface Processes and Landforms 30: 557-577.

EVANS, R. (1980): Mechanics of water erosion and their spatial and temporal controls: an empirical viewpoint. In: KIRKBY, M.J. & R.P.C. MORGAN (Hrsg.) Soil erosion, Chichester.

FAO (1965): Soil Erosion By Water – Some measures for ist control on cultivated lands. Food and Agricultural Organizantion of the United Nations – Agricultural Development Paper No. 81, Rome.

FELDNER, R. (1978): Waldgesellschaften, Wald- und Forstgeschichte und Schlussfolgerungen für die waldbauliche Planung im Naturschutzgebiet Ammergauer Berge.- Dissertation an der Universität für Bodenkultur Wien, Wien.

FELIX, R.., PRIESMEIER, K., WAGNER, O., VOGT, H. & F. WILHELM (1988): Abfluss in Wildbächen, Untersuchungen im Einzugsgebiet des Lainbaches bei Benediktbeuern/Oberbayern - In: Münchener geographische Abhandlungen, Bd. B6, 549 S., München.

FIEBIGER, G. (1999): Geomorphologische Prozesse in Wildbacheinzugsgebieten im Überblick. Relief Boden Paläoklima 14: 67-75.

FLIRI, F. (1974): Niederschlag und Lufttemperatur im Alpenraum. In: Wiss. Alpenvereinshefte, Bd. 24, Innsbruck.

FLIRI, F. (1975): Das Klima der Alpen im Raume von Tirol. Monographien zur Landeskunde von Tirol. Folge 1. Innsbruck-München.

FLORINETH, F., STERN, R., MITTENDREIN, B. (2004): Untersuchung und Früherkennung der Erosionsanfälligkeit von Alpinen Rasenbeständen. Proceedings Int. Symposium INTERPRAEVENT 2004 Riva/Trient, Bd. 3: 111-122.

FOSTER, G.R. (1991): Advances in wind and water prediction.- Jounal of Soil and Water Conservation 46, 27-29.

FREEMAN, T.G. (1991): Calculating catchment area with divergent flow based on a regular grid. Computer & Geosciences 17(3): 413-422.

FRYIRS, K.A., BRIERLY, G.J., PRESTON, N.J., SPENCER, J. (2007): Catchment-scale (dis)connectivity in sediment flux in the upper Hunter catchment, New South Wales, Australia. Geomorphology 84: 297-316.

GERITS, J.J.P., DE LIMA, J.L.M.P. & T.M.W. VAN DEN BROEK (1990): Overland Flow and Erosion. In: ANDERSON, M.G. & T.P. BURT (Hrsg.): Process in Hillslope Hydrology, Chichester.

GREENWAY, D.R. (1987): Vegetation and slope stability. In: ANDERSON, M.G. & K.S. RICHARDS (Hrsg.): Slope Stability, Chichester.

HAAN, C. TH.,BARFIELD, B. J., HAYES, J. C. (1994): Design hydrology and sedimentology for small catchments, San Diego.

HAAS, F., T. HECKMANN, V. WICHMANN & M. BECHT (2004): Change of Fluvial Sediment Transport Rates after a High Magnitude Debris Flow Event in a Drainage Basin in the Northern Limestone Alps, Germany. IAHS Publication 288. (Sediment Transfer through the Fluvial System - Proceedings of a Symposium Held in Moscow, August 2004), S. 37–43.

HAGG, W. & M. BECHT (2000): Einflusse von Niederschlag und Substrat auf die Auslösung von Hangmuren in Beispielgebieten der Ostalpen. Zeitschrift für Geomorphologie, N.F, Suppl.-Bd. 123: 79-92.

HAIGH, M.J. (1977): The use of erosion pins in the study of slope evolution. In: Brit. Geomorph. Res. Group. Tech. Bull. No. 18, Shorter Technical Methods (II), Norwich.

HATTANJI, T. & Y. ONDA (2004): Coupling of runoff processes ans sediment transport in mountainous watersheds underlain by differnt sedimentary rocks. Hydrological Processes 18: 623-636.

HECKMANN, T. (2006): Untersuchungen zum Sedimenttransport von Grundlawinen in zwei Einzugsgebieten der nördlichen Kalkalpen – Quantifizierung, Analyse und Ansätze zur Modellierung der geomorphologischen Aktivität.- Eichstätter Geographische Arbeiten 14, 312 S., Profil Verlag, München/Wien.

HECKMANN, T., MORCHE, D., HAAS, F., WICHMANN, V. & M. BECHT (2006): Auswirkungen eines extremen Niederschlagsereignisses auf ein Alpines Gerinne und die angrenzenden Hänge. Forum für Hydrologie und Wasserbewirtschaftung, Heft 15: 57-60.

HECKMANN, T., HAAS, F., MORCHE, D. & V. WICHMANN (2008): Sediment budget and morphodynamics of an alpine talus cone on different timescales.- Zeitschrift für Geomorphologie N.F, Suppl.-Bd. 52.1: 103-121.

HEGG, C. (1997): Zur Erfassung und Modellierung von gefährlichen Prozessen in steilen Wildbacheinzugsgebieten. Geographica Bernensia G, Bd. 52, Bern.

HEGG, C. (2006): Waldwirkung auf Hochwasser. LWF Wissen – Berichte der Bayerischen Landesanstalt für Wald und Forstwirtschaft 55: 29-33.

HEINIMANN, H.R., HOLLENSTEIN, K., KIENHOLZ, H., KRUMMENACHER, B. & P. MANI (1998): Methoden zur Analyse und Bewertung von Naturgefahren. - Umwelt-Materialien Nr. 85, Naturgefahren. Hrsg.: Bundesamt für Umwelt, Wald und Landschaft (BUWAL), Bern. 248 S.

HENSOLD, S. (2002): Hydrologische Differenzierung von Flächen im Einzugsgebiet des Lahnenwiesgrabens bei Garmisch-Partenkirchen in Abhängigkeit von physisch-geographischen Parametern. Diplomarbeit am Lehrstuhl für physische Geographie der Ludwig-Maximilians-Universität München, München.

HENSOLD, S., WICHMANN, V. & M. BECHT (2005): Hydrologische Differenzierung von Standorten in einem alpinen Einzugsgebiet in Abhängigkeit von physisch-geographischen Parametern.- Hydrologie und Wasserbewirtschaftung 49(2): 68-76.

HERRMANN, A. (1978): Schneehydrologische Untersuchungen in einem randalpinen Niederschlagsgebiet (Lainbachtal bei Benediktbeuern, Oberbayern). In: Münchener geographische Abhandlungen Bd. 22, 84 S., München.

HILDEBRANDT, M. (2006): Schutzwaldmanagement – ein Beitrag zum Hochwasserschutz. LWF Wissen – Berichte der Bayerischen Landesanstalt für Wald und Forstwirtschaft 55: 55-61.

HIRTLREITER, G. (1992): Spät- und postglaziale Gletscherschwankungen im Wettersteingebirge und seiner Umgebung, Münchner geographische Abhandlungen, Bd. B15, 176 S.; München.

HUGGET, R.J. (2003): Fundamentals of Geomorphology. New York..

JAECKLI, H. (1957): Gegenwartsgeologie des Bündnerischen Rheingebietes. In: Beiträge zur Geologischen Karte der Schweiz, Geotechnische Serie 36.

JETTEN, V., DE ROO, A., FAVIS-MORTLOCK, D. (1999) : Evaluation of field-scale and catchment-scale soil erosion models. Catena 37: 521-541.

JETTEN, V., GOVERS, G. & R. HESSEL (2003): Erosion models: quality of spatial predictions. Hydrological Processes 17: 887-900.

JOHNSON, R.M. & WARBURTON, J. (2002): Annual Sediment Budget Of A UK Mountain Torrent. Geografiska Annaler 84 A (2): 73-88.

KARL, J. & W. DANZ (1969): Der Einfluß des Menschen auf die Erosion im Bergland.- Schriftenreihe der Bayer. Landesst. f. Gewässerkunde, 98 S., München.

KARL, J., PORZELT, M. & G. BUNZA (1985): Oberflächenabfluss und Bodenerosion bei künstlichen Starkniederschlägen. DVWK Schriften 71: 37-102.

KELLER, D. & M. MOSER (2002): Assesment of Field Methods for Rock Fall and Soil Slip Modelling.- Zeitschrift für Geomorphologie N. F., Suppl.-Bd. 127: 127-135.

KELLER, D. (in Vorb.): Analyse und Modellierung gravitativer Massenbewegungen in alpinen Sedimentkaskaden unter besonderer Berücksichtigung von Schutt- und Kriechströmen in Lockergestein. Dissertation, Lehrstuhl für Angewandte Geologie, Universität Erlangen-Nürnberg.

KIENHOLZ, H. (1995): Gefahrenbeurteilung und –bewertung – Auf dem Weg zu einem Gesamtkonzept. Schweizerische Zeitschtift für Forstwissenschaften 146(9): 701-725.

KIRKBY, M.J. (HRSG.)(1979): Hillslope Hydrology, Chichester.

KIRKBY, M.J. (1979): Implications for sediment transport. In: KIRKBY, M.J. (Hrsg.) Hillslope Hydrology, Chichester.

KIRKBY, M.J. & R.C.P. MORGAN (Hrsg.) (1980): Soil Erosion, Chichester.

KLEBELSBERG, R. v. (1913): Glazialgeologische Notizen vom bayerischen Alpenrande. III. Der Ammergau und sein glaziale Einzugsgebiet. IV. Die Voralpen zwischen Loisach und Isar. – Zeitschrift für Gletscherkunde 8: 226-262.

KNOCH, K. (1952): Klima-Atlas von Bayern, Bad Kissingen.

KOCH, F. (2005): Zur raum-zeitlichen Variabilität von Massenbewegungen und pedologische Kartierungen in alpinen Einzugsgebieten – Dendrogeomorphologische Fallstudien und Erläuterungen zu den Bodenkarten Lahnenwiesgraben und Reintal (Bayerische Alpen).- Inauguraldissertation an der Philosophischen Fakultät III – Geschichte, Gesellschaft, Geographie – der Universität Regensburg im Fach Geographie

KOEHLER, G. (1992): Auswirkungen verschiedener anthropogener Veränderungen auf die Hochwasserabflüsse im Oberrheingebiet. Wasser & Boden 44(1): 11-15.

KOHL, B. (2000): Vegetation als Indikator für die Abflussbildung. Proceedings Int. Symposium INTERPRAEVENT 2000 Villach, Bd. 2: 41-51.

KOHL, B., MARKART, G., BAUER, W. (2001): Abflussmenge und Sedimentfracht unterschiedlich genutzter Boden-/Vegetationskomplexe bei Starkregen im Sölktal/Steiermark. Bericht des Institutes für Lawinen- und Wildbachforschung, Innsbruck.

KOHL, B. SAUERMOSER, S. FREY, D., STEPANEK, L. & G. MARKART (2004): Steuerung des Abflusses in Wildbacheinzugsgebieten über Flächenwirtschaftliche Maßnahmen. Proceedings Int. Symposium INTERPRAEVENT 2004 Riva/Trient, Bd. 3: 159-169.

KRAUTBLATTER, M. (2004): The Impact of Rainfall Intensity and other External Factors on Primary and Secondary Rockfall (Reintal, Bavarian Alps), Magisterarbeit an der Philosophischen Fakultät I/II, Universität Erlangen-Nürnberg.

KRAUTBLATTER, M. & MOSER, M. (2005): Die Implikationen einer vierjährigen quantitativen Steinschlagmessung für Gefahrenabschätzung, Risikoverminderung und die Ausgestaltung von Schutzmaßnahmen. Proceedings of the 15th Conference on Engineering Geology, Erlangen, April 6th to 9th: 67-72.

KUHNERT, C. (1967): Erläuterungen zur geologischen Karte von Bayern 1:25000, Blatt 8432 Oberammergau.- Bayerisches Geologisches Landesamt, 128 S.; München.

LEHMKUHL, F. (1989): Geomorphologische Höhenstufen in den Alpen unter besonderer Berücksichtigung des nivalen Formenschatzes. Göttinger Geographische Abhandlungen, Bd. 88, 113 S., Göttingen.

LAM LAU, Y. & P. ENGEL (1999): Inception of Sediment Transport on Steep Slopes. Journal of Hydraulic Engineering 125 (5): 544-547.

LESER, H. (1977): Feld und Labormethoden in der Geomorphologie. 446 S., Berlin.

LIEDTKE, H. & MARCINEK, J. (1994): Physische Geographie Deutschlands, Gotha.

LIENER, S. (2000): Zur Feststofflieferung in Wildbächen. Geographica Bernensia G, Bd. 64, Bern.

LIM, M., PETLEY, D., ROSSER, N.J., ALLISON, R.J., LONG, A.J., PYBUS, D. (2005): Combined digital Photogrammetry and time-of-Flight Laser scanning for monitoring Cliff Evolution. The Photogrammetric Record 20 (110): 109-129.

LLERENNA, C.A., ZHANG, A. & R.L. ROTHWELL (1987): Test of an erodibility rating system for the foothills of central Alberta, Canada. IAHS Publ. 167. (In: Forest Hydrology and Watershed Management. Procceedings of the Vancouver Symposium, August 1987), S. 155-161.

LÖHMANNSRÖBEN, R. & TH. SCHAUER (1996): Ableitung Hydrologischer Eigenschaften zur Beurteilung des Abfluss- und Abtragsgeschehens aus Boden- und Vegetationskundlichen Kriterien. Proceedings Int. Symposium INTERPRAEVENT 1996 Garmisch Partenkirchen, Bd. 1: 99-102.

LÖHMANNSRÖBEN, R., ALTFELD, O., BUNZA, G., EIDT, M., FISCHER, A., JÜRGING, P., SCHAUER, T. & R. ZIEGLER (2000): Geländeanleitung zur Abschätzung des Abfluss- und Abtragsgeschehens in Wildbacheinzugsgebieten.Bayerisches Landesamt für Wasserwirtschaft, Materialien Nr. 87, München.

LÖHMANNSRÖBEN, R. (2002): Die Bedeutung des Bodens im Zusammenhang mit der hydrologischen Regionalisierung. In: GUTKNECHT, D.: Niederschlag-Abfluss Modellierung - Simulation und Prognose, Wiener Mitteilungen Wasser Abwasser Gewässer Bd.164, Wien.

MARKART, G. & B. KOHL (1995) Starkregensimulation und bodenphysikalische Kennwerte als Grundlage der Abschätzung von Abfluss- und Infiltrationseigenschaften alpiner Boden-/Vegetationseinheiten. Ergebnisse der Beregnungsversuche im Mustereinzugsgebiet Löhnersbach bei Saalbach in Salzburg. FBVA-Berichte, Nr. 89.

MARKART, G., KOHL, B. & P. ZANETTI (1996) Einfluss von Bewirtschaftung, Vegetation und Boden auf das Abflussverhalten von Wildbacheinzugsgebieten - Ergebnisse von Abflussmessungen in ausgewählten Teileinzugsgebieten des Finsingtales (Zillertal/Tirol). Proceedings Int. Symposium INTERPRAEVENT, Garmisch-Partenkirchen 1996, Bd 1: 135–144.

MARKART, G., KOHL, B., KIRNBAUER, R., PIRKL, H., BERTLE, H., STERN, R., REITERER, A. & P. ZANETTI (2006): Surface runoff in a torrent catchment in Middle Europe and its prevention. Geotechnical and Geological Engineering 24: 1403-1424.

MARKART, G. KOHL, B. & F. PERZL (2006): Der Bergwald und seine hydrologische Wirkung – eine unterschätzte Größe?. LWF Wissen – Berichte der Bayerischen Landesanstalt für Wald und Forstwirtschaft 55: 34-43.

MATHYS, N, BROCHOT, S. MEUNIER, M. (1996) : L'érosion des Terres noires dans les Alpes du Sud : contribution à l'estmation des valeurs anuelles moyennes (bassins versants expérimentaux de Draix) Révue de Géographie alpine Nr. 2.

MATHYS, N., BROCHOT, S., MEUNIER, M., RICHARD, D. (2003) : Erosion quantification in the small marly experimental catchments of Draix (Alpes de Haute Provence, France). Calibration of the ETC rainfall–runoff–erosion model. Catena 50: 527-548.

MATHYS, N., KLOTZ, S., ESTEVES, M., DESCROIX, L., LAPETIT, L.M. (2005) : Runoff and erosion in the Black Marls of the French Alps: Observations and measurements at the plot scale. Catena 63: 261-281.

MENTZEL, L. (1999): Flächenhafte Modellierung der Evapotranspiration mit TRAIN. IN: Potsdam-Institut für Klimafolgenforschung (Hrsg.). Pik Report Nr. 54, Potsdam.

MEURER, M. (1984): Höhenstufung von Klima und Vegetation. Erläutert am Beispiel der mittleren Ostalpen. Geographische Rundschau 36(8): S. 395-403.

MICHAEL, A. (2000): Anwendung des physikalisch begründeten Erosionsprognosemodells Erosion2D/3D – Empirische Ansätze zur Ableitung der Modellparameter. Dissertation an der Technischen Univ. Bergakademie Freiberg.

MIKOS, M., VIDMAR, A. & M. BRILLY (2005): Using a laser measurement system for monitoring morphological changes on the Strug rock fall, Slovenia. Natural Hazards and Earth System Sciences 5: 143-153.

MILLER, H. (1962): Zur Geologie des westlichen Wetterstein- und Mieminger Gebirges (Tirol) - Strukturzusammenhänge am Ostrand des Ehrwalder Beckens. Inauguraldissertation an der Hohen Naturwissenschaftlichen Fakultät der Ludwig – Maximilians - Universität München. München.

MOLNAR, D.K. & P.Y. JULIEN (1998): Estimation of upland erosion using GIS. Computers and Geosciences 24: 183-192.

MONTGOMERY, D.R. & E. FOUFOULA-GEORGIOU (1993): Channel network source representation using digital elevation models. Water Resources Research 29: 3925-3934.

MONTGOMERY, D.R. & DIETRICH (1989): Source areas, drainage density and channel initiation. Water Resources Research 25: 1907-1918.

MOORE, I.D & G.J. BURCH (1986): Physical Basis of the length-slope factorin the Universal Soil Loss Equation. Journal of the Soil Science Society of America 50: 1294-1298

MOORE, I.D., GRAYSON, R.B. & A.R. LADSON (1991): Digital Terrain Modelling: A Review of Hydrological, Geomorphological, and Biological Applications. Hydrological Processes 5: 3-30.

MOORE, I.D., P.E. GESSLER, J.P. WILSON, S.K. JENSON & L.E. BAND (1993): GIS and land-surface-subsurface process moelling. In Goodchild, M.F., Parks, B.O. & L.T. Steyaert (Hrsg.): Environmental modelling wih GIS.

MORCHE, D. (2006): Aktuelle hydrologische Untersuchungen am Partnach-Ursprung (Wettersteingebirge), Oberbayern. Wasserwirtschaft 96 (1-2): 53-58.

MORCHE, D., SCHMIDT K.H., HECKMANN T. & F. HAAS (2007): Hydrology and geomorphic effects of a high-magnitude flood in an Alpine river. Geografiska Annaler 89 A (1): 5-19.

MORGAN, R..P.C. (1995): Soil Erosion and Conservation. Longman Scientific and Technical. 298 S., London.

MÜLLER-WESTERMEIER, G. (1996): Klimadaten von Deutschland. Zeitraum 1961-1990.- Offenbach/Main.

NISHIMUNE, N., ONODERA, S., NARUOKA, T. & BIRMANO, M.D. (2003): Comparative study of bedload sediment yield processes in small mountainous catchments covered by secondary and disturbed forests, western Japan. Hydrobiologia 494: 265-270.

O'CALLAGHAN & MARK (1984): The extraction of drainage networks from digital elevation data. Computer Vision, Graphics and Image Processing 28: 323-344.

OOSTWOUD WIJDENES, D.J. & P ERGENZINGER (1998): Erosion and sediment transport on steep marly hillslopes, Draix, Haute-Provence, France: an experimental field study. Catena 33: 179-200.

PECK, A. & H. MAYER (1996): Einfluß von Bestandsparametern auf die Verdunstung von Wäldern. Forstwissenschaftliches Centralblatt 115: 1-9.

PICKUP, G. (1981): Stream Cannel Dynamics and Morphology. IAHS Publication 132. (In: Erosion and Sediment Transport in Pacific Rim Steeplands - Procceedings of the Christchurch Symposium 1981), S. 142–165.

POESEN, J. (1985): An improved splash transport model. Zeitschrift für Geomorphologie N.F. 29: 193-211.

PRESTON, N. & J. SCHMIDT (2003): Modelling Sediment Fluxes at Large Spatial and Temporal Scales. Lecture Notes in Earth Sciences 101: 53-72.

PRUDHOMME, C. (1999): Mapping a statistic of extreme rainfall in a mountainous region. Phys. Chem. Earth (B) 24: 79-84.

QUINN, P.F., BEVEN, K.J., CHEVALLIER, P. & O. PLANCHON (1991): The prediction of hillslope flow paths for distributed hydrological modelling using digital terrain models. Hydrological Processes 5: 59-79.

RAPP, A. (1960): Recent Development of Mountain Slopes in Karkevagge and Surroundings, Northern Scandinavia. Geograpfiska Annaler 42(2/3): 65-200.

RATHJENS, C. (1982): Geographie des Hochgebirges – 1 Der Naturraum, Stuttgart.

REY, F. (2000): Minimal management of the Austrian black Pine on Marls for a sustainable protection against erosion (southern Alps, France) . Proceedings Int. Symposium INTERPRAEVENT 2000 Villach, Bd. 2: 155-167.

REY, F. (2003): Influence of vegetation distribution on sediment yield in forested marly gullies. Catena 50: 549-562.

RICKENMANN, D. (1997): Sediment Transport In Swiss Torrents. Earth Surface Processes and Landforms 22: 937-951.

RIEGER, D. (1999): Bewertung der naturräumlichen Rahmenbedingungen für die Entstehung von Hangmuren – Möglichkeiten zur Modellierung des Murpotentials- In: Münchener geographische Abhandlungen, Bd. A51, 149 S., München.

ROSSER, N.J., PETLEY, D.N., LIM, M., DUNNING, S.A. & ALLISON, A.J. (2005): Terrestrial laser scanning for monitoring the process of hard rock coastal cliff erosion. Quarterly Journal of Engineering Geology and Hydrogeology 38: 363–375.

ROWLANDS, K.A., JONES, L.D. & M. WHITHWORTH. (2003): Landslide Laser Scanning: A new look at an old problem. Quaterly Journal of Engineering Geology and Hydrogeology 36: 155-157.

RÜCKAMP (2005): Steinschlaguntersuchungen im Lahnenwiesgraben (Ammergebirge). Diplomarbeit am Institut für Geographie der Mathematisch-Naturwissenschaftlichen Fakultät der Georg-August-Universität Göttingen, Göttingen.

SASS, O. (1998): Die Steuerung von Steinschlagmenge und -verteilung durch Mikroklima, Gesteinsfeuchte und Gesteinseigenschaften im westlichen Karwendelgebirge (Bayerische Alpen). Münchener Geographische Abhandlungen B 29, 175 p.

SASS, O. & M. KRAUTBLATTER (2006): Debris-flow-dominated and rockfall-dominated scree slopes: genetic models and process rates derived from GPR measurements. Geomorphology (in press), DOI:10.1016/j.georp.2006.08.012.

SCHAUER, TH. (1998): Steuerung verschiedener Abtragsprozesse durch die Standortfaktoren Vegetation, Boden und Nutzung. In: Das Wildbachsystem Prozesse – Berwertung – Maßnahmen, Fachkolloquium, Bayerisches Landesamt für Wasserwirtschaft, München, Informationsberichte Heft 2/98: 41-64.

SCHAUER, TH. (1999): Beispiele von Erosionsprozessen in Zusammenhang mit den Standortfaktoren Nutzung und Vegetation im bayerischen Alpenraum. Relief Boden Paläoklima 14: 117-128.

SCHAUER, TH. (2000): Der Einfluss der Schafbeweidung auf das Abfluss- und Abtragsgeschehen. Proceedings Int. Symposium INTERPRAEVENT 2000 Villach, Bd. 2: 65-74.

SCHEIDEGGER, A.E. (1970): Theoretical Geomorphology, Berlin – Heidelberg – New York.

SCHLICHTING, E., BLUME, H.P., STAHR, K. (1995): Bodenkundliches Praktikum - Eine Einführung in pedologisches Arbeiten für Ökologen, insbesondere Land- und Forstwirte und für Geowissenschaftler. 295 S., 60 Tab., Berlin.

SCHMIDT, J. (1991): A mathematical model to simulate rainfall erosion. Catena Suppl. 19: 101-109.

SCHMIDT, J. (1998): Modellbildung und Prognose zur Wassererosion.- In: RICHTER, G. (Hrsg.) Bodenerosion: Analyse und Bilanz eines Umweltproblems, Darmstadt.

SCHMIDT, M. (2003): Die Anwendbarkeit von Bodenerosionsmodellen unter Berücksichtigung unterschiedlicher Betrachtungsmaßstäbe. In: WEIß, D. (Hrsg.): Studien zu wissenschaftlichen und angewandten Arbeitsfeldern der physischen Geographie, Eichstätter Geographische Abhandlungen Bd.12: 153-178.

SCHMIDT, R.-G. (1979): Probleme der Erfassung und Quantifizierung von Ausmaß und Prozessen der aktuellen Bodenerosion (Abspülung) auf Ackerflächen. Physiogeographica Bd. 1, 240 S., Basel.

SCHMIDT, K.-H. & MORCHE, D. (2006): Sediment output and effective discharge in two small high mountain catchments in the Bavarian Alps, Germany. Geomorphology 80: 131-145.

SCHÖBERL, F., STÖTTER, J., SCHÖNLAUB, H., PLONER, A., SÖNSER, TH., JENEWEIN, S. & M. RINDERER (2004): Promab^{GIS}: A Gis-based Tool for Estimating Runoff and Sediment Discharge in Alpine Catchment Areas. Proceedings Int. Symposium INTERPRAEVENT 2004 Riva/Trient, Bd. 3: 271-282.

SCHROTT, L., A. NIEDERHEIDE, M. HANKAMMER, G. HUFSCHMIDT & R. DIKAU (2002):Sediment Storage in a Mountain Catchment: Geomorphic Coupling and Temporal Variability (Reintal, Bavarian Alps, Germany). Zeitschrift für Geomorphologie N.F., Suppl.-Bd. 127: 175–196.

SCHROTT, L., HUFSCHMIDT, G., HANKAMMER, M., HOFFMANN, T. & DIKAU, R. (2003): Spatial Distribution of Sediment Storage Types and Quantification of Valley Fill Deposits in an Alpine Basin, Reintal, Bavarian Alps, Germany. Geomorphology 55: S.45-63.

SCHROTT, L., J. GÖTZ, M. GEILHAUSEN & D. MORCHE (2006): Spatial and temporal variability of sediment transfer and storage in an Alpine basin (Reintal valley, Bavarian Alps, Germany). Geographica Helvetica 61(3): 191-200.

SCHÜTT, B. (2006): Die indirekten Einflüsse des Menschen auf die Reliefsphäre. In: Deutscher Arbeitskreis für Geomorphologie (Hrsg.), Die Erdoberfläche - Lebens- und Gestaltungsraum des Menschen. - Zeitschrift für Geomorphologie N. F., Suppl.-Bd. 148: 47-55

SCHUMM, S.A. (1962): Erosion on miniature pediments in Badlands National Monument, South Dakota. Geological Society of America Bulletin 73: 719-724.

SCHUMM, S.A. (1964): Seasonal variations of erosion rates and processes on hillslopes in Western Colorado. Zeitschrift für Geomorphologie N.F., Suppl.-Bd. 5: 215–238.

SCHWARZ, O. (1985): Direktabfluss, Versickerung und Bodenabtrag in Waldbeständen, Messungen mit einer transportablen Beregnungsanlage in Baden- Württemberg. DVWK Schriften 71: 185-230.

SCHWERTMANN, U., VOGL, W., KAINZ, M. (1987): Bodenerosion durch Wasser, Stuttgart.

SEILER, W. (1983): Bodenwasser- und Nährstoffhaushalt unter Einfluss der rezenten Bodenerosion am Beispiel zweier Einzugsgebiete im Baseler Tafeljura bei Rothenfluh und Anwill. Physiogeographica, Bd. 5, 510 S., Basel

SELBY, M.J. (1993): Hillslope Materials and Processes, Oxford.

SEUFFERT, O. (1981): Zur Theorie der Fließwassererosion. Geoökodynamik 2: 141-164.

SIRVENT, J., DESIR, G., GUTIERREZ, M., SANCHO, C., BENITO, G. (1997): Erosion rates in badland areas recorded by collectors, erosion pins and profilometer techniques (Ebro Basin, NE-Spain). Geomorphology 18: 61-75.

SMART, G.M. & M.N.R. JAEGGI (1983): Sedimenttransport in steilen Gerinnen. Mitteilungen der Versuchsanstalt für Wasserbau, Hydrologie und Glaziologie Bd. 64, 191 S., Zürich.

SOKOLLEK, V. (1983): Der Einfluss der Bodennutzung auf den Wasserhaushalt kleiner Einzugsgebiete in unteren Mittelgebirgslagen. Diss. An der Universität Gießen, 296 S..

STOCKER, E. (1985): Zur Morphodynamik von "Plaiken", Erscheinungsformen beschleunigter Hangabtragung in den Alpen, anhand von Messungsergebnissen aus der Kreuzeckgruppe, Kärnten. Mitteilungen der Österreichischen Geographischen Gesellschaft 127: 44-70.

STRASSBURGER, E. (1991): Lehrbuch der Botanik, 1030 S., Stuttgart.

SUN, G. & S.G. MCNULTY (1998): Modelling Soil Erosion and Transportation On Forest Landscape. In: International Research and Trainig Center on Erosion and Sedimentation (Hrsg.): Proceedings of the Int. Symposium on Coprehensive Watershed Management, Bejing China

TAKKEN, I., GOVERS, G., JETTEN, V., NACHTERGAELE, J. STEEGEN, A. & J. POESEN (2005): The influence of both process description and runoff patterns on predictions from a spatially distributed soil erosion model. Earth Surface Processes and Landforms 30: 213-229.

TOLDRIAN, H. (1974): Wasserabfluss und Bodenabtrag in verschiedenen Waldbeständen. Allgemeine Forstzeitschrift 29/49: 1107-1109.

VACCA, A., LODDO, S., OLLESCH, G., PUDDU, R., SERRA, G., TOMASI, D., ARU, A. (2000): Measurements of runoff and soil erosion in three areas under different land use in Sardinia (Italy). Catena 40: 69-92.

VORNDRAN, G. (1977): Hangabtragsbilanzen. Zeitschrift für Geomorphologie N.F., Suppl.-Bd. 28: 124–133.

VORNDRAN, G. (1979): Geomorphologische Massenbilanzen. Augsburger Geographische Hefte Nr. 1, Augsburg.

WAINWRIGHT, J. (1996): Infiltration, runoff and erosion characteristics of agricultural land in extreme storm events, SE France. Catena 26: 27-47.

WAINWRIGHT, J. & M.H. MULLIGAN (2004): Environmental Modelling. Finding Simplicity in Complexity, Chichester.

WANGENSTEEN B., EIKEN, T., ØDEGÅRD, R. AND SOLLID J.L. (2003): Establishing of Four Sites for Measuring Coastal Cliff Erosion by Means of Terrestrial Photogrammetry in the Kongsfjorden Area, Svalbard . Artic Coastal Dynamics, Report of an International Workshop Oslo (Norway) 2-5 December 2002 in Reports on Polar and Marine research no 443, p.114-118. Alfred Wegener Institute for Polar and Marine Research, Bremerhaven, Germany.

WARBURTON, J. (1990): An Alpine Proglacial Fluvial Sediment Budget. Geografiska Annaler 72 A (3-4): 261-272.

WARREN, S.D., MITASOVA, H., HOHMANN, M.G., LANDSBERGER, S., ISKANDER, F.Y., RUZYCKI, T.S., SENSEMANN, G.M. (2005): Validation of a 3-D enhancement of the Universal Soil Loss Equation for prediction of soil erosion and sediment deposition. Catena 64: 281-296.

WERNER, M. V. (1995): GIS orientierte Methoden der digitalen Reliefanalyse zur Modellierung von Bodenerosion in kleinen Einzugsgebieten. Dissertation an der freien Universität Berlin, Berlin.

WETZEL, K.-F. (1992): Abtragsprozesse an Hängen und Feststoffführung der Gewässer. Dargestellt am Beispiel der pleistozänen Lockergesteine des Lainbachgebietes (Benediktbeuern/ Obb.). In: Münchener geographische Abhandlungen, Bd. B17, 188 S., München.

WETZEL, K.-F. (2004): On the Hydrology Of The Partnach Area In The Wetterstein Mountains (Bavarian Alps). Erdkunde 58, S. 172-186.

WICHMANN, V. (2002): SAGA *FlowAccumulation* Modul für SAGA Version 2.0.

WICHMANN, V. (2006): Modellierung geomorphologischer Prozesse in einem alpinen Einzugsgebiet – Abgrenzung und Klassifizierung der Wirkungsräume von Sturzprozessen und Muren mit einem GIS.- Eichstätter Geographische Arbeiten 15, 231 S., Profil Verlag, München/Wien.

WICHMANN, V. (2007): Debris flow hazard zonation with SAGA - a quick-step tutorial, Vers. 2.0.

WILHELM, F. (1975): Niederschlagsstrukturen im Einzugsgebiet des Lainbaches bei Benediktbeuern/Obb. In: Münchener geographische Abhandlungen, Bd. A15, 85 S., München.

WILHELM, F. (1975): Schnee- und Gletscherkunde. Berlin.

WILHELM, F. (1997): Hydrogeographie. Braunschweig.

WILHELM, F. (1998): Gedanken zur Höhenabhängigkeit des Niederschlags im Hochgebirge auf der Basis einer 12-jährigen Beobachtungsreihe im Lainbachgebiet bei Benediktbeuern/Obb. In: Mitteilungen der geographischen Gesellschaft München, Bd. 83, S. 83-100, München.

WILSON, J.P. & J.C. GALLANT (2000): Terrain analysis – Principles and applications. Wiley, New York, 479 S.

WILSON, J.P. & LORANG, M.S. (2000): Spatial Models of soil Erosion and GIS. In: Fotheringham, A.S. & Wegener, M. (Hrsg.): Spatial Models and GIS – New Potential and New Models, London.

WISCHMEIER, W.H. & SMITH, D.D. (1965): Predicting Rainfall Erosion Losses from cropland East of the Rocky Mountains, Handbook No. 282, United States Department of Agriculture, Washington DC.

WISCHMEIER, W.H. & SMITH, D.D. (1978): Predicting Rainfall Erosion Losses: A Guide to Conservation Planning, Handbook No. 537, United States Department of Agriculture, Washington DC.

YOUNG, A. (1960): Soil movement by denudational processes on slopes. Nature 188: 120-122.

ZANKE, U. (1982): Grundlagen der Sedimentbewegung, Berlin Heidelberg New York.

ZEVENBERGEN, L.W. & C.R. THORNE (1987): Quantitative analysis of land surface topography. Earth Surface Processes and Landforms 12: 47-56.

ZIMMERMANN, M., MANI, P., GAMMA, P., GSTEIGER, P., HEINIGER, O. & G. HUNZIKER (1997): Murganggefahr und Klimaänderung – ein GIS-basierter Ansatz.- Schlussbericht NFP 31, 161 S., Zürich.

Anhang

Anhang 1: Tabelle mit der naturräumlichen Ausstattung der Testflächen im Lahnenwiesgraben

Testfläche	ID	Größe (qm)	Höhe ü. NN (m)	Geologie	Vegetation	Boden	Mittl. Neigung (°)	Exp.
Bachgraben	BG	180925	870-1311	1,4% Kössener Schichten	1,0% vegetationsfrei	88,5% Rendzina	28,2	S
				2,7% Hangschutt, Verwitterungsdecke	7,7% Rasen, Mähwiese, Weide	11,5% Rendzina-Braunerde		
				61,1% Plattenkalk	8,4% Sträuche, Büsche, Krummholz			
				34,8% Hauptdolomit	81,4% Mischwald			
					1,5% Nadelwald			
Blattgraben	BL	92400	942-1311	6,8% Kössener Schichten	92,7% Mischwald	100% Rendzina	29,2	SE
				16,5% Hangschutt, Verwitterungsdecke	7,3% Nadelwald			
				5,9% Plattenkalk				
				70,8% Hauptdolomit				
Forstweg	FW	43725	1396-1814	12,2% Hangschutt, Verwitterungsdecke	3,1% vegetationsfrei	27,6% Rendzina	33	S
				87,8% Plattenkalk	16,1% lückenhafte Pioniervegetation	72,4% Rohboden		
					11,5% Rasen, Mähwiese, Weide			
					10,3% Sträuche, Büsche, Krummholz			
					59,1% Nadelwald			
Hirschbühel	HB	2675	1747-1818	100% Plattenkalk	72,0% lückenhafte Pioniervegetation	100% Rohboden	35,2	N
					28% Krummholz			
Herrentisch-graben	HG	128800	1095-1656	38,0% Kössener Schichten	12,2% Rasen, Mähwiese, Weide	74,6% Rendzina	34,1	S
				13,8% Hangschutt, Verwitterungsdecke	1,2% Krummholz	0,1% Renzina-Braunerde		
				37,7% Plattenkalk	3,9% Sträuche, Büsche, Krummholz	19,1% Rohboden		
				10,5% Hauptdolomit	27,8% Mischwald	0,7% Braunerde		
					54,9% Nadelwald	4,7% Rendzina-Gley		
						0,8% Gley		
Herrentisch-graben neu	HGN	442525	1122-1761	36,8% Kössener Schichten	1,2% lückenhafte Pioniervegetation	40,9% Rendzina	31,9	SE
				8,3% Hangschutt, Verwitterungsdecke	17,0% Rasen, Mähwiese, Weide	2,3% Renzina-Braunerde		
				28,0% Plattenkalk	3,2% Krummholz	43,0% Rohboden		
				26,9% Hauptdolomit	7,5% Sträuche, Büsche, Krummholz	1,5% Braunerde		
					42,1% Mischwald	1,3% Rendzina-Gley		
					29,0% Nadelwald	6,3% Gley		
						4,7% Braunerde-Pseudogley		

Anhang

Name	Code			Geologie	Vegetation	Boden		Exposition
Kuhkar1	KK1	13925	1690-1821	33,5% Hangschutt, Verwitterungsdecke	20,2% vegetationsfrei	100% Rohboden	36,9	NE
				66,5% Hauptdolomit	50,7% lückenhafte Pioniervegetation			
					29,1% Krummholz			
Kuhkar2	KK2	19550	1664-1900	100% Hauptdolomit	3,4% vegetationsfrei	100% Rohboden	33,1	NW
					7,0% lückenhafte Pioniervegetation			
					24,2% Rasen, Mähwiese, Weide			
					65,4% Krummholz			
Kuhkar3	KK3	169625	1572-1899	26,6% Hangschutt, Verwitterungsdecke	18,6% vegetationsfrei	100% Rohboden	34,4	NE
				73,4% Hauptdolomit	21,5% lückenhafte Pioniervegetation			
					3,8% Rasen, Mähwiese, Weide			
					55,3% Krummholz			
					0,8% Nadelwald			
Königsstand links	KL	1575	855-888	100% Fernmoräne	1,6% vegetationsfrei	100% Rendzina	22,5	NE
					98,4% Mischwald			
Königsstand mitte	KM	190775	888-1658	0,3% Kössener Schichten	15,5% lückenhafte Pioniervegetation	30,4% Rendzina	38,1	NE
				14,6% Hangschutt, Verwitterungsdecke	37,7% Krummholz	1,4% Rendzina-Braunerde		
				2,5% Fernmoräne	24,9% Mischwald	68,1% Rohboden		
				3,6% Plattenkalk	21,9% Nadelwald	0,1% Braunerde		
				79,1% Hauptdolomit				
Königsstand rechts	KR	1850	884-923	100% Hangschutt, Verwitterungsdecke	100% Mischwald	47,3% Rendzina	19,6	NE
						52,7% Rendzina-Braunerde		
Moor	MO	71750	1216-1698	40,6% Hangschutt, Verwitterungsdecke	2,6% vegetationsfrei	62,0% Rendzina	28,7	SE
				8,8% Fernmoräne	4,6% lückenhafte Pioniervegetation	12,0% Rendzina-Braunerde		
				48,6% Plattenkalk	18,6% Rasen, Mähwiese, Weide	20,4% Rohboden		
				2,0% Mooriges und anmooriges Gelände	3,0% Sträuche, Büsche, Krummholz	2,9% Braunerde		
					49,8% Mischwald	2,7% Gley-Kolluvium		
					21,4% Nadelwald			
Roter Graben	ROG	211925	1475-1904	11,8% Kössener Schichten	57,0% Rasen, Mähwiese, Weide	9,4% Rendzina	25,8	SE
				1,0% Plattenkalk	8,1% Krummholz	46,0% Rohboden		
				9,1% Hauptdolomit	0,4% Sträuche, Büsche, Krummholz	16,7% Gley-Kolluvium		
				38,1% Allgäuschichten	34,5% Nadelwald	27,9% Braunerde-Kolluvium		
				8,9% Doggerkalk				
				5,8% Radiolarit				
				25,3% Aptychenschichten				

Name	Kürzel	Fläche	Höhe	Geologie	Vegetation	Boden	Neigung	Exposition
Roßkar	RK	1175	1603-1699	100% Hauptdolomit	61,7% lückenhafte Pioniervegetation 38,3% Krummholz	100% Rohboden	42,6	E
Rutschung	RU	137250	1354-1912	100% Plattenkalk	77,3% Rasen, Mähwiese, Weide 15,7% Krummholz 4,3% Sträucher, Büsche, Krummholz 2,7% Nadelwald	13,8% Rendzina 6,2% Renzina-Braunerde 79,4% Rohboden 0,6% Gley-Kolluvium	31,6	SE
Sulzgraben1	SG1	84950	1291-1903	1,6% Kössener Schichten 43,1% Hangschutt, Verwitterungsdecke 55,3% Plattenkalk	1,0% vegetationsfrei 0,7% lückenhafte Pioniervegetation 37,4% Rasen, Mähwiese, Weide 0,2% Krummholz 3,2% Sträucher, Büsche, Krummholz 12,3% Mischwald 45,1% Nadelwald	37,7% Rendzina 33,6% Rohboden 20,3% Gley-Kolluvium 8,4% Braunerde-Kolluvium	26,9	SE
Sulzgraben2	SG2	6425	1285-1567	13,2% Hangschutt, Verwitterungsdecke 81,7% Hauptdolomit 5,1% Radiolarit	0,4% Rasen, Mähwiese, Weide 35,8% Krummholz 21,4% Mischwald 42,4% Nadelwald	24,5% Rendzina 23,7% Rendzina-Braunerde 51,8% Rohboden	36,8	SE
Sperre1	SP1	700	1456-1489	100% Aptychenschichten	96,4% Rasen, Mähwiese, Weide 3,6% Sträucher, Büsche, Krummholz	100% Rohboden	32,7	E
Sperre2	SP2	13625	1394-1621	18,3% Fernmoräne 81,7% Aptychenschichten	2,7% vegetationsfrei 12,7% lückenhafte Pioniervegetation 50,1% Rasen, Mähwiese, Weide 20,0% Sträucher, Büsche, Krummholz 14,5% Nadelwald	100% Rohboden	34,9	NE
Sperre3	SP3	125550	1410-1890	21,0% Kössener Schichten 7,3% Hangschutt, Verwitterungsdecke 71,7% Plattenkalk	0,3% vegetationsfrei 50,7% Rasen, Mähwiese, Weide 5,3% Krummholz 3,1% Sträucher, Büsche, Krummholz 7,3% Mischwald 33,3% Nadelwald	31,8% Rendzina 20,9% Rohboden 11,6% Gley-Kolluvium 30,1% KVL-Kolluvium 5,6% Braunerde-Kolluvium	27	S

Anhang 2: Tabelle mit der naturräumlichen Ausstattung der Testflächen im Reintal

Testfläche	ID	Größe (qm)	Höhe ü. NN (m)	Geologie	Vegetation	Boden	Mittl. Neigung (°)	Exp.
Hintere Gumpe1	HG1	10857	1244-1609	100% Wettersteinkalk	47,4% Krummholz 1,2% Sträucher, Büsche, Jungwuchs 51,4% Nadelwald	100% Rohboden flächig	36,8	S
Hintere Gumpe2	HG2	6675	1243-1688	100% Wettersteinkalk	2,3% vegetationsfrei 10,1% lückenhafte Pioniervegetation 56,5% Krummholz 8,2% Sträucher, Büsche, Jungwuchs 22,9% Nadelwald	97,4% Rohboden flächig 2,6% Rohboden punktuell	34,8	S
Hoher Kamm	HK	16225	1462-2360	100% Wettersteinkalk	100% vegetationsfrei	100% Rohboden punktuell	49,9	W
Mauerschartenkopf	MK	187750	1083-1936	100% Wettersteinkalk	2,9% vegetationsfrei 35,5% lückenhafte Pioniervegetation 49,1% Rasen, Mähwiese, Weide 2,5% Mischwald 10,0% Nadelwald	16,8% Rohboden flächig 83,2% Rohboden punktuell	44,8	S
Ochsensitz	OS	839800	1483-2737	100% Wettersteinkalk	56,7% vegetationsfrei 25,6% lückenhafte Pioniervegetation 6,6% Rasen, Mähwiese, Weide 11,1% Krummholz	9,2% Rohboden flächig 90,8% Rohboden punktuell	40,1	S
Rauschboden	RB	267600	1181-2281	100% Wettersteinkalk	32% Vegetationsfrei 14,0% lückenhafte Pioniervegetation 10,1% Rasen, Mähwiese, Weide 23,7% Krummholz 1,4% Sträucher, Büsche, Jungwuchs 0,2% Mischwald 19,1% Nadelwald	44,8% Rohboden flächig 55,2% Rohboden punktuell	44	SE
Sieben Sprünge	SP	121150	1128-2259	100% Wettersteinkalk	50,5% vegetationsfrei 14,1% lückenhafte Pioniervegetation 8,3% Rasen, Mähwiese, Weide 9,6% Krummholz 17,5% Nadelwald	26,3% Rohboden flächig 73,7% Rohboden punktuell	46,5	SE
Vordere Gumpe0	VG0	1675	1229-1350	100% Wettersteinkalk	62,7% vegetationsfrei 37,3% lückenhafte Pioniervegetation	100% Rohboden punktuell	27,4	N
Vordere Gumpe1	VG1	925	1280-1561	100% Wettersteinkalk	100% vegetationsfrei	100% Rohboden punktuell	36,8	E
Vordere Gumpe2	VG2	50	1249-1254	100% Wettersteinkalk	100% vegetationsfrei	100% Rohboden punktuell	10	NE

Vordere Gumpe3	VG3	22075	1191-1929	100% Wettersteinkalk	96,9% vegetationsfrei 3,1% Krummholz	100% Rohboden punktuell	54,5	NW

Eichstätter Geographische Arbeiten

Bis Band 6 erschienen als „Arbeiten aus dem Fachgebiet Geographie der
   Katholischen Universität Eichstätt-Ingolstadt"

Bd. 1:   Josef Steinbach (Hrsg.): Beiträge zur Fremdenverkehrsgeographie. XII + 144 Seiten. 1985

Bd. 2:   Joachim Bierwirth: Kulturgeographischer Wandel in städtischen Siedlungen des Sahel von Mousse/Monastir (Tunesien): Ein Beitrag zur geographischen Akkulturationsforschung. 183 Seiten. 1985

Bd. 3:   Julie Brennecke, Peter Frankenberg, Reinhold Günther: Zum Klima des Raumes Eichstätt/Ingolstadt. X + 146 Seiten. 1986

Bd. 4:   Josef Steinbach: Das räumlich-zeitliche System des Fremdenverkehrs in Österreich. 89 Seiten. 1989

Bd. 5:   Helmut Schrenk: Naturraumpotential und agrare Landnutzung in Darfur, Sudan. Vergleich der agraren Nutzungspotentiale und deren Inwertsetzung im westlichen und östlichen Jebel-Marra-Vorland. XIII + 199 Seiten + Anhang. 1991

Bd. 6:   Josef Steinbach (Hrsg.): Neue Tendenzen im Tourismus. Wandeln sich Urlaubsziele und Urlaubsaktivitäten? 81 Seiten. 1991

Bd. 7:   Karl-Heinz Rochlitz: Bergbauern im Untervinschgau (Südtirol). Der Strukturwandel zwischen 1950 und 1990. IX + 324 Seiten. 1994

Bd. 8:   Dieter Hauck: Trekkingtourismus in Nepal. Kulturgeographische Auswirkungen entlang der Trekkingrouten im vergleichenden Überblick. 181 Seiten + Anhang. 1996

Bd. 9:   Erwin Grötzbach (Hrsg.): Eichstätt und die Altmühlalb. VII + 223 Seiten + Anhang. 1998

Bd. 10: Hans Hopfinger, Raslan Khadour: Economic Development and Investment Policies in Syria. Wirtschaftsentwicklung und Investitionspolitik in Syrien. 269 Seiten. 2000

Bd. 11: Friedrich Eigler: Die früh- und hochmittelalterliche Besiedlung des Altmühl-Rezat-Raumes. 488 Seiten. 2000

Bd. 12: Dominik Faust (Hrsg.): Studien zu wissenschaftlichen und angewandten Arbeitsfeldern der Physischen Geographie. 204 Seiten. 2003

Bd. 13: Christoph Zielhofer: Schutzfunktion der Grundwasserüberdeckung im Karst der Mittleren Altmühlalb. 238 Seiten + 1 CD. 2004

Bd. 14: Tobias Heckmann: Untersuchungen zum Sedimenttransport durch Grundlawinen in zwei Einzugsgebieten der Nördlichen Kalkalpen – Quantifizierung, Analyse und Ansätze zur Modellierung der geomorphologischen Aktivität. XVIII + 305 Seiten + Anhang. 2006

Bd. 15: Volker Wichmann: Modellierung geomorphologischer Prozesse in einem alpinen Einzugsgebiet – Abgrenzung und Klassifizierung der Wirkungsräume von Sturzprozessen und Muren mit einem GIS. XVI + 231 Seiten. 2006

Bd. 16: Jürgen M. Amann: Mythos Interkulturalität? Die besondere Problematik deutsch-syrischer Unternehmenskooperationen. XVI + 334 Seiten. 2007

Bd. 17: Florian Haas: Fluviale Hangprozesse in alpinen Einzugsgebieten der nördlichen Kalkalpen. Quantifizierung und Modellierungsansätze. XXII + 230 Seiten. 2008

Schriftentausch: Tauschstelle der Zentralbibliothek
                   Katholische Universität Eichstätt-Ingolstadt, 85071 Eichstätt
Bezug über: PROFIL Verlag, Postfach 210143, 80671 München